Harry Ernest Rauch, 1925–1979

Differential Geometry and Complex Analysis

A volume dedicated to the memory of
Harry Ernest Rauch

Edited by
I. Chavel and H.M. Farkas

Springer-Verlag
Berlin Heidelberg New York Tokyo 1985

Editors:

Isaac Chavel
The City College of the
City University of New York
138th Street & Convent Avenue
New York, NY 10031
U.S.A.

Hershel M. Farkas
Institute of Mathematics
The Hebrew University of Jerusalem
Givat Ram, Jerusalem
Israel

ISBN 3-540-13543-X Springer-Verlag Berlin Heidelberg New York Tokyo
ISBN 0-387-13543-X Springer-Verlag New York Heidelberg Berlin Tokyo

Library of Congress Cataloging in Publication Data.

Main entry under title: Differential geometry and complex analysis.
"Bibliography of the publications of H. E. Rauch": p. 1. Geometry, Differential – Addresses, essays, lectures. 2. Functions of complex variables – Addresses, essays, lectures. 3. Rauch, Harry Ernest, 1925–1979. – Bibliography. I. Rauch, Harry Ernest, 1925–1979. II. Chavel, Isaac. III. Farkas, Hershel M.
QA641.D414 1985 516.3′6 84-14138

Printed in Germany

Typesetting: Daten- und Lichtsatz-Service, Würzburg
Offsetprinting: Saladruck, Berlin. Bookbinding: Lüderitz & Bauer, Berlin

2141/3020-543210

Preface

This volume is dedicated to the memory of Harry Ernest Rauch, who died suddenly on June 18, 1979. In organizing the volume we solicited:

(i) articles summarizing Rauch's own work in differential geometry, complex analysis and theta functions
(ii) articles which would give the reader an idea of the depth and breadth of Rauch's researches, interests, and influence, in the fields he investigated, and
(iii) articles of high scientific quality which would be of general interest.

In each of the areas to which Rauch made significant contribution – pinching theorems, teichmüller theory, and theta functions as they apply to Riemann surfaces – there has been substantial progress. Our hope is that the volume conveys the originality of Rauch's own work, the continuing vitality of the fields he influenced, and the enduring respect for, and tribute to, him and his accomplishments in the mathematical community.

Finally, it is a pleasure to thank the Department of Mathematics, of the Graduate School of the City University of New York, for their logistical support, James Rauch who helped us with the biography, and Springer-Verlag for all their efforts in producing this volume.

Isaac Chavel · Hershel M. Farkas

Contents

Harry Ernest Rauch – Biographical Sketch

Harry Ernest Rauch was born in Trenton, New Jersey on November 9, 1925. He was the only child of Sara and James Rauch. Although he spent his early childhood in Trenton, Skip (as he was known to family and friends) lived during most of his school years in Miami Beach. There he found a congenial atmosphere for his intellectual development. Skip had a special interest in electricity, and in ninth grade he met a "ham" radio operator who helped him and three friends to build modest radio transmitters. He became a licensed ham radio operator and wanted to study radio engineering in college. Skip never lost his passion for ham radio, and many years later he tried (without success) to interest his children in it.

Skip's early preparation for his life's work may be said to have begun in earnest in tenth grade, when he met his high school physics teacher, Carl Menneken. The Mennekens – Carl headed the science department, and his wife, Jessie, headed the mathematics department – were among the most gifted of the exceptional faculty at Miami Beach Senior High School. They taught Skip and his friends the rudiments of trigonometry and calculus after hours. Mr. Menneken let them experiment with equipment in his physics lab and encouraged them to broaden and develop their scientific horizons. Skip soon decided to major in physics rather than engineering.

The Mennekens' influence on Skip's early life was not limited to his academic development. Mr. Menneken interested Skip in sailing, which became a lifelong joy for him. Skip also loved classical music and learned to play the piano. Unlike his passion for ham radio, Skip's loves for sailing and classical music were transmitted to his children.

After graduating from Miami Beach High School Skip attended the California Institute of Technology. After a brief period of service in the armed forces near the end of World War II he decided not to return to Cal Tech but instead to attend Princeton University. He still planned to major in physics, but the strong mathematics department at Princeton influenced him to major in mathematics instead. His A.B. was awarded in 1946 with highest honors and Phi Beta Kappa. The following year he received both his Masters degree and his Doctorate in Mathematics, his final public exam held in October 1947. His doctoral thesis, written under the direction of S. Bochner, was announced in [1], [3], and published in [13].

Doctor Rauch then spent 1948 at the Federal Polytechnic Institute in Zürich, followed by an instructorship at Rutgers University in the Spring of 1949, and membership in the Institute for Advanced Study, in Princeton, for the two years starting in September 1949. In 1951, his first paper in differential geometry [4] appeared in the Annals of Mathematics, breaking new ground in the study of the influence of Riemannian sectional curvature on the geometry of geodesics, and the underlying topology of Riemannian manifolds. A survey of the results of this paper, and the research it inspired, is in M. Berger's article which follows (pp. 1–13).

Rauch spent the years 1951–1956 at the University of Pennsylvania, during which he started his work on moduli for compact Riemann surfaces, surveyed below by C. J. Earle, (pp. 15–31). These years were followed by two years at the Institute of Mathematical Sciences at New York University, after which Rauch became associate professor at Yeshiva University. Also, in 1958, he married Helen Farber of Trenton and moved to Greenburgh (near White Plains, New York), where he spent the rest of his life.

Rauch became associate professor at Yeshiva University in 1960, and from 1964 to 1967 he served as associate dean of the Belfer Graduate School of Science at Yeshiva University. It was during this period that he suggested, to his student J. Lewittes, a return to Riemann's papers on Riemann surfaces and theta functions, and then followed Lewittes' work with his own. His work, and that of his student H. M. Farkas – much of which was joint – led to a derivation of Schottky's relation for theta constants arising from a compact Riemann surface of genus 4 and its generalization to arbitrary genus. This work is surveyed in Farkas' article below (pp. 33–47). Rauch spent the 1968–1969 academic year at City College of the City University of New York, returned to Yeshiva University for two more years, and moved to the Graduate School of C.U.N.Y. in 1971, where he was named Distinguished Professor of Mathematics in 1972. He continued to serve in this position until his death in 1979.

Professor Rauch was a member of Sigma X', the American Mathematical Society, the New York Academy of Sciences and the Swiss Mathematical Society. He also was devoted to the Greenburgh community in which he lived. Along with his wife Helen he was active in many community activities. He served as president of the PTA of the Greenburgh Central 7 school district where his four children Marc, James, Ann, and Eve all attended school. He was also president of the Committee for Education and chairman of the Board of Trustees of the Greenburgh Public Library.

We do not enter here into an evaluation of his work, save to note its originality (in the most demanding meaning of the word), combined with encyclopedic knowledge of the classical mathematical literature, and consistent emphasis on fundamental, concrete (and, therefore, in his view the most profound) questions.

His teaching reflected the same primary vitality. When, in conversation with colleagues, it became clear that advanced undergraduates do not do enough problems, he walked into class, assigned every problem in the book, and proceeded to wade through all of them at the blackboard. When, at the City University of New York, he returned to his early interest in applied mathematics – most particularly, the mechanics of continua – he brought a monochord into the classroom to illustrate the phenomenon of beats, took the class uptown to the physics lab at City College for a demonstration of the nodal lines of a vibrating plate, and once illustrated a result on buckling of surfaces by stepping on one aluminum can after another until he finally produced the necessary even pressure that caused one of them to buckle in the ideal pattern he predicted. On yet another occasion, he brought a paper straw and putty knife to a talk on the "edgetone" at the New York Academy of Sciences, these instruments bound together so that blowing on the putty knife through the straw would produce an edgetone.

The light touch notwithstanding, his teaching had a constant focus – the elucidation of the basic fundamental ideas, and the calculations associated with them. He insisted on the superiority of the elementary, concrete expression of mathematical ideas to their sophisticated abstractions. One never felt that he thought about mathematics one way, and taught it a different way – rather, when he taught, he was "doing" mathematics, enabling the student to see mathematics from the ground upward.

Most of all, his students not only remember his mastery of mathematics, his inspiration and guidance to them in their pursuit of mathematics, and the pleasure he brought to classroom presentations, they remember his easy availability for the discussion of their problems, his constant encouragement in their mathematical research, and his continuing affection for them, with an almost paternal pride in their accomplishments, long after they graduated from under his tutelage.

He is sorely missed by his family, friends, colleagues, and students.

Bibliography of the Publications of H. E. Rauch

I. Books and Monographs

1. *Geodesics and Curvature in Differential Geometry in the Large*, Graduate School of Mathematical Sciences, Yeshiva University, New York (1959)
2. (with L. Ahlfors, L. Bers, H. M. Farkas, R. C. Gunning, and I. Kra, editors) *Advances in the Theory of Riemann Surfaces*, Princeton University Press (1970)
3. (with L. Auslander, F. Avenoso, P. Cheifetz, E. Dyer, A. Gewirtz, B. Hunte, and L. Quintas) *Mathematics Through Statistics*, Aldino-Atherton, Chicago & New York (1971)
4. (with A. Lebowitz) *Elliptic Functions, Theta Functions, and Riemann Surfaces*, William & Wilkins, Baltimore (1973)
5. (with S. Gale, L. Grinstein, J. Jacobs, H. Masterton, and W. Zlot) *Arithmetic*, William & Wilkins, Baltimore (1973)
6. (with M. Graber, and W. Zlot) *Elementary Geometry*, William & Wilkins, Baltimore (1973)
7. (with E. Just, and H. Kleiman) *Elementary Algebra*, William & Wilkins, Baltimore (1973)
8. (with H. M. Farkas) *Theta Functions, with Applications to Riemann Surfaces*, William & Wilkins (1974)

II. Papers

1. Généralisation d'une proposition de Hardy et Littlewood et des théorèmes qui s'y rattachent, *Comptes Rendus de l'Académie des Sciences*, 227 (1948), 887–889
2. Generalizations of some theorems of R. Nevanlinna, *Annales Academiae Scientiarum Fennicae*, 51 (1948),
3. A Poisson formula, and the theorem of Hardy and Littlewood for matrix space, *Bulletin of the American Mathematical Society*, 55 (1949), 518
4. A contribution to differential geometry in the large, *Annals of Mathematics*, 54 (1951), 38–55
5. On differential geometry in the large, *Proceedings of the National Academy of Sciences*, 39 (1953), 440–443
6. Geodesics, symmetric spaces, and differential geometry in the large, *Commentarii Mathematici Helvetici*, 27 (1953), 294–320
7. Review of *The Kernel Function and Conformal Mapping*, by Stefan Bergman, *The Mathematical Student*, India, 21 (1953), 119–133

8. (with M. Gerstenhaber) On extremal quasi-conformal mappings, *Proceedings of the National Academy of Sciences*, 40 (1954), I:808–812, II:991–994
9. On the transcendental moduli of algebraic Riemann surfaces, *Proceedings of the National Academy of Sciences*, 41 (1955), 42–49
10. On moduli in conformal mapping, *Proceedings of the National Academy of Sciences*, 41 (1955), 176–180
11. On the moduli of Riemann surfaces, *Proceedings of the National Academy of Sciences*, 44 (1955), 236–238
12. Harmonic and analytic functions of several variables, and the maximal theorem of Hardy and Littlewood, *Canadian Journal of Mathematics*, 8 (1956), 171–183
13. The first variation of the Douglas functional and the periods of the abelian integrals of the first kind, *Seminars on Analytic Functions* at the Institute for Advanced Study, Princeton, 2 (1958), U.S. Air Force Office for Scientific Research, Washington
14. Weierstrass points, branch points, and the moduli of Riemann surfaces, *Communications on Pure and Applied Mathematics*, 12 (1959), 543–560
15. Variational methods in the problem of the moduli of Riemann surfaces, *Proceedings of the International Colloquium on Function Theory*, Bombay (1960), 17–40
16. The global study of geodesics in symmetric and nearly symmetric Riemannian manifolds, *Commentarii Mathematici Helvitici*, 35 (1961), 111–125
17. The singularities of the modulus space, *Bulletin of the American Mathematical Society*, 68 (1962), 390–394
18. A transcendental view of the space of algebraic Riemann surfaces, *Bulletin of the American Mathematical Society*, 71 (1965), 1–39
19. Review of *Differential Geometry: Proceedings of the Third Symposium in Pure Mathematics of the American Mathematical Society* (C. B. Allendorfer, ed.), *Scripta Mathematica*, 27 (1965), 258–259
20. Geodesics and Jacobi's equations in homogeneous Riemannian manifolds, *Proceedings of the United States-Japan Seminar on Differential Geometry*, Kyoto (1966), 115–127
21. The vanishing of a theta constant is a peculiar phenomenon, *Proceedings of the Symposium on Quasi-Conformal Mappings, Discontinuous Groups, and Moduli*, New Orleans (1965)
22. The vanishing of a theta constant is a peculiar phenomenon, *Bulletin of the American Society*, 73 (1967), 339–342
23. The local ring of the genus three modulus space at Klein's 168 surface, *Bulletin of the American Mathematical Society*, 73 (1967), 343–346
24. (with H. M. Farkas) Relations between two kinds of theta constants on a Riemann surface, *Proceedings of the National Academy of Sciences*, 59 (1968), 52–55
25. Functional independence of theta constants, *Bulletin of the American Mathematical Society*, 74 (1968), 633–638
26. (with H. M. Farkas) Two kinds of theta constants and period relations on a Riemann surface, *Proceedings of the National Academy of Sciences*, 62 (1969), 679–686

27. (with J. Lewittes) The Riemann surface of Klein with 168 automorphisms, *Problems in Analysis*, A symposium in honor of Salomon Bochner, Princeton University Press (1970), 297–308
28. (with H. M. Farkas) Theta constants of two kind on a compact Riemann surface of genus two, *Journal d'Analyse Mathématique*, 13 (1970), 381–407
29. Theta constants on a Riemann surface with many automorphisms, *Symposia Mathematica*, Instituto Nazionale di Alta Matematica, Bologna, 3 (1970), 305–323
30. Period relations on Riemann surfaces, *Advances in the Theory of Riemann Surfaces*, Princeton University Press (1970),
31. Schottky implies Poincaré, *Advances in the Theory of Riemann Surfaces*, Princeton University Press (1970),
32. (with H. M. Farkas) Period relations of Schottky type on Riemann surfaces, *Annals of Mathematics*, 92 (1970), 434–461
33. Buckling of a circular plate under edge compression, *Differential Geometry*, in honor of K. Yano, Kinokuniya, Tokyo (1972), 415–422
34. (with I. Chavel) Holomorphic embedding of complex curves in spaces of constant holomorphic curvature, *Proceedings of the National Academy of Sciences*, 69 (1972), 633–635
35. (with L. Ehrenpreis, H. M. Farkas, and H. Martens) On the Poincaré relation, *Contributions to Analysis*, in honor of L. Bers, Academic Press, New York (1974), 125–132
36. Instability of thin-walled spherical structures under external pressure, *Contributions to Analysis*, in honor of L. Bers, Academic Press, New York (1974), 357–373
37. Functional independence of Schottky type period relations for genus five, Appendix to *Theta Functions, with Applications to Riemann Surfaces*, by H. E. Rauch and H. M. Farkas, William & Wilkins, Baltimore (1974)
38. Simple illustrations of the uses of explicit computation of theta constants, *Discontinuous Groups*, Princeton University Press (1974), 379–390
39. (with N. H. Jacobs and J. L. Marz) SPHERE, a program for computing buckling loads of spherical shells under uniform pressure, U.S. Air Force Office for Scientific Research report, December 1975
40. (with N. H. Jacobs and J. L. Marz) TABLE, a program to compute $\int_{-1}^{1} (x/\sqrt{1-x^2})\, P_1^1(x)\, P_m^1(x)\, P_n^1(x)\, dx$, and the table thereof for indices $1 \leq m$, $n \leq 40$, U.S. Air Force Office for Scientific Research report, December 1975
41. (with N. H. Jacobs and J. L. Marz) Buckling of a complete spherical shell under uniform pressure, *Studies in Applied Mathematics*, 58 (1978), 141–158
42. Expansions in Legendre functions of integral degree of Legendre eigenfunctions of non-integral degree, *Bulletin of the Institute of Mathematics of the Academic Sinica*, 6 (1978), 285–294
43. The magic flute: crude theoretical models of jet-driven wind instruments and the edge-tone, *The Mathematical Intelligencer*, 1 (1978), 52–57
44. (with L. Keen and A. T. Vasquez) Moduli of punctured tori and the accessory parameter of Lame's equation, *Transactions of the American Mathematical Society*, 255 (1979), 201–230

Ph.D. Theses Written under the Supervision of H. E. Rauch

I. At Yeshiva University

1. Joseph Lewittes, *Automorphisms of compact Riemann surfaces*, 1962
2. Charles R. Patt, *Variations of Teichmüller and Torelli space*, 1962
3. Hershel M. Farkas, *Special divisors, theta nulls, and analytic subloci of Teichmüller space*, 1965
4. Aaron Lebowitz, *Degeneration of Riemann surfaces*, 1965
5. Isaac Chavel, *Conjugate points on homogeneous spaces*, 1966
6. Bernard Pinchuk, *Extremal problems in classes of univalent functions*, 1967
7. Benjamin Volk, *Finite variation of simple functions*, 1967
8. Samuel Kohn, *Stability of* $y'' + \omega^2 y = (\cos 2t + \cos 2\sqrt{2}t)\, y$, *using Shtokalo's method*, 1972

II. At the City University of New York

1. Arlene M. Hoffman, *Nonlinear large deflection bending of a clamped plate under uniform normal pressure*, 1974
2. Johny Hellman, *The nonlinear bending of a clamped circular plate under uniform normal pressure*, 1975
3. Terence Coffee, *The stability of plane Couette flow*, 1976
4. Neal Jacobs, *Deep buckling of a thin oblate spheroidal shell under uniform normal pressure*, 1976
5. Michael W. Ecker, *Equations for bending of ellipsoids and spheres*, 1978
6. Maria Cristina Sinay, *Nonlinear deformation of thin shallow spherical shells*, 1978
7. Gerald Flynn, *Solutions of Prandtl's boundary layer using linear programming and mappings*, 1979

H. E. Rauch, Géomètre Différentiel

Par Marcel Berger

En 1951 paraissait aux Annals of Mathematics un article intitulé «A contribution to differential geometry in the large», sous la signature de H. E. Rauch. Un texte de dix-huit pages et au titre modeste. Ce n'était pas le premier travail de l'auteur, qui avait fait auparavant un PhD intitulé «Generalizations of some classical theorems to the case of functions of several variables» sous la direction de Salomon Bochner (Princeton 1947).

L'influence de cet article des Annals sur la géométrie différentielle de 1950 à nos jours est immense, tant par les travaux suscités que par les outils créés. On peut la comparer, je pense, à celle du travail de Hodge sur les formes harmoniques et à celle du travail de Chern sur «ses» classes. Bien que ces influences soient de nature différente, je crois leurs importances comparables. Importance qui n'échappa pas à Heinz Hopf, qui écrivit immédiatement dans Zentralblatt une analyse enthousiaste ([HO]).

Outre cette double influence, que je vais brièvement analyser, je me permets d'y ajouter une troisième, connexe: celle d'avoir redoré le blason de la Géométrie Différentielle, passablement terni depuis les années trente par un abus de travaux mineurs et ne rentrant de surcroît dans aucun grand «programme». Tandis que, justement, l'un des mérites de [R1] était de fournir implacablement au lecteur des questions implicites lancinantes et des outils pour les traiter.

Le texte qui suit a été voulu plaisant à lire, même pour les non spécialistes. Il est donc assez concis et d'un genre plutôt littéraire. En particulier il ne s'agit pas d'un rapport plus ou moins systématique sur le sujet «Courbure et Topologie». Cependant nous avons tenu à donner, pour chaque thème de recherche et au mieux notre connaissance, la référence la plus récente, afin de permettre au lecteur désireux de le faire, de remonter la filière historique. D'ailleurs tout récemment T. Sakai vient de publier un rapport très complet, avec des idées de démonstration, rapport qui couvre une bonne partie de ce que nous traitons ([SI]).

Voici quel était le résultat de Rauch dans [R1]: «soit une variété riemannienne complète simplement connexe dont la courbure sectionnelle est partout comprise entre 1 et 0,76; alors cette variété est homéomorphe à la sphère de même dimension». Ce que l'on savait à l'époque, c'est seulement que si une variété riemannienne complète simplement connexe est à courbure sectionnelle constante (respectivement égale à 1, 0, -1), alors elle est isométrique respectivement à la sphère canonique, l'espace euclidien ou l'espace hyperbolique de même dimension. Mentionnons en passant que ce fait, longtemps folklorique, fut démontré rigoureusement pour la première fois dans [H–R], où figure justement le résultat appelé depuis «théorème de Hopf-Rinow» et dégagé entre autres à cette fin.

Le théorème de Rauch dit donc que la nature topologique de la variété «la sphère» est stable pour une perturbation de la métrique canonique à courbure constante. C'est en apparence un résultat agréable et naturel: une sorte de semi-continuité de la toplogie comme fonction de la courbure sectionnelle. Cependant je ne vois aucun résultat comparable à lui avant 1950. Si ce n'est, peut-être, outre le théorème des accroissements finis!, le théorème d'Hadamard qui dit qu'une surface immergée dans $\mathbb{R}^3$ est la frontière d'un corps convexe (et donc une sphère) dès qu'elle est à courbure de Gauss positive.[1]

Il est évidemment impossible de savoir qui le premier rêva d'un tel résultat. Mais une chose est certaine: Heinz Hopf y songea et posa la question à Rauch lors d'un séjour que celui-ci fit à Zürich en 1948. Par ailleurs il ne semble pas qu'il y ait trace dans la littérature d'énoncé analogue, voire d'essai de démonstration. Evidemment ce résultat appartient au sujet «Courbure et Topologie», entendons par là le genre de question suivante: «que peut-on dire de la toplogie (algébrique) d'une variété riemannienne complète dont la courbure satisfait certaines conditions?»

En 1950 le sujet était presque vierge. En dimension 2, la formule de Gauss-Bonnet le résoud complétement, mais en dimension supérieure ou égale à 3 on connaissait peu de choses. La généralisation de la formule de Gauss-Bonnet par Chern ([CN1] et [CN2]) est certes capitale comme nous l'avons vu plus haut, mais plutôt utile dans d'autres directions ou dans quelques cas très particulier de «courbure et toplogie». Elle ne permet pas en tout état de cause de démontrer le théorème de Rauch. Les autres résultats connus étaient: le théorème de Hadamard-Cartan qui dit qu'une variété simplement connexe à courbure sectionnelle négative est difféomorphe à $\mathbb{R}^n$ (voir [C–E], p. 35; noter que cet ouvrage couvre une assez bonne partie du sujet traité ici jusqu'à sa date de parution, 1975), le théorème de Preismann ([PA])[2], qui dit que dans une variété à courbure sectionnelle strictement négative deux éléments du groupe fondamental ne peuvent commuter que s'ils sont une puissance d'un même élément, le théorème de Myers ([MY]) qui dit que le groupe fondamental d'une variété à courbure de Ricci strictement positive est un groupe fini, le théorème voisin de Bochner qui dit que si la courbure de Ricci est positive alors le rang du groupe fondamental est borné par la dimension de la variété ([BO]) et enfin le théorème de Synge qui dit qu'une variété de dimension paire, orientable, compacte et à courbure sectionnelle strictement positive est simplement connexe ([SE]).

Face aux théorèmes précédents, qui apparaissent (malgré leur valeur et leur élégance) un peu comme du bricolage, le théorème de Rauch était donc l'aurore d'une ère nouvelle. Je reviendrai plus loin sur les outils de démonstration de Rauch mais voudrais maintenant d'abord signaler à la fois le programme assez clair de cette nouvelle ère et ce qui en a été réalisé à ce jour.

---

[1] Par ailleurs, en dimension 2, la formule de Gauss-Bonnet rend les choses banales

[2] Cet article de Preismann était un texte à lire (si ce n'est «le» texte à lire) pour les débutants chercheurs en géométrie riemannienne dans les années 45–50

La première chose à faire était de trouver la borne optimale qui remplace celle de 0,76 dans le travail de Rauch. Klingenberg fut le premier dans cette voie, il réussit à remplacer 0,76 par 0,55 (et sut en outre bien dégager le deuxiéme outil créé par Rauch, à savoir le rayon d'injectivité, voir plus bas). Mais comme l'espace projectif complexe, d'une part n'est pas homéomorphe à la sphère, d'autre part possède une structure riemannienne canonique (dite de Fubini-Study, voir [K–N], p. 160) pour laquelle la courbure sectionnelle varie entre 1 et $\frac{1}{4}$ exactement, la borne optimale était au mieux égale à $\frac{1}{4} = 0{,}25$. Le fait qu'une variété riemannienne complète simplement connexe et dont la courbure sectionnelle est strictement comprise entre 1 et $\frac{1}{4}$ est homéomorphe à la sphère est vrai, c'est le théorème dit «de la sphère», et donc $\frac{1}{4}$ est la borne effective optimale. Ce résultat a d'abord été démontré par Berger en dimension paire puis étendu par Klingenberg en toutes dimensions ([BE1], [KL2], ou [C–E]).

Maintenant que se passe-t-il pour $\frac{1}{4}$ exactement puis juste au-dessous? Pour $\frac{1}{4}$ exactement on possède le «théorème de rigidité» ([BE1]): si la variété est à courbure sectionnelle comprise entre 1 et $\frac{1}{4}$ et si elle n'est pas homéomorphe à la sphère de même dimension, alors cette variété riemannienne est nécessairement de l'un des trois types suivants: un espace projectif complexe, un espace projectif quaternionien ou le plan projectif des octaves de Cayley et, en outre, la métrique riemannienne considérée est nécessairement isométrique à la métrique canonique de ces espaces (à savoir celle d'espace homogène symétrique, métrique dont la courbure varie effectivement entre 1 et $\frac{1}{4}$ comme pour le projectif complexe): c'est cela la rigidité annoncée. Et où nous en sommes à présent, on peut donc à nouveau se poser la question analogue à celle de H. Hopf, celle de la semi-continuité de la topologie en fonction de la courbure sectionnelle (au voisinage de $\frac{1}{4}$): si une variété riemannienne simplement connexe, complète, possède une courbure sectionnelle comprise entre 1 et $\frac{1}{4} - \varepsilon$, est-on assuré qu'elle est homéomorphe à la sphère ou à l'un des trois types précédents dès que ε est assez voisin de 0? Cette question, longtemps étudiée (voir [KL3], [CR2] pour des résultats partiels utilisant des hypothèses supplémentaires assez fortes) vient de recevoit enfin tout récemment une réponse affirmative, au moins dans le cas des dimensions paires: [BE2]. Mais le nombre ε obtenu est «théorique» (voir [HN] à ce sujet). Signalons aussi que l'on ne peut pas aller jusqu'à la borne 0 dans cette histoire, il existe d'autres variétés à courbure sectionnelle strictement positive, voir [EC].

En 1951 les sphères exotiques de Milnor (des variétés homéomorphes à la sphère mais non difféomorphes) n'«existaient» pas. Mais dès qu'elles furent connues en 1959, le problème se posa de savoir si les résultats d'homéomorphisme ci-dessus fournissaient en fait ou non des difféomorphismes avec la sphère. La méthode employée dans le théorème de la sphère ne fournissait jamais certainement un difféomorphisme, car on s'y contentait de montrer que la variété considérée était recouverte par deux boules. Actuellement on sait montrer que la variété riemannienne considérée (complète, simplement connexe) est difféomorphe avec la sphère si sa courbure sectionnelle varie entre 1 et une constante δ_n dépendant de la dimension n de la variété considérée. Le meilleur résultat est celui de Im Hof et Ruh ([I–R]) où la constante δ_n tend vers 0,68 avec n tendant vers l'infini. Auparavant de moins bonnes valeurs avaient obtenues par E. Calabi, D. Gromoll, Y. Shikata, Sugimoto, Shiohama et Karcher ([CI], [GO], [SA], [S–S–K]). Présentement (contrairement au cas de l'homéomorphisme) on ne connaît pas la meilleure valeur possible des $\delta_n (n > 2)$. Il n'est pas exclus aujourd'hui qu'il existe des sphères exotiques de courbure sectionnelle variant entre 1 et $\frac{1}{4}$ strictement! Mentionnons à se sujet que Gromoll et Meyer ont trouvé des sphères exotiques à courbure sectionnelle positive ([G–M2]) tandis que Hitchin ([HI]) et Lawson et Yau ([L–Y]) trouvaient des sphères exotiques qui n'admettent aucune métrique riemannienne à courbure sectionnelle positive.

Terminons, pour ce qui concerne le travail [R1] de Rauch, par deux points: le premier est que, pour ce qui concerne les choses «nettement plus bas que $\frac{1}{4}$», nous renvoyons le lecteur a ce que nous disons plus bas sur «courbure et topologie». Le second est le cas des variétés non simplement connexes. Il s'agit donc de l'extension du théorème de Rauch, du théorème de la sphère, au cas des espaces lenticulaires (à savoir les variétés quotient de la sphère de courbure sectionnelle constante 1 par des groupes d'isométries discrets et sans point fixe). On peut dire qu'il s'agit d'un théorème à la Rauch «équivariant». Actuellement un tel résultat existe, pour des constantes δ_n dont la valeur est précisément celle obtenue pour le difféomorphisme: si une variété riemannienne complète de dimension n a sa courbure sectionnelle variant entre 1 et δ_n, alors elle est difféomorphe à un espace lenticulaire, car la méthode qui fournit le difféomorphisme dans [RU1] est en fait équivariante comme il est montré dans [G–K–R1,2]. Auparavant de moins bonnes constantes avaient été obtenues dans [I–R].

Nous reviendrons plus loin sur la poursuite naturelle de ce qui précède, mais reparlons maintenant de Rauch qui, dans [R2][3], lançait un programme concernant une généralisation possible de [R1]: son idée était de comparer la courbure sectionnelle d'une variété riemannienne donnée, non plus à celle de la sphère mais à celle des espaces riemanniens symétriques, qui sont effectivement des archétypes pour les géomètres de tout poil. Utilisant la notion de groupe d'holonomie et la courbure sectionnelle, il énoncait une notion de «pincement par rapport à un tel espace symétrique compact». Après des résultats partiels dans cette direction ([KI] où on comparait au projectif complexe à l'aide de la notion de courbure sectionnelle holomorphe et [CR2] où le pincement utilisait, outre la courbure sectionnelle, la dérivée covariante de la courbure (celle-ci devait ne varier que lentement), une réponse totale a été donnée par Min-Oo et Ruh dans [M–R].

Evidemment dans le programme «courbure et topologie» il y a bien d'autres questions naturelles que celles évoquées ci-dessus, et que la publication du théorème de Rauch permettait d'envisager sans trop d'appréhension.

Les premières sont celles du «pincement autour de 0» et celle du «pincement autour de -1»; on peut en effet reformuler ainsi la version équivariante du théorème de Rauch: «soit une variété compacte admettant une métrique riemannienne à courbure sectionnelle comprise entre 1 et δ_n; alors il existe sur cette variété une métrique riemannienne à courbure sectionnelle constante (égale 1)». Qu'en est-il pour la question analogue, mais cette fois-ci autour de 0 ou de -1? Remarquons d'abord que ces questions ont des chances d'être plus difficiles que celle avec 1; en effet, il n'existe pas de variété simplement connexe compacte à courbure nulle ou constante négative. Nous sommes donc en présence de modèles

[3] Cette idée figurait en fait déja dans [R1] en deux lignes à la fin de l'introduction

variés (et non simplement connexes) comme dans le cas des lenticulaires, mais en outre et surtout, si ces variétés à courbure constante sont complètement classées dans le cas de la courbure nulle (voir [WO]), dans le cas de la courbure constante négative c'est une formidable question, de nature plus arithmétique que géométrique. Pensez déja au cas de la dimension 2 (tores plats versus espace de Teichmüller).

Pour le pincement autour de 0, il s'agit du problème des variétés «presque plates»; ce problème a été résolu par Gromov dans [GV1] (voir [B–K] et [RU2] pour une amélioration importante). La réponse à la question telle qu'elle est posée ci-dessus est négative: si une variété est presque plate (c'est à dire si sa courbure sectionnelle varie entre ε et $-\varepsilon$, pour ε suffisamment petit, et son diamètre étant borné par 1 – car autour de 0 une normalisation est nécessaire) le théorème de Gromov affirme que c'est une nilvariété, c'est à dire un quotient compact d'un groupe de Lie nilpotent par un sous-groupe discret; en particulier ce n'est pas nécessairement le quotient de $\mathbb{R}^n$ par un groupe discret, ce que sont toujours les variétés plates (à courbure nulle) d'après le théorème de Bieberbach. Et l'on ne peut pas faire mieux: les nilvariétés sont toutes presque plates: sur toute telle variété il existe des métriques riemanniennes, de diamètre borné par 1, et de courbure sectionnelle comprise entre ε et $-\varepsilon$, ceci pour tout ε! Quant au pincement autour de -1, il est actuellement ouvert; on trouvera un certain nombre de réponses partielles dans [GV2], où en outre une borne supérieure est exigée pour le volume ou la valeur absolue de la caractéristique d'Euler.

A propos des variétés presque plates, la notion de variété «presque une variété de référence» vient de recevoir une contribution importante dans [RU2], où Ruh introduit, pour améliorer le théorème de Gromov sur les variétés presque plates, la notion de «presque groupe de Lie». C'est là un pas important dans la direction générale du programme de Rauch dans [R2], mentionné plus haut. Enfin, question de pincement, signalons que Ruh a aussi résolu le problème du pincement ponctuel (c'est à dire que c'est seulement le rapport des courbures sectionnelles en chaque point qui est uniformément borné): [RU3].

Retournons à la question générale «courbure et topologie». Le plus simple est de regarder les variétés à courbure sectionnelle comprise entre 1 et une borne inférieure a (positive pour commencer), et simplement connexes. La question est de savoir quels sont les types topologiques possibles. Dans [WE] Weinstein a montré que, en dimension paire et pour la borne inférieure a donnée, $a > 0$, le nombre de types d'homotopie possibles était fini. Simultanément Cheeger démontrait beaucoup plus généralement que le nombre de types d'homotopie possibles est fini pour l'ensemble des variétés riemanniennes de dimension donnée, de volume borné inférieurement, de diamètre borné supérieurement et dont la courbure sectionnelle est bornée en valeur absolue (ce résultat entraîne bien celui de Weinstein en vertu du théorème de Klingenberg sur le rayon d'injectivité, voir plus bas). En appliquant un résultat de topologie différentielle de Kirby et Siebenmann, Cheeger en déduisait (sauf éventuellement en dimension 4) la finitude du nombre possible de types de variétés à un difféomorphisme près: [CR1]. Tout récemment Peters ([PE]) vient de donner une démonstration directe et plus simple de ce fait. Il obtient en outre des estimées sur le cardinal obtenu. Notons ici le rôle important joué par le rayon d'injectivité: c'est quand il n'est pas borné inférieurement que l'on a des ennuis. Enfin Gromov a donné du résultat de finitude ci-dessus (mais avec un cardinal théorique) une démonstration très conceptuelle, en mettant une structure d'espace métrique sur l'ensemble de toutes les variétés riemanniennes et en y démontrant ceci: le sous-ensemble formé des variétés, de dimension donnée et satisfaisant aux conditions de Cheeger ci-dessus, est un compact (la discrétion est alors aisée): pour ceci, voir [GV3] ou [PE].

La totalité des hypothèses de Cheeger est bien nécessaire; il existe, par exemple, une suite infinie de variétés simplement connexes, de même dimension 7, dont la courbure sectionnelle varie entre 1 et 16/29.37 et dont les types d'homotopie sont tous différents (leur rayon d'injectivité a donc 0 comme point d'adhérence): voir [HG]. Mais on peut chercher à «borner la topologie» de nos variétés de façon plus faible que avec le type d'homotopie, par exemple en désirant seulement borner des invariants raisonnables. Aucun résultat de ce genre n'avait pu être obtenu jusqu'à ce que Gromov démontre ([GV5]) que la somme des nombres de Betti (sur un corps quelconque) est borné uniformément par une constante ne dépendant que de la dimension et du produit du carré du diamètre par la borne inférieure de la courbure sectionnelle. La meilleure borne possible n'est pas connue actuellement.

En particulier la somme des nombres de Betti (sur un corps quelconque) d'une variété compacte de dimension n et à courbure sectionnelle positive est borné universellement en n. On peut donc dire que l'on contrôle assez bien actuellement les variétés à courbure sectionnelle positive. D'autant plus que le cas non compact se ramène en quelque sorte au cas compact, grâce à un résultat fort de Cheeger et Gromoll ([C–G2]). Ce résultat avait été précédé d'un résultat de Gromoll et Meyer, qui montraient que toute variété à courbure sectionnelle strictement positive était difféomorphe à $\mathbb{R}^n$ ([G–M1]) et d'un résultat de Toponogov qui montrait ([T2]) que si une variété à courbure sectionnelle positive possède une droite (c'est à dire une géodésique minimisante infinie dans les deux sens) alors cette variété se décompose en un produit riemannien par $\mathbb{R}$.

Le cas des variétés à courbure sectionnelle négative est d'une toute autre difficulté, voir par exemple [GV2]. Si l'on compare ceci au résultat d'Hadamard-Cartan cité plus haut, qui semblait montrer que les variétés à courbure négative sont «faciles», on reconnait ici un phénomène historique d'inversion de difficulté entre le cas de la courbure sectionnelle positive et celui de la négative. On peut le comparer par exemple à celui des groupes de Lie. Dans leur étude, les groupes résolubles sont d'abord apparus comme ceux faciles à étudier. En effet leur nom venait de ce que c'étaient ceux associés aux équations différentielles résolubles par intégrations numériques successives. Ces groupes se «dévissaient» donc sans problème, comme il apparaît d'ailleurs sur leur structure de groupe et leur algèbre de Lie. A l'autre bout de la chaîne, le difficile était les groupes simples, de les classer, de les étudier (malgré leur nom). Et l'on s'est aperçu que l'on arrivait à tout faire avec les groupes simples: trouver toutes leurs représentations, y faire de l'analyse harmonique, etc. ... Tandis que l'étude des groupes résolubles, même celle des nilpotents, apparaît maintenant comme formidable.

D'autres courbures que la courbure sectionnelle peuvent être définies pour une variété riemannienne; les deux plus naturelles sont la courbure de Ricci (qui est une 2-forme différentielle bilinéaire symétrique, alias une forme différentielle quadratique) et la courbure scalaire (qui est une fonction numérique sur la variété).

Parlons d'abord de la courbure scalaire, et dans le cas compact pour commencer; si $n = 2$ la formule de Gauss-Bonnet résoud toutes les questions que l'on peut se poser sur les relations entre son signe et la topologie de la variété mais, dès que $n \geqq 3$, elle apparaît comme un invariant extrêmement faible. A l'extrême on pournait imaginer que toute fonction numérique sur une variété compacte de dimension supérieure ou égale à 3 peut être réalisée comme la courbure scalaire d'une métrique riemannienne convenable. C'est presque vrai comme on va le voir; en fait on possède maintenant la réponse presque complète à cette question (il reste seulement quelques points dans le cas non simplement connexe). Lichnerowicz en 1963 ([LZ]) obtint le premier résultat dans cette direction: si une variété a une courbure scalaire strictement positive, alors un invariant topologique, le $\hat{A}$-genre, doit être nul. A l'opposé Kazdan et Warner montraient en 1975 ([K–W]) que toute fonction numérique sur une variété compacte, si cette fonction n'est pas positive, peut être réalisée comme une courbure scalaire sur ladite variété. C'est donc le signe positif qui seul fait problème. Après plusieurs travaux intermédiaires (notamment de Hitchin: [HI]) Schoen et Yau puis Gromov et Lawson obtinrent la solution complète du problème dans le cas simplement connexe, à savoir une caractérisation complète par des invariants de topologie algébrique des variétés qui admettent une métrique riemannienne à courbure scalaire strictement positive. Le cas non simplement connexe est plus difficile et est lié au cas non compact, en progrès actuellement: voir [S–Y] et [G–L1,2] pour ce qui précède. En particulier le travail [G–L3] peut être regardé comme un prolongement très profond du théorème de Rauch. Pour le cas équivariant, voir [BB]. Pour les spineurs harmoniques, voir [HI].

La force de la courbure de Ricci semble intermédiaire, au premier abord, entre celle de la courbure sectionnelle et celle de la courbure scalaire, mettons «moyenne». Mais plus précisément? Jusqu'à récemment on connaissait peu de résultats sur la courbure de Ricci: ceux de Myers et de Bochner mentionnés au début, celui de Milnor sur la croissance polynomiale du groupe fondamental d'une variété à courbure de Ricci positive – résultat basé sur une borne supérieure du volume des boules géodésiques obtenue par Bishop (voir [H–K] et [GV3], p. 65).

Tout ceci inclinait à penser que la courbure de Ricci était un invariant assez faible, tout juste bon à contrôler le groupe fondamental! La question est moins claire ces jours-ci. En effet Gromov a démontré dans le chapitre 5 de [GV3] que dans l'espace métrique mentionné plus haut de toutes les variétés riemanniennes, le sous-ensemble de celles de dimension donnée, de diamètre borné supérieurement et de courbure de Ricci borné inférieurement est précompact. D'où l'idée de pouvoir borner certaines fonctionnelles riemanniennes à l'aide seulement du diamètre et de la borne inférieure de la courbure de Ricci (variétés compactes donc). On aimerait le faire pour les nombres de Betti, c'est conjecturé dans [GV5]. Ce qu'on sait borner actuellement, avec ces seules données, ce sont les constantes isopérimétriques, les constantes des inégalités de Sobolev, le noyau de l'équation de la chaleur et en particulier la norme sup des fonctions propres du laplacien et le spectre de la variété: il s'agit là de résultats de Gromov, Gallot, Ilias, Bérard et Gallot, voir [GV4], [IS], [GT], [B–G]. Pour le cas non compact, mentionnons l'extension du théorème de décomposition de Toponogov mentionné plus haut faite par Cheeger et Gromoll au cas des variétés à courbure de Ricci positive: [C–G1].

Pour ce qui est du pincement de la courbure de Ricci, remarquons d'abord que la question n'a pas de sens brutalement comme pour la courbure sectionnelle. En effet les variétés à courbure de Ricci constante sont nombreuses, ce sont les variétés appelées d'Einstein (voir [BS] pour une étude exhaustive de ces variétés). Il faut donc, si l'on veut un théorème de pincement pour la courbure de Ricci, faire figurer des bornes supplémentaires, pour le volume ou le diamètre par exemple. Les résultats les plus élégants sont ceux où figure seulement le volume, invariant faible. Pour de tels résultats sur la courbure de Ricci, voir [IA], [SH], [BN]. Signalons aussi l'existence de résultats où l'on borne la courbure sectionnelle d'un côté et le diamètre de l'autre: [G–G]. Pour les variétés de dimension 3 à courbure de Ricci positive, voir l'étonnant résultat de Hamilton: [HZ].

Comment Rauch démontrait-il son résultat révolutionnaire?[4] Outre l'idée même de la preuve on trouve dans sa démonstration deux résultats techniques radicalement nouveaux: le premier, appelé depuis «théorèmes de comparaison de Rauch», de nature purement «calcul différentiel», est le fait que si la courbure sectionnelle d'une variété riemannienne est comprise entre deux réels a et b (nombres réels quelconques) alors ses champs de Jacobi ont une norme encadrée par les normes de champs de Jacobi (ayant même conditions initiales) des variétés à courbure sectionnelle constante a et b respectivement. Apparemment, c'est un vulgaire théorème des accroissements finis; précisément cela ressemble à un théorème à la Sturm-Liouville, car les champs de Jacobi vérifient un système différentiel du type de Sturm-Liouville, système de dimension $n - 1$ si n est la dimension de la variété. Pour une surface, si k est sa courbure de Gauss (ce à quoi ici se réduit la courbure sectionnelle) l'équation de champs de Jacobi se réduit à l'équation différentielle oridinaire $f'' + kf = 0$.

Une autre façon d'énoncer ce résultat d'encadrement est de dire que, en tout point, l'application exponentielle généralisée qui va de la variété (au moins localement) dans la variété de courbure sectionnelle constante égale à b (resp. a) diminue (resp. augmente) les longueurs. Pour les cas $b = 0$ ce résultat était démontré par Preismann pour obtenir son résultat cité plus haut; pour $n < 0$ on en déduit une minoration du volume des boules géodésiques, minoration que Milnor ([MI]) utilise pour étudier la croissance du groupe fondamental des variétés à courbure sectionnelle strictement négative. Pour b réel quelconque, bien que la démonstration originelle de Rauch soit complexe, il est maintenant folklorique (voir par exemple [KR]) que le résultat est facile et s'obtient directement à partir du théorème des accroissements finis en dérivant la fonction norme d'un champ de Jacobi.

Le cas de la borne en a (borne inférieure de la courbure sectionnelle) est de nature intrinséquement plus difficile: la démonstration originelle, qui demanda beaucoup de peine à Rauch, selon ses propres dires, est extrêmement originale et basée sur la forme quadratique de l'index de Morse le long d'un géodésique. Il en existe maintenant des démonstrations plus simples, mais toujours délicates, voir par exemple [KR] ou [GV3], p. 114.

[4] Certainement pas sans peine, ni pour lui ni pour le lecteur! La première version, arrivée aux Annals le 4 octobre 1949, ne satisfit guère le referee; et la version révisée n'arriva aux Annals que le 9 octobre 1950!

Le double encadrement de la norme des champs de Jacobi avec les bornes de la courbure sectionnelle est fondamental dans la démonstration de Rauch. Rien d'analogue n'existait auparavant (voir cependant plus bas le cas des surfaces convexes selon A. D. Alexandrov). On peut considérer les encadrements de Rauch comme les versions globales du résultat de Riemann (et plusieurs successeurs) qui donne un développement limité à l'ordre 3 pour la surface (ou le troisième côté) d'un triangle géodésique en fonction de deux côtés, de leur angle et de la courbure sectionnelle au sommet.

Outre leur utilisation dans la démonstration du théorème de Rauch, les théorèmes de comparaison de Rauch ont servi dans presque tous les résultats ultérieurs mentionnés plus haut, surtout l'encadrement avec la borne inférieure a. Ce service apparaît principalement sous trois formes: la première est le théorème de comparaison appliqué à la longueur de courbes convenables; la seconde est le théorème d'Alexandrov-Toponogov (sur lequel nous reviendrons plus bas, voir aussi [C–E]) sur la comparaison du troisième côté d'un triangle géodésique dont on connaît deux côtés et leur angle, théorème fin qui se démontre à l'aide des théorèmes de comparaison de Rauch; la troisième consiste en des raffinements variés des théorèmes de comparaison, pour différents types de champs de Jacobi et leurs produits extérieurs (pour calculer des volumes de sous-variétés): voir principalement [H–K].

Un raffinement très important est le suivant: il s'agit de la situation en quelque sorte duale de la norme d'un seul champ de Jacobi (cas de Rauch), c'est à dire de la norme du produit extérieur de $n-1$ champs de Jacobi (où n est toujours la dimension), ce qui va permettre de calculer des volumes, de contrôler la mesure de notre variété. Le premier résultat est celui de Bishop mentioné plus haut, il dit que le volume, pour l'application exponentielle à partir d'un point et normalisé par rapport à la variété de courbure sectionnelle constante égale à a, est une fonction non croissante de la distance si la courbure de Ricci (seulement elle!) est bornée inférieurement par $(n-1)a$. Il en résulte, comme dit plus haut, des théorèmes de comparaison pour le volume des boules géodésiques des variétés à courbure de Ricci minorée, théorèmes qui sont à la base de la précompacité de Gromov citée plus haut ([GV3]). Mais si l'on s'appuie sur une sous-variété, au lieu de s'appuyer sur un point comme dans l'application exponentielle, en suivant Heintze-Karcher ([H–K]), on peut obtenir (mais il faut alors contrôler aussi la courbure sectionnelle) des estimées sur le volume des sous-variétés minima de la variété considérée, ainsi que sur le rayon d'injectivité pour lequel Heintze et Karcher obtiennent (avec une très bonne constante) l'inégalité du papillon de Cheeger, inégalité qui joue un rôle essentiel dans le théorème de finitude mentionné plus haut. Les estimées à la Bishop jouent le rôle crucial dans les inégalités mentionnées plus haut de Gromov, Gallot, Ilias et Bérard-Gallot.

Il nous faut ici insister sur le théorème d'Alexandrov-Toponogov cité plus haut ([A], [T1], [C–E]), qui permet de majorer le troisième côté d'un triangle géodésique, dont on connaît deux côtés et l'angle compris entre eux, par ce qu'est la longueur du troisième côté du triangle géodésique construit avec les même données dans la variété de courbure sectionnelle constante égale à la borne inférieure a de la courbure sectionnelle. Ce théorème, et son extension lorsque le troisième côté est «plus long que permis» (voir [C–E]), a été et reste d'une importance fondamentale dans de nombreux résultats de géométrie riemannienne: c'est un outil global puissant dans un domaine où il n'y en a guère. Mentionnons par exemple que ce théorème est à la base du résultat de Gromov sur la majoration des nombres de Betti (voir [GV5] et plus haut), qu'il est utilisé dans des résultats tout récents comme ceux de Durumeric ([D]), Brittain ([BN]).

Le deuxième morceau de la démonstration de Rauch ([R1]) est moins simple à circonscrire: c'est le mélange d'une idée de base et de la notion, mais non explicitée, de rayon d'injectivité, via le «relèvement de l'application exponentielle avant le premier point conjugué». Rauch qualifiait sa méthode de généralisation de celle du prolongement analytique. Il me semble qu'il s'agit plutôt du prolongement du théorème d'inversion locale des applications C^∞ de rang maximum.

La notion, le rôle et la minoration du rayon d'injectivité dans le travail de Rauch furent excellement dégagés par Klingenberg [5] dans [KL1]. Ces résultats sur le rayon d'injectivité sont utilisés de façon essentielle dans de nombreux travaux ultérieurs et actuels. Cependant les deux bornes trouvées par Klingenberg pour le rayon d'injectivité, celle en $\pi/\sqrt{b}$ où b est la borne supérieure de la courbure sectionnelle [6], et celle donnée par la moitié de la longueur de la plus petite géodésique périodique, si capitales soient-el-les, sont insuffisantes pour aller plus loin. Deux travaux firent une percée dans cette direction, nous semble-t-il: celui du papillon (ou de l'hélice, selon l'idiosyncrasie du lecteur) de Cheeger (voir plus haut, et [CR1]) et celui de Margulis ([MA]) précisé par Gromov ([B–K], p. 27 et [GV3], p. 74).

Cependant ces deux résultats restent encore limités, en ce sens qu'il y a encore beaucoup à comprendre dans le rayon d'injectivité. Dans son travail sur les nombres de Betti (cité plus haut, [GV]) Gromov a pu en quelque sorte gommer le rayon d'injectivité; le point de départ est dû à Grove et Shiohama, qui ont montré ([G–S]) qu'une boule géodésique peut être encore contractible au delà du rayon d'injectivité si la fonction distance au centre, en un sens convenable, n'a pas de point critique. Dans le chapitre 8 de [GV3], Gromov prend en quelque sorte un point de vue opposé: il montre que si une suite de variété riemanniennes converge vers une variété (plus généralement un espace métrique) de dimension strictement inférieure, c'est que nécessairement le rayon d'injectivité de ces variétés tend vers 0.

Ce qui précède aura amplement convaincu le lecteur, nous l'espérons, de l'influence séminale exceptionnelle du travail [R1] de Rauch, de son œuvre de pionnier.

Remerciements

Ce texte doit beaucoup à Wolfgang Ziller avec lequel j'ai eu de nombreuses conversations lors de la rédaction de la première version. Puis cette version initiale a reçu des critiques constructives de E. Calabi, J. Cheeger, K. Grove, H. Karcher, W. Klingenberg et R. Palais. Je prie tous ces collègues (ainsi que ceux que j'oublie par inadvertance) de bien vouloir accepter ici mes remerciements.

[5] Victime, si j'ose dire, de ce que l'on disait alors à tous les géomètres de passage à Princeton dans les années 55: «lisez Rauch»!

[6] La borne inférieure en $\pi/\sqrt{b}$ résulte de l'ensemble de la démonstration de Rauch dans [R1], mais n'y figure pas en tant que tel.

Bibliographie

[A] Alexandrov, A. D.: Die innere Geometrie der konvexen Flächen. Berlin (1955) Akademie Verlag

[BB] Bérard Bergery, L.: Scalar curvature and isometry group. Prépublication, Nancy 1981

[BE1] Berger, M.: Sur quelques variétés riemanniennes suffisamment pincées. Bull. Soc. Math. France 88 (1960) 57–71

[BE2] Berger, M.: Sur les variétés riemanniennes pincées juste au-dessous de $\frac{1}{4}$. Ann. Institut Fourier 33 (1983) 135–150

[B–G] Bérard, P.; Gallot, S.: Inégalités isopérimétriques pour l'équation de la chaleur. C. R. Acad. Sciences Paris 297 (1983) 185–188

[B–K] Buser, P.; Karcher, H.: Gromov's almost flat manifolds Astérisque n° 81. Soc. Math. France (1981)

[BN] Brittain, D.: à paraître

[BO] Bochner, S.: Vector fields and Ricci curvature. Bull. A.M.S. 52 (1946) 776–797

[BS] Besse, A.: Einstein manifolds, à paraître

[CA] Cartan, E.: Leçons sur la géométrie des espaces de Riemann. Paris, Gauthier-Villars, 2ème éd. 1946

[C–E] Cheeger, J.; Ebin, D.: Comparison theorems in Riemannian geometry. Amsterdam North Holland (1975)

[C–G1] Cheeger, J.; Gromoll, D.: The splitting theorem for manifolds of non-negative Ricci curvature. J. Diff. Geometry 6 (1971) 119–129

[C–G2] Cheeger, J.; Gromoll, D.: On the structure of complete manifolds of non-negative curvature. Ann. Math. 96 (1972) 413–443

[CI] Calabi, E.: non publié

[CN1] Chern, S. S.: A simple intrinsic proof of the Gauss-Bonnet formula for closed Riemannian manifolds. Ann. Math. 45 (1944) 747–752

[CN2] Chern, S. S.: Characteristic classes of Hermitian manifolds. Ann. Math. 47 (1946) 85–121

[CR1] Cheeger, J.: Finiteness theorems for Riemannian manifolds. Amer. J. Math. 92 (1970) 61–74

[CR2] Cheeger, J.: Pinching theorems for a certain class of Riemannian manifolds. Amer. J. Math. 91 (1969) 807–834

[D] Durumeric, C. O.: Manifolds with almost equal diameter and injectivity radius. Thèse (1982) Stony Brook

[EC] Eschenburg, J.-H.: New examples of manifolds of strictly positive curvature. Invent. Math. 66 (1982) 469–480

[E–H] Eschenburg, J.-H.; Heintze, E.: An elementary proof of the Cheeger-Gromoll splitting theorem. Preprint

[G–G] Gromoll, D.; Grove, K.: Rigidity of positively curved manifolds with large diameter. Dans: Seminar on Diff. Geom. édité par S. T. Yau. Annals of Math. Studies (1982) 203–208

[G–K–R1] Grove, K.; Karcher, H.; Ruh, E.: Group actions and curvature. Invent. Math. 23 (1974) 31–48

[G–K–R2] Grove, K.; Karcher, H.; Ruh, E.: Jacobi fields and Finsler metrics with applications to differentiable pinching problem. Math. Annalen 211 (1974) 7–21

[G–L1] Gromov, M.; Lawson, B.: Spin and scalar curvature in the presence of a fundamental group. Ann. Math. 111 (1980) 209–230

[G–L2] Gromov, M.; Lawson, B.: The classification of simply-connected manifolds of positive scalar curvature. Ann. Math. 111 (1980) 423–434

[G–L3] Gromov, M.; Lawson, B.: Positive scalar curvature and the Dirac operator on complete Riemannian manifolds. Publ. Math. I.H.E.S. n° 58, P.U.F. 1983

[G–M1] Gromoll, D.; Meyer, W.: On complete open manifolds of positive curvature. Ann. of Math. 90 (1969) 75–90

[G–M2] Gromoll, D.; Meyer, W.: An exotic sphere with non-negative sectional curvature. Ann. of Math. 100 (1974) 401–408

[GO] Gromoll, D.: Differenzierbare Strukturen und Metriken positiver Krümmung auf Sphären. Math. Annalen 164 (1966) 353–371

[G–S] Grove, K.; Shiohama, K.: A generalized sphere theorem. Ann. of Math. 106 (1977) 201–211

[GT] Gallot, S.: Inégalités isopérimétriques, courbure de Ricci et invariants géométriques. C. R. Acad. Sciences Paris 296 (1983) 333–336 et 365–368

[GV1] Gromov, M.: Almost flat manifolds. J. Differential Geometry 13 (1978) 231–242

[GV2] Gromov, M.: Manifolds of negative curvature. J. Differential Geometry 13 (1978) 223–230

[GV3] Gromov, M.: Structures métriques pour les variétés riemanniennes, rédigé par Lafontaine et Pansu. Textes mathématiques 1 (1981) CEDIC-Nathan

[GV4] Gromov, M.: Paul Levy isoperimetric inequality. Preprint (1980) Paris I.H.E.S.

[GV5] Gromov, M.: Curvature, diameter and Betti numbers. Comm. Math. Helvetici 56 (1981) 179–195

[HG] Huang, H. M.: Some remarks on the pinching problem. Bull. Inst. Math. Academia Sinica 9 (1981) 321–340

[HI] Hitchin, N.: Harmonic spinors. Advances in Math. 14 (1974) 1–55

[H–K] Heintze, E.; Karcher, H.: A general comparison theorem with applications to volume estimates for submanifolds. Ann. Scientifiques Ecole Norm. Sup. 11 (1978) 451–470

[HN] Hulin, D.: Le second nombre de Betti d'une variété riemannienne ($\frac{1}{4} - \varepsilon$)-pincée. Ann. Inst. Fourier 33 (1983) 167–182

[HO] Hopf, H.: Zentralblatt für Mathematik 43 (1952) 372–373

[H–R] Hopf, H.; Rinow, W.: Über den Begriff der vollständigen differentialgeometrischen Flächen. Comment. Math. Helv. 3 (1931) 209–225

[HZ] Hamilton, R.: Three manifolds with positive Ricci curvature. J. Diff. Geometry 17 (1982) 255–306

[IA] Itokawa, Y.: The topology of certain Riemannian manifolds with positive Ricci curvature. J. of Diff. Geometry 18 (1983) 151–156

[I–R] Im Hof, H. C.-C.; Ruh, E.: An equivariant pinching theorem. Comment. Math. Helv. 50 (1975) 389–401

[IS] Ilias, S.: Constantes explicites pour les inégalités de Sobolev sur les variétés riemanniennes compactes. Ann. Inst. Fourier 33 (1983) 151–166

[KI] Kobayashi, S.: Topology of positively pinched Kähler manifolds. Tôhoku Math. J. 15 (1963) 121–139

[KL1] Klingenberg, W.: Contributions to Riemannian geometry in the large. Ann. Math. 69 (1959) 654–666

[KL2] Klingenberg, W.: Über Riemannsche Mannigfaltigkeiten mit positiver Krümmung. Comm. Math. Helvetici 35 (1961) 47–54

[KL3] Klingenberg, W.: Manifolds with restricted conjugate locus. Ann. Math. 78 (1963) 527–547

[K–N] Kobayashi, S.; Nomizu, K.: Foundations of differential geometry, volume II. John Wiley (1969) New York

[KR] Karcher, H.: Differentialgeometrie. Vorlesungen, Bonn

[K–W] Kazdan, J.; Warner, F.: A direct approach to the determination of Gaussian and scalar curvature function. Invent. Math. 28 (1975) 227–230

[L–Y] Lawson, B.; Yau, S. T.: Scalar curvature, non-abelian group actions and the degree of symmetry of exotic spheres. Comm. Math. Helv. 49 (1974) 232–244

[LZ] Lichnerowicz, A.: Spineurs harmoniques. C. R. Acad. Sci. Paris 257 A (1963) 7–9

[MA] Margulis, G.: Discrete subgroups of Lie groups, á paraître. Ergebnisse der Mathematik, Springer

[MI] Milnor, J.: A note on curvature and fundamental group. J. Differential Geometry 2 (1968) 1–7

[M–R] Min-Oo.; Ruh, E.: Comparison theorems for compact symmetric spaces. Ann. Scient. Ecole Norm. Sup. 12 (1979) 335–353

[MY] Myers, S.: Riemannian manifolds with positive mean curvature. Duke Math. J. 8 (1941) 401–404

[PA] Preismann, A.: Quelques propriétés globales des espaces de Riemann. Comment. Math. Helv. 15 (1942) 175–216

[PE] Peters, S.: Cheeger's finiteness theorem for diffeomorphism classes of Riemannian manifolds. Preprint (1983) Bonn

[R1] Rauch, H.: A contribution to differential geometry in the large. Ann. Math. 54 (1951) 38–55

[R2] Rauch, H.: Geodesics, symmetric spaces and differential geometry in the large. Comment. Math. Helv. 27 (1953) 294–320

[RU1] Ruh, E.: Krümmung und differenzierbare Strukturen auf Sphären II. Math. Annalen 205 (1973) 113–129

[RU2] Ruh, E.: Almost flat manifolds. J. Diff. Geometry 17 (1982) 1–14

[RU3] Ruh, E.: Riemannian manifolds with bounded curvature ratios. J. Diff. Geometry 17 (1982) 643–654

[SA] Shikata, Y.: On the differentiable pinching problem. Osaka Math. J. 4 (1967) 279–287

[SE] Synge, J.: On the connectivity of spaces of positive curvature. Quart. J. Math. (Oxford Ser.) 7 (1936) 316–320

[SH] Shiohama, K.: A sphere theorem for manifolds of positive Ricci curvature. Trans. A.M.S. 275 (1983) 811–819

[SI] Sakai, T.: Comparison and finiteness theorems in Riemannian geometry. Preprint (1983) Okayama

[S–S–K] Sugimoto, M.; Shiohama, K.; Karcher, H.: On the differentiable pinching problem. Math. Ann. 195 (1971) 1–16

[S–Y] Schoen, R.; Yau, S. T.: On the structure of manifolds with positive scalar curvature. Manuscripta mathematica 28 (1979) 159–183

[T1] Toponogov, V.: Riemannian spaces with curvature bounded below. Uspehi Math. Nauk 14 (1959) 87–135

[T2] Toponogov, V.: Riemannian spaces which contain straight lines. Amer. Math. Soc. Transl. 37 (1964) 287–290

[WE] Weinstein, A.: On the homotopy type of positively pinched manifolds. Arch. Math. 18 (1967) 523–524

[WO] Wolf, J.: Spaces of constant curvature. Publish or Perish, Berkeley

H. E. Rauch, Function Theorist

By Clifford J. Earle [1]

1. Introduction

1.1. H. E. Rauch made important contributions to the theory of closed Riemann surfaces throughout his mathematical career. For example his 1954 papers [9] and [10] with M. Gerstenhaber propose a forward-looking method for using the then undeveloped theory of harmonic maps to prove Teichmüller's theorem about extremal quasi-conformal maps. His 1979 paper [14] with L. Keen and A. T. Vasquez sheds interesting light on the accessory parameter problem in the uniformization of punctured tori. His work thus covers far too much ground to be surveyed in one article, but his books and papers reveal a striking consistency of purpose and point of view. They deal with central questions and they show his knowledge of the classical literature and his love of concrete examples and explicit computation, traits that he successfully transmitted to his graduate students.

1.2. Rather than attempting a general discussion of Rauch's books and articles on Riemann surfaces, we have chosen to discuss three representative papers. The first is the 1955 paper [19] in which the famous Rauch variational formula was proved. That formula will be reproved in Sect. 3 by an elegant method that R. S. Hamilton introduced in his 1966 Princeton thesis [13]. The role of Rauch's formula in studying the relationship between period matrices and the Teichmüller and Torelli spaces will be discussed in Sect. 4. In that connection we need a precise statement of Torelli's theorem, which has long been known to the experts (see for instance pp. 173–174 of [15]) but is hard to find in print. We state the required form of Torelli's theorem in Sect. 2.4 and explain how it is derived from the usual statement. The remainder of Sect. 2 is a review of standard background material about period matrices of complex tori and Riemann surfaces.

In Sect. 5 we discuss Rauch's 1962 article [20] about the singularities of the space of moduli. We have singled out that paper both for its intrinsic interest and because it fits naturally into our discussion of fixed point loci in the Teichmüller and Torelli spaces and the space of period matrices. That material provides the necessary background for the beautiful paper [24] of Rauch and Lewittes, in which they find the period matrix of Klein's famous surface of genus three with an automorphism group of order 168. We discuss that paper in Sect. 6 and we study its connection with some remarkable computations of Baker [4].

[1] The author is grateful to the National Science Foundation for financial support

1.3. No adequate discussion of Rauch's contributions to Riemann surface theory can ignore his work on theta functions, especially the joint work with Farkas on the Schottky relation. An account of that work deserves a chapter of its own, and we refer the reader to Farkas's article on that topic in this volume.

2. Jacobi Varieties, Period Matrices, and Torelli's Theorem

2.1. We shall need some well known facts about complex tori. A convenient reference is Gunning [12]. A lattice subgroup L of the n-dimensional complex vector space V is an additive subgroup of V generated by $2n$ vectors that form a basis for V over the real numbers. The quotient space $M = V/L$ is called a complex torus. M is a complex Lie group; the quotient map $V \to M = V/L$ is a group homomorphism and a holomorphic universal covering map. Identifying the vector $\lambda \in L$ with the cover transformation $v \mapsto v + \lambda$, we see that the fundamental group $\pi_1(M)$ and the first (integral) homology group $H_1(M)$ are isomorphic to L.

If $M = V/L$ and $M' = V'/L'$ are complex tori, any holomorphic map $f\colon M \to M'$ lifts to a holomorphic map $\hat{f}\colon V \to V'$ with the property that for each $\lambda \in L$ there is $\lambda' \in L'$ such that $\hat{f}(v + \lambda) = \hat{f}(v) + \lambda'$ for all $v \in V$. It follows readily that $\hat{f}(v) = F(v) + c$, where $F\colon V \to V'$ is a complex linear map with $F(L) \subset L'$. Under the identification of L and L' with the respective fundamental groups and first homology groups of M and M', the maps on π_1 and H_1 induced by f are given simply by $\lambda \mapsto \lambda' = F(\lambda)$. Since $F(L) \subset L'$, F itself covers a holomorphic map $f_0\colon M \to M'$, which is a group homomorphism and is homotopic to f, differing from f only by a translation. If f is biholomorphic, then $F\colon V \to V'$ is invertible, $F(L) = L'$, and f_0 is an isomorphism.

2.2. All this can be made very explicit. Given $M = V/L$, choose a set of generators $\{\lambda_1, \ldots, \lambda_{2n}\}$ for L and a basis $\{v_1, \ldots, v_n\}$ for V. This basis allows us to regard the λ_k as column vectors of length n, and we form the $n \times 2n$ matrix $\Lambda = (\lambda_1, \ldots, \lambda_n)$ with entries λ_{jk} defined by

$$\lambda_k = \sum_{j=1}^{n} \lambda_{jk} v_j, \qquad 1 \leqq k \leqq 2n.$$

We call Λ the full period matrix of M (determined by the given generators and basis).

Now let $M' = V'/L'$ be another complex torus, with full period matrix Λ', and let $f\colon M \to M'$ be a holomorphic map as above. Let C be the matrix of the linear map $F\colon V \to V'$ with respect to the given bases $\{v_1, \ldots, v_n\}$ and $\{v'_1, \ldots, v'_m\}$ for V and V'. Then $F(L) \subset L'$ if and only if there is a $2m \times 2n$ matrix N with integral entries such that

$$C\Lambda = \Lambda' N. \tag{2.1}$$

N is the matrix of the map on H_1 induced by f, with respect to the bases of $H_1(M)$ and $H_1(M')$ determined by the columns of Λ and Λ' respectively.

If $f\colon M \to M'$ is biholomorphic, then $m = n$, C is a nonsingular matrix, and the matrix N is unimodular. Conversely, if C and N are, respectively, nonsingular and unimodular $n \times n$ and $2n \times 2n$ matrices that satisfy (2.1), then C is the matrix of an invertible linear map $F\colon V \to V'$ that satisfies $F(L) = L'$ and covers an isomorphism $f_0\colon M \to M'$.

2.3. Now we can discuss the Jacobi variety and Torelli's theorem. We refer to Martens [16] for details and to Mumford [17], Rauch [21], and Rauch and Farkas [23] for overviews of the subject. Let X be a closed Riemann surface of genus $p \geqq 1$, and let V be the (complex) dual space of the complex vector space $\mathbb{H}^{1,0}(X)$ of holomorphic one-forms (abelian differentials of the first kind) on X. Then V has dimension p. Let L be the lattice subgroup of V consisting of the linear functionals

$$l_\gamma(\omega) = \int_\gamma \omega, \qquad \gamma \text{ a 1-cycle on } X.$$

The complex torus $J(X) = V/L$ is the Jacobi variety of X.

Choose a point x_0 in X. For each x in X choose a path from x_0 to x. The linear functional

$$l(x)(\omega) = \int_{x_0}^{x} \omega$$

depends on the choice of path, but changing the path alters $l(x)$ by an element of L, so the induced map $x \mapsto \phi(x)$ from X to $J(X)$ depends only on x_0. We call ϕ the canonical map determined by x_0. The map ϕ induces an isomorphism from $H_1(X)$ onto $H_1(J(X))\,(= L)$, given by $\gamma \mapsto l_\gamma$.

Since $J(X)$ is an abelian group, we can define $\phi\colon X^n \to J(X)$ for any $n \geqq 1$ by

$$\phi(x_1, \dots, x_n) = \phi(x_1) + \dots + \phi(x_n).$$

The set $W^{p-1} = \phi(X^{p-1}) \subset J(X)$ is of particular interest, in view of

Torelli's Theorem [16, p. 105]. Let X and Y be closed Riemann surfaces of genus $p \geqq 2$, and let $\phi\colon X \to J(X)$ and $\psi\colon Y \to J(Y)$ be canonical maps determined by $x_0 \in X$ and $y_0 \in Y$. If $f\colon J(X) \to J(Y)$ is a biholomorphic map such that $f(W^{p-1})$ is a translate of $\psi(Y^{p-1})$, then there is a conformal map $g\colon X \to Y$ such that

$$\psi(g(x)) = \varepsilon f(\phi(x)) + a \qquad \text{for all } x \in X. \tag{2.2}$$

Here $a \in J(Y)$ and $\varepsilon = \pm 1$.

2.4. $J(X)$ also has a more explicit description. Choose a canonical homology basis $A_1, \dots, A_p, B_1, \dots, B_p$ for X. The lattice L has generators $\lambda_1, \dots, \lambda_{2p}$ defined by

$$\lambda_j(\omega) = \int_{A_j} \omega, \quad \lambda_{p+j}(\omega) = \int_{B_j} \omega, \qquad 1 \leqq j \leqq p. \tag{2.3}$$

The generators $\lambda_1, \dots, \lambda_p$ form a basis for V, and the corresponding full period matrix of $J(X)$ is $\Lambda = (I, Z)$, where I is the $p \times p$ identity matrix. Let $\omega_1, \dots, \omega_p$ be the basis for $\mathbb{H}^{1,0}(X)$ dual to the basis $\lambda_1, \dots, \lambda_p$, so that $\lambda_k(\omega_j) = \delta_{jk}$ if

$1 \leqq j \leqq p$ and $1 \leqq k \leqq p$. Then the $p \times p$ matrix Z has entries

$$z_{jk} = \int_{B_k} \omega_j, \qquad 1 \leqq j \leqq p \quad \text{and} \quad 1 \leqq k \leqq p. \tag{2.4}$$

Z is the Riemann period matrix of X determined by the canonical homology basis $\mathscr{B} = \{A_1, \ldots, B_p\}$. It determines the full period matrix Λ, and hence $J(X)$.

A remarkable theorem of Riemann says that the period matrix Z (determined by a canonical homology basis) determines the set $W^{p-1} \subset J(X)$ up to translation, since W^{p-1} is a translate of the zero locus of the theta function $\theta(u, Z)$. We can therefore restate

Torelli's Theorem. Let X and Y be closed Riemann surfaces of genus $p \geqq 2$, and let $\mathscr{B}$ and $\mathscr{B}'$ be canonical homology bases on X and Y that determine Riemann period matrices Z and Z' respectively. Then $Z = Z'$ if and only if there is a conformal map $g\colon X \to Y$ with $g(\mathscr{B}) = \pm \mathscr{B}'$.

The statement that $g(\mathscr{B}) = \pm \mathscr{B}'$ means of course that $g(A_j) \sim \varepsilon A_j'$ and $g(B_j) \sim \varepsilon B_j'$ for $1 \leqq j \leqq p$, with $\varepsilon = \pm 1$; $\gamma_1 \sim \gamma_2$ means that γ_1 and γ_2 are homologous.

2.5. We wish to derive the restatement of Torelli's theorem from the first form. First, let $g\colon X \to Y$ be a conformal map with $g(\mathscr{B}) = \varepsilon \mathscr{B}'$, $\varepsilon = \pm 1$, and let $\omega_1', \ldots, \omega_p'$ be the basis for $\mathbb{H}^{1,0}(Y)$ determined by $\mathscr{B}'$. Thus

$$\delta_{jk} = \int_{A_k'} \omega_j' = \varepsilon \int_{g(A_k)} \omega_j' = \varepsilon \int_{A_k} g^*(\omega_j'), \qquad 1 \leqq j \leqq p \quad \text{and} \quad 1 \leqq k \leqq p,$$

so the basis for $\mathbb{H}^{1,0}(X)$ determined by $\mathscr{B}$ is given by $\omega_j = \varepsilon g^*(\omega_j')$, and

$$z_{jk} = \int_{B_k} \omega_j = \varepsilon \int_{B_k} g^*(\omega_j') = \varepsilon \int_{g(B_k)} \omega_j' = \int_{B_k'} \omega_j' = z_{jk}'.$$

Conversely, suppose $Z = Z'$. Let $\{\lambda_1, \ldots, \lambda_{2p}\}$ and $\{\lambda_1', \ldots, \lambda_{2p}'\}$ be the generators for L and L' obtained from $\mathscr{B}$ and $\mathscr{B}'$ by (2.3). The full period matrices $\Lambda = (I, Z)$ and $\Lambda' = (I, Z')$ determined by these generators and the corresponding bases $\{\lambda_1, \ldots, \lambda_p\}$ and $\{\lambda_1', \ldots, \lambda_p'\}$ for V and V' are equal, so (2.1) holds with C and N equal to identity matrices. That means there is a biholomorphic map $f\colon J(X) \to J(Y)$ whose effect on the first homology groups is $\lambda_j \mapsto \lambda_j'$.

Let $\phi\colon X \to J(X)$ and $\psi\colon Y \to J(Y)$ be canonical maps determined by $x_0 \in X$ and $y_0 \in Y$. Since $\theta(u, Z) = \theta(u, Z')$ when $Z = Z'$, f carries W^{p-1} to a translate of $\psi(Y^{p-1})$, so the first form of Torelli's theorem gives a conformal map $g\colon X \to Y$ satisfying (2.2). We claim that $g(\mathscr{B}) = \varepsilon \mathscr{B}'$. Indeed

$$\psi(g(A_j)) \sim \varepsilon f(\phi(A_j)) \sim \varepsilon f(\lambda_j) \sim \varepsilon \lambda_j' \sim \psi(\varepsilon A_j'),$$

and similarly $\psi(g(B_j)) \sim \psi(\varepsilon B_j')$. Since ψ induces an isomorphism of $H_1(Y)$ onto $H_1(J(Y))$, we conclude that $g(A_j) \sim \varepsilon A_j'$ and $g(B_j) \sim \varepsilon B_j'$ as required.

2.6. We shall need to understand the effect of a change of canonical homology basis on the Riemann period matrix. More generally, let X and X' be closed

Riemann surfaces of positive genus, and let $f\colon X \to X'$ be a surjective holomorphic map. We consider the relation between the Riemann period matrices Z and Z' determined by canonical homology bases $\mathscr{B}$ and $\mathscr{B}'$ on X and X' respectively.

The linear map $\omega' \mapsto f^*(\omega')$ from $\mathbb{H}^{1,0}(X')$ to $\mathbb{H}^{1,0}(X)$ induces a dual linear map of $V = \mathbb{H}^{1,0}(X)^*$ onto $V' = \mathbb{H}^{1,0}(X')^*$. That map carries L into L', so it induces a holomorphic map $J(f)\colon J(X) \to J(X')$. Choose points $x_0 \in X$ and $x'_0 = f(x_0) \in X'$, and let $\phi\colon X \to J(X)$ and $\phi'\colon X' \to J(X')$ be the canonical maps they determine. It is easy to verify that the diagram

$$\begin{array}{ccc} X & \xrightarrow{\ f\ } & X' \\ \Big\downarrow{\scriptstyle \phi} & & \Big\downarrow{\scriptstyle \phi'} \\ J(X) & \xrightarrow{\ J(f)\ } & J(X') \end{array} \qquad (2.5)$$

commutes.

Now equation (2.1) for the map $J(f)\colon J(X) \to J(X')$ takes the form

$$C(I, Z) = (I, Z')\, N, \qquad (2.6)$$

where N is the matrix of the map on H_1 induced by $J(f)$, with respect to the bases $\{\lambda_1, \dots, \lambda_{2p}\}$ and $\{\lambda'_1, \dots, \lambda'_{2p'}\}$ determined by $\mathscr{B}$ and $\mathscr{B}'$. Since (2.5) commutes, N is also the matrix of the map from $H_1(X)$ to $H_1(X')$ induced by f, with respect to $\mathscr{B}$ and $\mathscr{B}'$. In particular, if $X' = X$ and f is the identity map, N is the matrix whose columns express the basis $\mathscr{B}$ in terms of the basis $\mathscr{B}'$.

3. The Rauch Variational Formula

3.1. Let X be a compact Riemann surface of genus $p \geqq 2$ with a canonical homology basis $\mathscr{B} = \{A_1, \dots, B_p\}$, which determines the Riemann period matrix Z. In his 1955 paper [19] Rauch gave a fundamental formula that describes the first variation of Z when the complex structure of X is varied. In view of the importance of Rauch's formula we shall present here a particularly elegant proof, due to R. S. Hamilton [13], which deserves to be much more widely known. A noteworthy feature of Hamilton's proof is that it proceeds directly from first principles without appealing to the uniformization theorem.

3.2. First we recall how the complex structures on X are described by Beltrami differentials. Let K be the canonical line bundle of X. A Beltrami differential μ on X is a section of the line bundle $\bar{K} \otimes K^{-1}$. If z is a local coordinate on X, μ is given locally by a function $\mu(z)$ so that the expression

$$\mu(z)\, d\bar{z}/dz \qquad (3.1)$$

is invariant under change of coordinates. We shall require the functions $\mu(z)$ to be C^∞. The invariance of the expression (3.1) implies that $|\mu(z)|$ is a well defined function on X, and we denote the maximum of that function by $\|\mu\|$. If $\|\mu\| < 1$

and if z is any local coordinate on X, we can find a diffeomorphism $w(z)$ that maps the range of z into the plane and solves the Beltrami equation

$$w_{\bar{z}}(z) = \mu(z)\, w_z(z). \tag{3.2}$$

The collection of all such mappings $w(z)$ defines an atlas on X, which determines a new Riemann surface X^μ.

It is well known and easy to see that every closed Riemann surface Y of genus p is equivalent to a surface X^μ. Indeed, if $f\colon X \to Y$ is a sense preserving diffeomorphism, then f is given in terms of local coordinates z on X and w on Y by a mapping $z \mapsto w(z)$. There is a uniquely determined Beltrami differential μ on X whose representation in the local coordinate z is given by

$$\mu(z) = w_{\bar{z}}(z)/w_z(z),$$

and $f\colon X^\mu \to Y$ is a conformal map.

3.3. Since we require the Beltrami differential μ to the C^∞, the underlying C^∞ structures of the Riemann surfaces X and X^μ are the same. In particular the abelian differentials of the first kind on X^μ are closed C^∞ one-forms on X. To see which closed C^∞ one-forms they are, we recall the type decomposition of one-forms on X. A one-form on X is of type $(1,0)$ if its expression in local coordinates has the form $f(z)\,dz$; we denote by $\Lambda^{1,0}(X)$ the set of all C^∞ one-forms of type $(1,0)$. Similarly, the one-form ω is of type $(0,1)$ if $\bar{\omega}$ has type $(1,0)$; the set of all C^∞ one-forms of type $(0,1)$ is denoted by $\Lambda^{0,1}(X)$. Every C^∞ one-form ω can be written uniquely as $\omega = \omega' + \omega''$ with $\omega' \in \Lambda^{1,0}(X)$ and $\omega'' \in \Lambda^{0,1}(X)$. If $\omega \in \Lambda^{1,0}(X)$ and μ is a Beltrami differential, then $\mu\omega$ is a well-defined $(0,1)$-form whose local expression is given by

$$\mu(z)\, f(z)\, d\bar{z}$$

if ω is given by $f(z)\,dz$ and μ is given by (3.1).

The closed C^∞ one-form ω is an abelian differential on X^μ if and only if ω has the local form $f(w)\,dw$, and $w = w(z)$ satisfies (3.2). In terms of z, the local form of ω is

$$f(w(z))\, w_z(z)\, (dz + \mu(z)\, d\bar{z}),$$

so $\omega' = f(w(z))\, w_z(z)\, dz$ and $\omega'' = \mu\omega'$. Thus, the abelian differentials of the first kind on X^μ are exactly the closed C^∞ one-forms ω on X that satisfy

$$\omega'' = \mu\omega'. \tag{3.3}$$

3.4. Hamilton's proof of the Rauch variational formula depends on two main ingredients. One is the formula (3.3). The second is a linear operator $L\colon \Lambda^{0,1}(X) \to \Lambda^{1,0}(X)$ that we shall now describe.

Lemma (Hamilton [13]). Given any $\omega \in \Lambda^{0,1}(X)$ there is exactly one $\sigma = L\omega \in \Lambda^{1,0}(X)$ such that $d(\sigma + \omega) = 0$ and

$$\int_{A_j} \sigma + \omega = 0, \qquad 1 \leqq j \leqq p.$$

Proof. If σ_1 and σ_2 both satisfy the conditions of the lemma, then $\sigma_1 - \sigma_2 \in \mathbb{H}^{1,0}(X)$ and has zero A-periods, so $\sigma_1 = \sigma_2$. To prove existence write $\omega = \bar{\alpha} + \bar{\partial} f$, where $\alpha \in \mathbb{H}^{1,0}(X)$ and $f\colon X \to \mathbb{C}$ is a C^∞ function. Then $\sigma = \beta + \partial f$, where $\beta \in \mathbb{H}^{1,0}(X)$ is chosen so that

$$\int_{A_j} \beta = - \int_{A_j} \bar{\alpha}, \qquad 1 \leqq j \leqq p.$$

That completes the proof.

Since $L(\bar{\partial} f) = \partial f$, we can think of L as a kind of Hilbert transform on X, with normalization

$$\int_{A_j} (\omega + L\omega) = 0, \qquad 1 \leqq j \leqq p.$$

3.5. Now choose any $\omega = \omega(0) \in \mathbb{H}^{1,0}(X)$, and let $\omega(\mu)$ be the abelian differential of the first kind on X^μ that satisfies

$$\int_{A_j} \omega(\mu) = \int_{A_j} \omega(0), \qquad 1 \leqq j \leqq p. \tag{3.4}$$

Since $\omega(\mu) - \omega(0)$ is a closed one-form whose A-periods are zero, we have

$$\omega(\mu)' - \omega(0) = L(\omega(\mu)'').$$

Using (3.3) we obtain

$$\omega(0) = \omega(\mu)' - L(\mu\omega(\mu)') = (I - L\mu)\, \omega(\mu)'. \tag{3.5}$$

We shall solve (3.5) for $\omega(\mu)'$ by inverting the linear operator $I - L\mu$ on $\Lambda^{1,0}(X)$. This is most easily done by completing $\Lambda^{1,0}(X)$ and $\Lambda^{0,1}(X)$ with respect to the usual inner product. The map $\omega \mapsto \mu\omega$ from $\Lambda^{1,0}(X)$ to $\Lambda^{0,1}(X)$ has norm equal to the maximum norm $\|\mu\|$, which is less than one.

Lemma (Hamilton [13]). $\|L\omega\| = \|\omega\|$ for all $\omega \in \Lambda^{0,1}(X)$.

Proof. Define an operator $T\colon \Lambda^{1,0}(X) \to \Lambda^{1,0}(X)$ by $T(\omega) = L(\bar{\omega})$. Since $\omega \mapsto \bar{\omega}$ is an isometry, it suffices to prove that T is isometric. The defining property of L implies that $T^2 = I$, so $\Lambda^{1,0}(X)$ is the direct sum of closed real subspaces V^+ and V^- such that $T\omega = \omega$ if $\omega \in V^+$ and $T\omega = -\omega$ if $\omega \in V^-$. To prove that T is isometric, it suffices to prove that V^+ and V^- are orthogonal (in the real sense).

Let $\omega \in V^+$ and $\sigma \in V^-$. Then

$$2\,\mathrm{Re}(\omega, \sigma) = (\omega, \sigma) + (\omega, \sigma)^- = i \iint_X \omega \wedge \bar{\sigma} - i \iint_X \bar{\omega} \wedge \sigma$$

$$= - i \iint_X (\omega + \bar{\omega}) \wedge (\sigma - \bar{\sigma}).$$

But $\omega \in V^+$ means $\omega + \bar{\omega}$ is closed and has zero A-periods, and $\sigma \in V^-$ means $-\bar{\sigma} + \sigma$ is closed and has zero A-periods, so Riemann's bilinear relations imply that the above integral is zero as required.

As an immediate corollary, we obtain the formula

$$\omega(\mu)' = (I - L\mu)^{-1}\,\omega(0) = \sum_{n=0}^{\infty} (L\mu)^n\,\omega(0) = \omega(0) + 0(\|\mu\|). \tag{3.6}$$

Indeed, the lemma implies that the linear operator $L\mu$ has norm at most $\|\mu\|$, which is less than one, so $(I - L\mu)^{-1}$ exists and is given by a convergent geometric series. The series in (3.6) converges in the Hilbert space completion of $\Lambda^{1,0}(X)$ with respect to the inner product

$$(\omega, \sigma) = i \iint_X \omega \wedge \bar{\sigma}.$$

3.6. The Rauch variational formula is easily obtained from formula (3.6) with the help of a standard application of the bilinear relations. Fix a canonical homology basis $\mathscr{B} = \{A_1, \ldots, B_p\}$ on X, and thus on every X^μ. Let $\omega_1(\mu), \ldots, \omega_p(\mu)$ be the normalized basis for $\mathbb{H}^{1,0}(X^\mu)$, so that

$$\int_{A_k} \omega_j(\mu) = \delta_{jk} \qquad \text{if } 1 \leqq j \leqq p \quad \text{and} \quad 1 \leqq k \leqq p.$$

The bilinear relations give

$$\iint_X \omega_i(0) \wedge \omega_j(\mu) = \sum_{k=1}^{p} \int_{A_k} \omega_i(0) \int_{B_k} \omega_j(\mu) - \int_{A_k} \omega_j(\mu) \int_{B_k} \omega_i(0)$$
$$= z_{ji}(\mu) - z_{ij}(0) = z_{ij}(\mu) - z_{ij}(0).$$

Here of course the period matrices $(z_{ij}(0))$ and $(z_{ij}(\mu))$ of $X (= X^0)$ and X^μ are defined by (2.4). Now

$$z_{ij}(\mu) = z_{ij}(0) + \iint_X \omega_i(0) \wedge \omega_j(\mu) = z_{ij}(0) + \iint_X \omega_i(0) \wedge \omega_j(\mu)''$$
$$= z_{ij}(0) + \iint_X \omega_i(0) \wedge \mu\omega_j(\mu)'.$$

Using (3.6) we obtain

$$z_{ij}(\mu) = z_{ij}(0) + \sum_{n=0}^{\infty} \iint_X \omega_i(0) \wedge \mu(L\mu)^n\,\omega_j(0), \tag{3.7}$$

$$z_{ij}(\mu) = z_{ij}(0) + \iint_X \omega_i(0) \wedge \mu\omega_j(0) + O(\|\mu\|^2). \tag{3.8}$$

Formula (3.8) is the Rauch variational formula.

3.7. Hamilton's method of obtaining (3.6) can be easily modified to solve other variational problems. For instance, let $\alpha(\mu) \in \mathbb{H}^{1,0}(X^\mu)$ be determined by the condition that its real part have given A and B-periods. It is easy to prove that

$$\alpha(\mu)' = (I - M\mu)^{-1}\,\alpha(0)$$

if $M\colon \Lambda^{0,1}(X) \to \Lambda^{1,0}(X)$ is defined so that $\sigma = M\omega$ when $\sigma + \omega$ is closed and $\operatorname{Re}(\sigma + \omega)$ is exact.

4. The Teichmüller and Torelli Spaces

4.1. The significance of the Rauch variational formula is best understood in the context of the Teichmüller and Torelli spaces. Let $\mathcal{M}$ be the set of all C^∞ Beltrami differentials μ on X with $\|\mu\| < 1$. The group $\mathrm{Diff}^+(X)$ of sense preserving C^∞ diffeomorphisms of X acts on $\mathcal{M}$ so that $v = f^*(\mu)$ if and only if $f\colon X^v \to X^\mu$ is a conformal map between the Riemann surfaces X^v and X^μ. Since μ and v are in the same $\mathrm{Diff}^+(X)$-orbit if and only if the Riemann surfaces X^μ and X^v are conformally equivalent, the quotient space $\mathcal{M}/\mathrm{Diff}^+(X)$ is the Riemann space of conformal equivalence classes of Riemann surfaces of genus $p \geqq 2$.

4.2. The Teichmüller and Torelli spaces are branched covering spaces of the Riemann space. Let

$$\mathrm{Diff}_0(X) = \{f \in \mathrm{Diff}^+(X);\ f \text{ is homotopic to the identity}\},$$
$$\mathrm{Diff}_1(X) = \{f \in \mathrm{Diff}^+(X);\ f \text{ induces the identity on } H_1(X)\},$$
$$\mathrm{Diff}_2(X) = \{f \in \mathrm{Diff}^+(X);\ f \text{ induces } \pm \text{ identity on } H_1(X)\}.$$

These three groups are normal subgroups of $\mathrm{Diff}^+(X)$, and $\mathrm{Diff}_0(X) \subset \mathrm{Diff}_1(X) \subset \mathrm{Diff}_2(X)$. The first two act freely on $\mathcal{M}$ because a conformal map $f\colon X^\mu \to X^\mu$ that induces the identity on the first (integral) homology group $H_1(X)$ is the identity. By definition, the Teichmüller and Torelli spaces of genus $p \geqq 2$ are $T_p = \mathcal{M}/\mathrm{Diff}_0(X)$ and $\tau_p = \mathcal{M}/\mathrm{Diff}_1(X)$ respectively. Both are complex manifolds of dimension $3p - 3$. The Teichmüller space is homeomorphic to Euclidean space, and the quotient group $\mathrm{Diff}^+(X)/\mathrm{Diff}_0(X)$ acts properly discontinuously as a group of biholomorphic maps. Since $\mathrm{Diff}_1(X)$ acts freely on $\mathcal{M}$, the group $\mathrm{Diff}_1(X)/\mathrm{Diff}_0(X)$ acts freely and properly discontinuously on T_p, and the quotient map from T_p to τ_p is a holomorphic universal covering. This fundamental property of the Torelli space was emphasized by Rauch (see [21]).

4.3. Choose a canonical homology basis $\mathcal{B}$ for X, and for each μ in $\mathcal{M}$ let $Z(\mu)$ be the Riemann period matrix of the Riemann surface X^μ with respect to B. The statement of Torelli's theorem in Sect. 2.4 tells us that $Z(\mu) = Z(v)$ if and only if $v = f^*(\mu)$ for some f in $\mathrm{Diff}_2(x)$, so the map $\mu \mapsto Z(\mu)$ induces well defined maps $t \mapsto Z(t)$ on Teichmüller and Torelli space. The space $\mathcal{M}$ has a natural complex structure as an open set in the complex vector space of C^∞ sections of $\bar{K} \otimes K^{-1}$, and formula (3.7) shows that $\mu \mapsto Z(\mu)$ is a holomorphic map from $\mathcal{M}$ into the space of $p \times p$ complex matrices. The complex structures of T_p and τ_p are so defined that the holomorphic maps on T_p or τ_p are precisely the maps induced by the holomorphic maps on $\mathcal{M}$ that are invariant with respect to $\mathrm{Diff}_0(X)$ or $\mathrm{Diff}_1(X)$. In particular, the maps $t \mapsto Z(t)$ are holomorphic on T_p and τ_p.

4.4. The group $\mathrm{Diff}_2(X)/\mathrm{Diff}_1(X)$ acts on the Torelli space τ_p. Its generator f determines a biholomorphic map $f\colon \tau_p \to \tau_p$ of order two with the property that $Z(t) = Z(f(t))$ for all t in τ_p. If t_0 is a fixed point of f there are local coordinates at t_0 such that

$$f(t_1, \ldots, t_n) = (\varepsilon_1 t_1, \ldots, \varepsilon_n t_n)$$

and $\varepsilon_j = \pm 1$ for $1 \leqq j \leqq n = 3p - 3$. It follows that the derivative of the map $t \mapsto Z(t)$ at t_0 has rank at most equal to the dimension of the fixed point set of f at t_0.

The Rauch variational formula implies that the derivative of $t \mapsto Z(t)$ attains this maximum possible rank at every point. Indeed, as we shall see in Sect. 5, the fixed points of f are the points t_0 that correspond to hyperelliptic surfaces X^μ, and the fixed point set of f has dimension $2p - 1$. Thus, the maximum possible rank is $2p - 1$ at a hyperelliptic surface and $3p - 3$ (= dimension τ_p) at all other surfaces. On the other hand it follows rather easily from (3.8) that the derivative of $t \mapsto Z(t)$ at the point t_0 corresponding to X has rank equal to the dimension of the vector space of quadratic differentials spanned by the products $\omega_i \omega_j$. By a classical theorem of M. Noether (see [7], p. 149), that dimension is $3p - 3$ if X is not hyperelliptic and $2p - 1$ if X is hyperelliptic. This proves our claim at the "origin" t_0, which corresponds to the base Riemann surface X, and the general result is obtained by changing the base surface.

At a nonhyperelliptic surface the implicit function theorem implies that the periods z_{ij} can be used to provide a set of local coordinates for τ_p or T_p. It was for this purpose that Rauch studied the variation of the periods. The first person to define local complex coordinates at all points of T_p was Ahlfors [1]. The idea of using the complex structure of $\mathcal{M}$ to introduce local complex coordinates on T_p is due to Bers [5].

4.5. The quotient space of Torelli space by the involution f is a normal complex space S_p which is mapped one-to-one onto a set J of $p \times p$ complex matrices by the period map $t \mapsto Z(t)$. It is a well known consequence of the bilinear relations that J is a subset of the Siegel half space $\mathcal{H}_p$ of symmetric $p \times p$ matrices with positive definite imaginary parts. The period map is an embedding of S_p in $\mathcal{H}_p$. To see this one must show that its image J is contained in a irreducible analytic subvariety V of dimension $3p - 3$ and that the period map is an open mapping into V or, equivalently, that V is locally irreducible at every point of J. This was done by Baily [3], who showed that the closure of J in $\mathcal{H}_p$ is a subvariety with the required properties. Later Andreotti and Mayer [2] identified the Zariski closure of J is an irreducible component of a certain ramification set of the theta function. It would be very desirable to have a more explicit characterization, or defining equations, for that component.

In a series of publications (see [6], [8], [23]) Rauch and Farkas, following classical ideas of Schottky, derived certain "Schottky relations" among the theta constants. These are explicit relations that hold at all points of J. In genus four, where Schottky's original work was done, Igusa [J. Fac. Sci. Tokyo 28 (1981), 531–545] has shown that these Schottky relations hold precisely on the closure of J. The extent to which they characterize J in general is still unclear, but it is clear that the proof of these Schottky relations is an important chapter in the modern theory of Riemann surfaces and that there is still important work to be done. The reader can find more details in Farkas's article in this volume.

5. Riemann Surfaces with Automorphisms

5.1. We recall from Sect. 4.1 that the group $\mathrm{Diff}^+(X)$ acts on the set $\mathcal{M}$ of C^∞ Beltrami differentials μ with $\|\mu\| < 1$ so that $\nu = f^*(\mu)$ if and only if $f\colon X^\nu \to X^\mu$ is a conformal map. In particular, the (finite) subgroup of $\mathrm{Diff}^+(X)$ that fixes μ is the automorphism group of the closed Riemann surface X^μ. Since the subgroups $\mathrm{Diff}_0(X)$ and $\mathrm{Diff}_1(X)$ act freely on $\mathcal{M}$, the subgroup of the quotient group $\mathrm{Diff}^+(X)/\mathrm{Diff}_0(X)$ or $\mathrm{Diff}^+(X)/\mathrm{Diff}_1(X)$ that fixes a point t_0 of T_p or τ_p is (isomorphic to) the automorphism group of the closed Riemann surface that corresponds to t_0. The Riemann surfaces with nontrivial automorphism groups therefore correspond precisely to the points of T_p or τ_p with nontrivial stabilizers.

5.2. The space of moduli is the quotient of τ_p by the action of $\mathrm{Diff}^+(X)/\mathrm{Diff}_1(X)$. It is therefore a normal complex space whose only possible singularities are at the projections of points with nontrivial stabilizers. In a fundamental paper [20], Rauch analyzed the points with nontrivial stabilizers and found that, aside from a few special cases in low genus, their projections are singular points of the moduli space. In a later paper [22] he gave a complete description of the singularity at the genus three surface of Klein. We shall have more to say about that surface in Sect. 6.

It seems worthwhile to sketch Rauch's argument, since it depends on important properties of the fixed point loci. Let G fix the point t in T_p or τ_p. Then G acts as a group of conformal automorphisms of the Riemann surface X that corresponds to t, and $Y = X/G$ is a closed Riemann surface of genus $p' \geqq 0$. The quotient map from X to Y is a covering, branched over $k \geqq 0$ points of Y. Teichmüller theory implies (see [21]) that the fixed point locus of G in T_p or τ_p is a closed complex submanifold whose (complex) dimension is

$$d' = 3p' - 3 + k. \tag{5.1}$$

On the other hand T_p or τ_p has dimension $d = 3p - 3$, and if G is cyclic of prime order n, the Riemann-Hurwitz formula gives

$$2d = 3(2p - 2) = 3[n(2p' - 2) + (n - 1)k]. \tag{5.2}$$

Now t covers a singular point of the moduli space unless its stabilizer is generated by elements g whose fixed point loci have codimension zero or one at t (see [11] or [18]). It is easy to deduce from (5.1) and (5.2) that no such elements g, apart from the identity, can exist if $p \geqq 4$. Indeed, if g has prime order n, (5.1) and (5.2) give

$$2d - 2nd' = (n - 3)k,$$

which implies that $d - d' \geqq 2$ unless $n = 2$. If g has order two, then (5.1) and (5.2) give

$$2(d - d') = 6p' - 6 + k = 2(p + p' - 2).$$

We leave it to the reader to complete the argument and to analyze the situation when $p = 2$ or 3.

5.3. We can now verify the statements in Sect. 4.4 about the fixed points of the involution $f\colon \tau_p \to \tau_p$ that generates $\mathrm{Diff}_2(X)/\mathrm{Diff}_1(X)$. A fixed point of f corresponds to a Riemann surface X on which f acts as a conformal involution so that the map of $H_1(X)$ induced by f is minus the identity. The Lefschetz formula implies that f fixes $2p+2$ points of X, so X is hyperelliptic and f is the hyperelliptic involution. Formula (5.1) implies that the fixed point set of f in τ_p has dimension $2p-1$, as we asserted in Sect. 4.4.

5.4. We saw in Sect. 4 that if $Z(\mu)$ is the Riemann period matrix of X^μ with respect to a given homology basis $\mathscr{B}$ for X, the mapping $\mu \mapsto Z(\mu)$ identifies the quotient space $\mathscr{M}/\mathrm{Diff}_2(X)$ with its image J in the Siegel half space $\mathscr{H}_p$. We can therefore regard the quotient group $\mathrm{Diff}^+(X)/\mathrm{Diff}_2(X)$ as acting on J. That action has a familiar interpretation in terms of the classical action of the symplectic modular group $\Gamma_p = \mathrm{Sp}(p, Z)$ on $\mathscr{H}_p$, which we shall now describe.

For each f in $\mathrm{Diff}^+(X)$ let $\theta(f)$ be the matrix, with respect to the basis $\mathscr{B}$, of the map of $H_1(X)$ onto itself induced by f. The map $f \mapsto \theta(f)$ is a homomorphism of $\mathrm{Diff}^+(X)$ onto Γ_p, and its kernel is $\mathrm{Diff}_1(X)$. The action of $\mathrm{Diff}^+(X)$ on $\mathscr{M}$ induces an action of Γ_p on $J \subset \mathscr{H}_p$ given by

$$Z(\mu)\cdot\theta(f) = Z(f^*(\mu)). \tag{5.3}$$

On the other hand, since $f\colon X^\nu \to X^\mu$ is a conformal map when $\nu = f^*(\mu)$, formula (2.6) gives

$$C(I, Z(f^*(\mu)) = (I, Z(\mu))\,\theta(f).$$

Writing $\theta(f)$ in $p \times p$ blocks,

$$\theta(f) = \begin{pmatrix} P & Q \\ R & S \end{pmatrix}, \tag{5.4}$$

we find that $C = P + Z(\mu)R$, so $(P + Z(\mu)R)\,Z(f^*(\mu)) = Q + Z(\mu)S$. In other words, the action (5.3) of Γ_p is the restriction to J of the action

$$Z\cdot\theta(f) = (P + ZR)^{-1}(Q + ZS) \tag{5.5}$$

of Γ_p on $\mathscr{H}_p$. Here $\theta(f)$ is given by (5.4).

Notice that the matrix $-I \in \Gamma_p$ fixes every point of $\mathscr{H}_p$. This reflects the fact that J is the quotient of τ_p by the group $\mathrm{Diff}_2(X)/\mathrm{Diff}_1(X)$. That group becomes the group $\{I, -I\}$ when we use θ to identify $\mathrm{Diff}^+(X)/\mathrm{Diff}_1(X)$ with Γ_p.

5.5. The fact that $-I$ fixes all of $\mathscr{H}_p$ but fixes only the hyperelliptic surfaces in τ_p complicates the relationship between stabilizers of points in $J \subset \mathscr{H}_p$ and the automorphism groups of the corresponding Riemann surfaces. Let $\mathrm{Aut}(X^\mu)$ be the group of conformal automorphisms of the Riemann surface X^μ, and let G be the subgroup of Γ_p that fixes the Riemann period matrix $Z(\mu)$. Then G is the group generated by $-I$ and the matrices $\theta(f)$, $f \in \mathrm{Aut}(X^\mu)$. Thus $\mathrm{Aut}(X^\mu)$ is isomorphic to G if X^μ is hyperelliptic and to $G/\{\pm I\}$ if X^μ is not hyperelliptic.

6. Klein's Surface of Genus Three

6.1. The considerations of Sect. 5 can be used to study the period matrices of Riemann surfaces with large groups of conformal automorphisms. The automorphism group $\mathrm{Aut}(X)$ of the closed Riemann surface X fixes a submanifold of the Teichmüller space; the dimension d' of that fixed submanifold is given by formula (5.1). The Riemann period matrix Z_0 of X is fixed by a finite subgroup G of Γ_p whose fixed point set in $\mathscr{H}_p$ is the totally geodesic submanifold consisting of the matrices Z in $\mathscr{H}_p$ that satisfy

$$(P + ZR)Z = Q + ZS \qquad \text{for all} \begin{pmatrix} P & Q \\ R & S \end{pmatrix} \in G. \tag{6.1}$$

That submanifold intersects the set J of period matrices in a space whose dimension at Z_0 will be d' if the period map $t \mapsto Z(t)$ from T_p onto J is a local homeomorphism at the point corresponding to X. That will happen if $p = 2$ or X is not hyperelliptic. If $p = 2$ or 3, J is open in $\mathscr{H}_p$. We conclude that the fixed submanifold of G in $\mathscr{H}_p$ has dimension d' if $p = 2$ or if $p = 3$ and X is not hyperelliptic. In particular, if $d' = 0$ the (totally geodesic) fixed submanifold of G consists of the single point Z_0.

6.2. Klein's surface of genus three is the closed Riemann surface X defined by the equation

$$w^7 = z(z-1)^2. \tag{6.2}$$

This surface is famous because the group $\mathrm{Aut}(X)$ has order $168 = 84(3-1)$, the maximum possible. Since $X/\mathrm{Aut}(X)$ is the Riemann sphere and the quotient map $X \to X/\mathrm{Aut}(X)$ is branched over exactly three points, formula (5.1) gives $d' = 0$. X is not hyperelliptic, so Sect. 6.1 tells us that the Riemann period matrix of X is the unique matrix Z in $\mathscr{H}_3$ that satisfies (6.1). Here G is the subgroup of Γ_3 generated by $-I$ and the matrices $\theta(f)$, $f \in \mathrm{Aut}(X)$.

In order to find the Riemann period matrix Z with respect to an explicitly given canonical homology basis $\mathscr{B}$ by this method, one must first compute the matrices $\theta(f)$ with respect to $\mathscr{B}$, then solve the equations (6.1). Since the group $\mathrm{Aut}(X)$ is generated by three elements, only three matrices $\theta(f)$ actually need be calculated. Rauch and Lewittes perform these calculations in their beautiful paper [24]. They find that

$$Z = \frac{1}{2}\begin{pmatrix} 3\lambda - 1 & -2\lambda & \lambda - 1 \\ -2\lambda & 4\lambda & -2\lambda \\ \lambda - 1 & -2\lambda & 3\lambda + 1 \end{pmatrix}. \tag{6.3}$$

Here $\lambda = (1 + i\sqrt{7})/4$ is a root of the equation $2\lambda^2 - \lambda + 1 = 0$. We encourage the reader to see the details in [24]. The reader should note that Rauch and Lewittes write the images of the canonical homology basis under the automorphism f as the *rows* of a matrix, which is the transpose of our matrix $\theta(f)$. If we write

$$ {}^t\theta(f) = \begin{pmatrix} D & C \\ B & A \end{pmatrix}, $$

our equation (6.1) becomes

$$ ({}^tD + Z^t C) Z = {}^tB + Z^t A $$

or, transposing,

$$ Z(CZ + D) = AZ + B, $$

which is equation (4) of [24]. We have used ${}^tM$ to denote the transpose of a matrix M.

6.3. At the end of [24], Rauch and Lewittes refer to some remarkable computations of Baker on pp. 265–270 of [4]. Baker uses the defining equation (6.2) of X, gives an explicit basis for $\mathbb{H}^{1,0}(X)$, and describes some contours in the z-plane around the branch points 0 and 1 that determine a homology basis for X and hence (see Sect. 2.3) for the Jacobi variety $J(X)$. He then calculates the full period matrix for $J(X)$ and finds that it can be put into the form

$$ \Lambda' = \begin{pmatrix} 1 & 0 & 0 & \lambda & 0 & 0 \\ 0 & 1 & 0 & 0 & 2\lambda & 0 \\ 0 & 0 & 1 & 0 & 0 & 2\lambda \end{pmatrix}, \tag{6.4} $$

with the same number λ that appeared in (6.3). The form of Λ' means that $J(X)$ is biholomorphically equivalent to the product of three Riemann surfaces of genus one, with (one-by-one) Riemann period matrices λ, 2λ, and 2λ respectively.

Incidentally, it is not all obvious that Baker's contours determine a basis for $H_1(X)$. The author learned that they do from M. Tretkoff, who pointed out that the intersection matrix of Baker's cycles can be computed by the methods of [25]. These methods are used in [25] to compute period matrices like Baker's for X and for some other Riemann surfaces.

6.4. The geometry underlying Baker's results can be greatly clarified with the help of the far more geometric results of Rauch and Lewittes. Their Riemann period matrix (6.3) determines the full period matrix $\Lambda = (I, Z)$ for $J(X)$. According to Sect. 2.2 there is an equation

$$ C\Lambda = \Lambda' N \tag{6.5} $$

connecting Λ and Λ'. The reader can verify that (6.5) holds if the invertible matrix C and unimodular matrix N are given by

$$ C = \begin{pmatrix} 1 & 0 & -1 \\ 2\lambda - 1 & -1 & 0 \\ -2\lambda & 0 & 1 \end{pmatrix}, $$

$$N = \begin{pmatrix} 1 & 0 & -1 & 0 & 0 & -1 \\ -1 & -1 & 0 & -1 & 1 & 0 \\ 0 & 0 & 1 & 1 & -1 & 1 \\ 0 & 0 & 0 & 1 & 0 & -1 \\ 1 & 0 & 0 & 0 & -1 & 0 \\ -1 & 0 & 0 & 0 & 0 & 1 \end{pmatrix}.$$

The matrix N is not symplectic. That is as it should be. The Riemann period matrix of X with respect to a canonical homology basis can never be diagonal because the theta divisor determined by a canonical basis is irreducible (see p. 109 of [16]).

6.5. The explicit equation (6.5) can be broken into three smaller equations

$$(1, 0, -1)\Lambda = (1, \lambda)\begin{pmatrix} 1 & 0 & -1 & 0 & 0 & -1 \\ 0 & 0 & 0 & 1 & 0 & -1 \end{pmatrix},$$

$$(2\lambda - 1, -1, 0)\Lambda = (1, 2\lambda)\begin{pmatrix} -1 & -1 & 0 & -1 & 1 & 0 \\ 1 & 0 & 0 & 0 & -1 & 0 \end{pmatrix},$$

$$(-2\lambda, 0, 1)\Lambda = (1, 2\lambda)\begin{pmatrix} 0 & 0 & 1 & 1 & -1 & 1 \\ -1 & 0 & 0 & 0 & 0 & 1 \end{pmatrix},$$

each describing a map of $J(X)$ onto a Riemann surface of genus one. Composing these maps with a canonical map $\phi: X \to J(X)$ we get three maps of Klein's surface X onto surfaces of genus one. The induced maps on the first homology are described by the three 2-by-6 matrices above.

Now if f is any map of X onto a surface Y of genus one and the induced map from $H_1(X)$ to $H_1(Y)$ has the matrix

$$\begin{pmatrix} a & b \\ c & d \end{pmatrix}$$

(with respect to canonical homology bases), then the degree of f is $a \cdot d - b \cdot c$. Here a, b, c, and d are row vectors and the multiplication is the dot product. The above maps therefore all have degree two, so each of them is a quotient map associated with some automorphism of X of order two.

6.6. It is known that all elements of order two in $\mathrm{Aut}(X)$ are conjugate. This implies that the images of the three quotient maps in Sect. 6.5 are equivalent. The equation

$$\lambda(1, 2\lambda) = (1, \lambda)\begin{pmatrix} 0 & -1 \\ 1 & 1 \end{pmatrix}$$

exhibits this equivalence (see Sect. 2.2) and suggests how to reduce Baker's full period matrix (6.4) to the even simpler form

$$\begin{pmatrix} 1 & 0 & 0 & \lambda & 0 & 0 \\ 0 & 1 & 0 & 0 & \lambda & 0 \\ 0 & 0 & 1 & 0 & 0 & \lambda \end{pmatrix}.$$

We leave that computation to the interested reader.

What we wish to emphasize is the remarkable geometry of the Jacobi variety $J(X)$. The simplest map one can imagine from X onto a complex torus is the quotient map $\pi\colon X \to Y = X/\{\mathrm{id}, f\}$ associated to some element $f \in \mathrm{Aut}(X)$ of order two. Composing such a map π with suitably chosen g and h in $\mathrm{Aut}(X)$, one obtains an embedding

$$\pi \times (\pi \circ g) \times (\pi \circ h)\colon X \to Y \times Y \times Y. \tag{6.6}$$

What we have seen is that there is an isomorphism from $J(X)$ to $Y \times Y \times Y$ whose composition with a canonical map $\phi\colon X \to J(X)$ is the embedding (6.6).

On p. 223 of [23] Rauch wrote "I have come to believe that a pregnant example may well be worth a thousand theorems." The author believes that these words are well illustrated by this example drawn from Rauch's own work.

References

[1] Ahlfors, L. V.: The complex analytic structure of the space of closed Riemann surfaces. In: Analytic Functions (R. Nevanlinna et al. eds.), pp. 45–66. Princeton University Press, Princeton, N.J. 1960

[2] Andreotti, A.; Mayer, A. L.: On period relations for abelian integrals on algebraic curves. Ann. Scuola Norm. Sup. Pisa 21 (1967), 189–238

[3] Baily, W. L. Jr.: On the theory of theta-functions, the moduli of abelian varieties, and the moduli of curves. Ann. of Math. (2) 75 (1962), 342–381

[4] Baker, H. F.: An introduction to the theory of multiply periodic functions. Cambridge University Press, N.Y. 1907

[5] Bers, L.: Spaces of Riemann surfaces. In: Proceedings of the International Congress of Mathematicians (Edinburgh, 1958), pp. 349–361. Cambridge University Press, N.Y. 1960

[6] Farkas, H. M.: On the Schottky relation and its generalization to arbitrary genus. Ann. of Math. (2) 92 (1970), 57–81

[7] Farkas, H. M.; Kra, I.: Riemann surfaces. Springer, New York 1980

[8] Farkas, H. M.; Rauch, H. E.: Period relations of Schottky type on Riemann surfaces. Ann. of Math. (2) 92 (1970), 434–461

[9] Gerstenhaber, M.; Rauch, H. E.: On extremal quasiconformal mappings I. Proc. Nat. Acad. Sci. USA 40 (1954), 808–812

[10] Gerstenhaber, M.; Rauch, H. E.: On extremal quasiconformal mappings II. Proc. Nat. Acad. Sci. USA 40 (1954), 991–994

[11] Gottschling, M.: Invarianten endlicher Gruppen und biholomorphe Abbildungen. Invent. Math. 6 (1969), 315–326

[12] Gunning, R. C.: Riemann surfaces and generalized theta functions. Ergebnisse der Mathematik und ihrer Grenzgebiete 91. Springer, New York 1976

[13] Hamilton, R. S.: Variation of structure on Riemann surfaces. Princeton University thesis, 1966

[14] Keen, L.; Rauch, H. E.; Vasquez, A. T.: Moduli of punctured tori and the accessory parameter of Lamé's equation. Trans. Amer. Math. Soc. 255 (1979), 201–230

[15] Lefschetz, S.: Selected papers. Chelsea, Bronx, New York 1971
[16] Martens, H. H.: Torelli's theorem and a generalization for hyperelliptic surfaces. Comm. Pure Appl. Math. 16 (1963), 97–110
[17] Mumford, D.: Curves and their Jacobians. University of Michigan Press, Ann Arbor, Mich. 1975
[18] Prill, D.: Local classification of quotients of complex manifolds by discontinuous groups. Duke Math. J. 34 (1967), 26–54
[19] Rauch, H. E.: On the transcendental moduli of algebraic Riemann surfaces. Proc. Nat. Acad. Sci. USA 41 (1955), 42–49
[20] Rauch, H. E.: The singularities of the modulus space. Bull. Amer. Math. Soc. 68 (1962), 390–394
[21] Rauch, H. E.: A transcendental view of the space of algebraic Riemann surfaces. Bull. Amer. Math. Soc. 71 (1965), 1–39
[22] Rauch, H. E.: The local ring of the genus three modulus space at Klein's 168 surface. Bull. Amer. Math. Soc. 73 (1967), 343–346
[23] Rauch, H. E.; Farkas, H. M.: Theta functions with applications to Riemann surfaces. Williams and Wilkins, Baltimore, Md. 1974
[24] Rauch, H. E.; Lewittes, J.: The Riemann surface of Klein with 168 automorphisms. In: Problems in Analysis, a symposium in honor of Solomon Bochner, pp. 297–308. Princeton University Press, Princeton, N.J. 1970
[25] Tretkoff, C. L.; Tretkoff, M. D.: Combinatorial group theory. Riemann surfaces, and differential equations. Adv. in Math. (to appear)

H. E. Rauch, Theta Function Practitioner

By Hershel M. Farkas [1]

Introduction

In 1.3 of [E] it was stated that "no adequate discussion of Rauch's contributions to Riemann surface theory can ignore his work on theta functions". In complete agreement with this statement, we have tried to include in this article a brief description of the most important aspects of Rauch's own work in this area and some of the work he inspired and continues to inspire in others.

Rauch's fascination and enthusiasm with the theory of theta functions was most likely due to the fact that he loved concrete examples and explicit computations. In fact, one of the main reasons for the introduction and use of theta functions is to make explicit calculations which without theta functions would be most difficult.

Riemann introduced the g-dimensional theta function in order to solve the Jacobi inversion problem. Subsequently, Riemann was trying to find (in today's terminology) a set of global moduli for the compact Riemann surfaces of genus g. It seems clear that he was trying to express these moduli as rational functions of theta constants. This program of research was never quite realized except partially in the case of hyperelliptic surfaces. The program which did meet with some successes, even classically, was the problem of obtaining relations among the periods of the holomorphic differentials. Schottky succeeded, for genus 4, in obtaining a relation among theta constants which is satisfied by those theta constants which arise from a compact Riemann surface of genus 4 and which in general is not satisfied. Some gaps were discovered in Schottky's derivation and Schottky's result was reproved in [FR] with generalizations to arbitrary genus.

In this article we shall try to briefly describe Rauch's contributions to the Schottky problem, which has already been described in 4.5 of the article by Earle, and indicate the progress achieved since then.

1. Prym Differentials with Characteristic

1.1. In 1909 there appeared a paper by F. Schottky and H. Jung [SJ] in which it was shown that there are two kinds of theta constants that one can attach to a compact Riemann surface of genus $g \geqq 2$. One set of theta constants was the usual

[1] Research partially supported by U.S. Israel Binational Science Foundation

set of g-dimensional theta constants and the other set consisted of $g-1$ dimensional theta constants. We recall that the n-dimensional theta constant is given by

$$\vartheta\begin{bmatrix}\varepsilon\\ \varepsilon'\end{bmatrix}(0,\pi) = \vartheta\begin{bmatrix}\varepsilon_1\dots\varepsilon_n\\ \varepsilon'_1\dots\varepsilon'_n\end{bmatrix}(0,\pi)$$
$$= \sum_{N\in\mathbb{Z}^n} \exp 2\pi i[\tfrac{1}{2}(N+\varepsilon/2)\,\pi(N+\varepsilon/2)+(N+\varepsilon/2)\,\varepsilon'/2] \tag{1}$$

where ε_i, ε'_i are zeros and ones and π is an $n\times n$ symmetric matrix with positive definite imaginary part.

For the set of g-dimensional theta constants the matrix π is the one given by (2.4) in Earles article and the $g-1$ dimensional theta constants are the ones given by choosing for the matrix π a $g-1\times g-1$ symmetric matrix which is obtained by integrating a set of $g-1$ square roots of holomorphic quadratic differentials with even order zeros over a set of $g-1$ cycles in the first homology group of S.

This set of $g-1$ square roots of holomorphic quadratic differentials can be described in several equivalent ways. The first is as Prym differentials on this surface. These are, in our case, multivalued differentials which change sign when continued along certain cycles. Explicitly, if we are given a basis of $H_1(S)$, $\alpha_1,\dots,\alpha_g;\beta_1,\dots,\beta_g$ then if continuation of a differential ω has the property that continuation of ω over the cycle α_i carries ω into $\exp \pi i\,\delta_i\omega$, $\delta_i = 0, 1$ and continuation of ω over the cycle β_i carries ω into $\exp\pi i\,\delta'_i\omega$, $\delta'_i = 0, 1$ we shall say that ω is a Prym differential with characteristic $\begin{bmatrix}\delta_1\dots\delta_g\\ \delta'_1\dots\delta'_g\end{bmatrix}$. The collection of all Prym differentials with a given characteristic forms a vector space and the dimension of this space when the differentials are holomorphic is $g-1$. It is clear that the square of any holomorphic Prym differential with any characteristic is a holomorphic quadratic differential.

An equivalent alternative way of defining the Prym differentials with characteristic $\begin{bmatrix}\delta_1\dots\delta_g\\ \delta'_1\dots\delta'_g\end{bmatrix}$ is to consider the smooth two sheeted cover of S, $\hat{S}$ corresponding to the kernel of the homomorphism of the fundamental group to $\mathbb{Z}_2$ defined by sending α_i to δ_i and β_i to δ'_i. The cover permits a conformal involution T which operates without fixed points and thus we have an analytic map $\pi\colon \hat{S}\to S$ which is a two sheeted cover in the sense of algebraic topology.

The involution T acts on the vector space of holomorphic differentials on $\hat{S}$ and gives us a splitting of the space into $A\oplus B$ where for every differential $\omega\in A$ we have $T(\omega)=\omega$ and, for each differential $\vartheta\in B$, $T(\vartheta) = -\vartheta$. The elements of A can be identified with the lifts of the holomorphic differentials on S while the elements of B are the lifts of the holomorphic Prym differentials on S.

If one adopts either of the above two approaches and chooses for the characteristic of the Prym differential $\begin{bmatrix}0 & 0\dots 0\\ 1 & 0\dots 0\end{bmatrix}$ one can show that beginning with a basis of the holomorphic differentials on S dual to a given homology basis on S one can then construct on $\hat{S}$ a basis for the holomorphic differentials which is dual to a basis for $H_1(\hat{S})$ constructed from the given basis of $H_1(S)$. The respective period matrices then take the following form:

$$\pi = \begin{pmatrix} \pi_{11} \dots \pi_{1g} \\ \pi_{12} \\ \vdots \\ \pi_{1g} \dots \pi_{gg} \end{pmatrix}, \quad \hat{\pi} = \begin{pmatrix} 2\pi_{11} & \pi_{12} \dots \pi_{1g} & \pi_{12} \dots \pi_{1g} \\ \pi_{12} & & \\ \vdots & \dfrac{\pi' + \tau}{2} & \dfrac{\pi' - \tau}{2} \\ \pi_{1g} & & \\ \pi_{12} & & \\ \vdots & \dfrac{\pi' - \tau}{2} & \dfrac{\pi' + \tau}{2} \\ \pi_{1g} & & \end{pmatrix} \tag{2}$$

where π' is the $g - 1 \times g - 1$ symmetric matrix π with the first row and column deleted and τ is a $g - 1 \times g - 1$ symmetric matrix with positive definite imaginary part.

1.2. The Schottky-Jung proportionalities state that for any $g - 1$ characteristic $\begin{bmatrix} \varepsilon \\ \varepsilon' \end{bmatrix}$ it is the case that $\dfrac{\eta^2 \begin{bmatrix} \varepsilon \\ \varepsilon' \end{bmatrix}(0, \tau)}{\vartheta \begin{bmatrix} 0 & \varepsilon \\ 0 & \varepsilon' \end{bmatrix}(0, \pi) \, \vartheta \begin{bmatrix} 0 & \varepsilon \\ 1 & \varepsilon' \end{bmatrix}(0, \pi)}$ is independent of $\begin{bmatrix} \varepsilon \\ \varepsilon' \end{bmatrix}$ where η is the theta constant of $g - 1$ variables. Once one accepts this statement one sees immediately how to use it to obtain Schottky type relations for arbitrary genus and how to obtain the relation Schottky discovered in genus 4. It is sufficient to take any identity among the $g - 1$ dimensional theta constants, replace each theta constant $\eta \begin{bmatrix} \varepsilon \\ \varepsilon' \end{bmatrix}(0, \tau)$ by $\sqrt{\vartheta \begin{bmatrix} 0 & \varepsilon \\ 0 & \varepsilon' \end{bmatrix}(0, \pi) \, \vartheta \begin{bmatrix} 0 & \varepsilon \\ 1 & \varepsilon' \end{bmatrix}(0, \pi)})$ and one has a relation among g-dimensional theta constants which must be satisfied by the theta constants which arise from a compact Riemann surface of genus g.

The Schottky-Jung paper [SJ] was discovered by Rauch who found a proof of the S-J proportionalities in the case of genus 2 using the fact that all surfaces of genus 2 are hyperelliptic. The basic idea was that in this case we can write down quite explicitly the Prym differential with characteristic $\begin{bmatrix} 0 & 0 \\ 1 & 0 \end{bmatrix}$ observe that it is in fact a holomorphic differential on a surface of genus 1 and proceed to evaluate the function z, the projection map of the Riemann surface onto the sphere in two different ways. One way using the Riemann surface of genus 1 and the other using the Riemann surface of genus 2.

In order to illustrate the phenomenon consider the Riemann surface of the algebraic equation $W^2 - z(z-1)(z-\lambda_1)(z-\lambda_2)(z-\lambda_3) = 0$. A concrete representation is pictured in Fig. 1 together with a canonical homology basis. We easily observe that dz/W and $z\,dz/W$ are a basis for the holomorphic differentials in this surface and that $dz/\sqrt{z(z-1)(z-\lambda_1)} = \omega$ is a holomorphic Prym

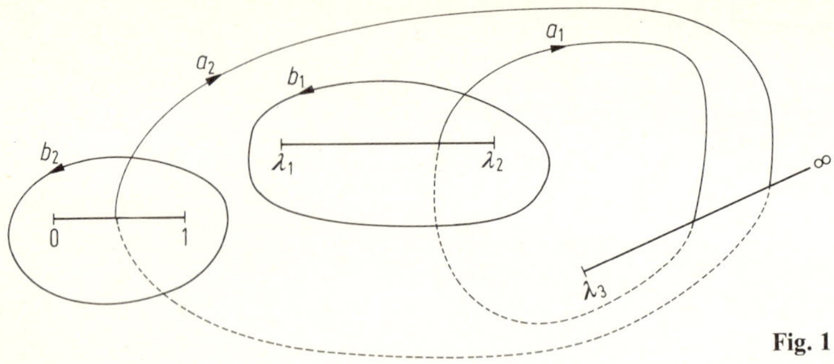

Fig. 1

differential on this surface. In fact it is quite clear also that ω is the holomorphic differential on the compact Riemann surface of the algebraic equation $w^2 - z(z-1)(z-\lambda_1) = 0$. The well known formulas expressing λ_1 as a function of the modulus on the latter combined with the also by now well known formula expressing λ_1 as a function of the periods on the original surface give the Schottky-Jung proportionalities in genus 2.

This procedure which was used in [RF] could be generalized to give results on any hyperelliptic surface but it was subsequently realized [F1] that you don't need the Schottky-Jung proportionalities to obtain Schottky type relations for hyperelliptic surfaces of arbitrary genus $g \geqq 4$.

In order to get a general proof of the Schottky-Jung proportionalities valid on any surface of genus g it became necessary to abandon any particular concrete representation of the surface. The way to proceed was to study the smooth two sheeted cover of genus $2g-1$ corresponding to the characteristic for the Prym differentials under consideration. It was already known [F2] that on such a surface at least $2^{g-2}(2^{g-1}-1)$ even theta constants vanish and for the characteristic $\begin{bmatrix} 0 & 0\ldots0 \\ 1 & 0\ldots0 \end{bmatrix}$ from which we get the period matrix given by (2) it was guessed that the theta constants which should vanish were precisely the ones with characteristic $\begin{bmatrix} 0 & \varepsilon & \varepsilon \\ 1 & \varepsilon' & \varepsilon' \end{bmatrix}$ where $\begin{bmatrix} \varepsilon \\ \varepsilon' \end{bmatrix}$ is an odd $(g-1)$-characteristic. It was already known [F2] that this was correct for $g = 2$ [RF] and it was ultimately shown to be correct in general [FR]. The precise theorem is

Theorem: A sufficient condition for the validity of the Schottky-Jung proportionalities is the vanishing of the $2^{g-2}(2^{g-1}-1)$ even theta constants $\vartheta\begin{bmatrix} 0 & \varepsilon & \varepsilon \\ 1 & \varepsilon' & \varepsilon' \end{bmatrix}(0, \tilde{\pi})$ where $\begin{bmatrix} \varepsilon \\ \varepsilon' \end{bmatrix}$ is an odd $g-1$ characteristic. These theta constants in fact do vanish and thus the Schottky-Jung proportionalities are valid.

The details of the proof can of course be found in the original papers [F3, FR], in the book [RF1] and once again in the book [C], and therefore need not be repeated here. I would like to however illustrate some phenomena which occur on hyperelliptic surfaces and also give a concrete exposition of Mumford's work on Prym varieties [M].

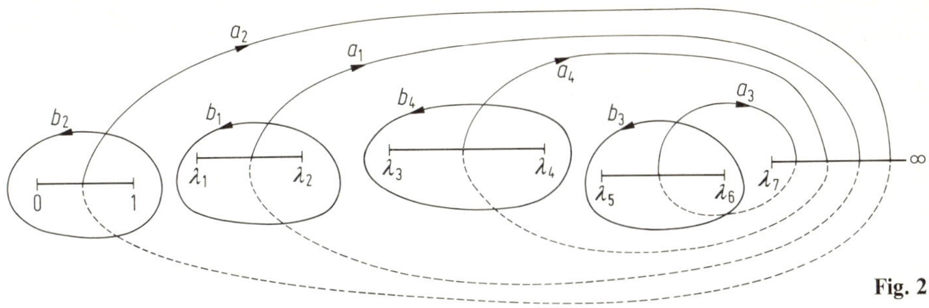

Fig. 2

1.3. Let us consider the Riemann surface of $w^2 - z(z-1)(z-\lambda_1)\dots(z-\lambda_7) = 0$ with the canonical homology basis given in Fig. 2.

As is well known a basis for the space of holomorphic differentials on this surface is given by $dz/w, z\,dz/w, z^3\,dz/w, z^2\,dz/w$. We also observe that a basis for the space of holomorphic Prym differentials with characteristic $\begin{bmatrix} 0 & 0 & 0 & 0 \\ 1 & 0 & 0 & 0 \end{bmatrix}$ on this surface is given by

$$\frac{dz}{\sqrt{z(z-1)(z-\lambda_1)}}, \quad \frac{dz}{\sqrt{(z-\lambda_2)\dots(z-\lambda_7)}}, \quad \frac{z\,dz}{\sqrt{(z-\lambda_2)\dots(z-\lambda_7)}}.$$

Let us denote these differentials by ξ_1, ξ_2, ξ_3, and denote the elements of the basis for the holomorphic differentials by $\vartheta_1, \vartheta_2, \vartheta_3, \vartheta_4$. It is well known that the products $\{\vartheta_i \vartheta_j\}$ span a seven dimensional subspace of the holomorphic quadratic differentials on S, in fact those which are invariant under the action of the hyperelliptic involution. One can ask a similar question about the span of the products of the holomorphic Prym differentials. Of course in the example we are considering the maximum possible dimension is 6. The surprise is that if you consider the union of the two sets in the case that the characteristic $\begin{bmatrix} 0 & 0 & 0 & 0 \\ 1 & 0 & 0 & 0 \end{bmatrix}$ you span the entire space of holomorphic quadratic differentials, while if you consider the case of a characteristic $\begin{bmatrix} 0 & 0 & 0 & 0 \\ 0 & 0 & 1 & 0 \end{bmatrix}$ you simply remain in the original seven dimensional subspace. We shall demonstrate this for the given example but it will be clear that the arguments carry over to the general case of hyperelliptic surface of genus g.

The span of the products $\{\vartheta_i \vartheta_j\}$ is precisely the span of the holomorphic quadratic differentials $\{z^j(dz/w)^2\}$ $j = 0, \dots, 6$ which are clearly linearly independent. To obtain the entire space of holomorphic quadratic differentials we need add $\{z^j(dz^2/w)\}$ $j = 0, 1$. In our example note that $\xi_1 \xi_2$ and $\xi_1 \xi_3$ are precisely dz^2/w and $z(dz^2/w)$. To see the other extreme we observe that setting

$$\xi_1 = \frac{dz}{\sqrt{z(z-1)(z-\lambda_1)\dots(z-\lambda_5)}}, \dots,$$

$$\xi_3 = z^2 \frac{dz}{\sqrt{z(z-1)(z-\lambda_1)\dots(z-\lambda_5)}}$$

gives us holomorphic Prym differentials, and in our case of genus 4, are a basis for the holomorphic Prym differentials with characteristic $\begin{bmatrix} 0 & 0 & 0 & 0 \\ 0 & 0 & 1 & 0 \end{bmatrix}$. We readily observe that in this case the span of the products of the holomorphic Prym differentials is the same as dz^2/t^2, $z(dz^2/t^2), \ldots, z^4(dz^2/t^2)$ where $t^2 = z(z-1)(z-\lambda_1)\ldots(z-\lambda_5) = w^2/(z-\lambda_6)(z-\lambda_7)$ and is thus contained in the span of the $\{\vartheta_i \vartheta_j\}$.

Since Pryms with different characteristic behave so differently with respect to the holomorphic quadratic differentials one should expect that the matrices τ should also be quite different. In fact this is the case.

Theorem 1. For the Riemann surface of genus 4 under consideration the τ matrix for the holomorphic Prym differentials with characteristic $\begin{bmatrix} 0 & 0 & 0 & 0 \\ 1 & 0 & 0 & 0 \end{bmatrix}$ is reducible of the form $\begin{bmatrix} \tau_{11} & 0 & 0 \\ 0 & \tau_{22} & \tau_{23} \\ 0 & \tau_{23} & \tau_{33} \end{bmatrix}$ while the τ matrix for holomorphic Prym differentials with characteristic $\begin{bmatrix} 0 & 0 & 0 & 0 \\ 0 & 0 & 1 & 0 \end{bmatrix}$ is a period matrix for a hyperelliptic surface of genus 3.

Proof: There is a very simple proof of both statements. A look at the basis in question show that for the characteristic $\begin{bmatrix} 0 & 0 & 0 & 0 \\ 1 & 0 & 0 & 0 \end{bmatrix}$, ξ_1 is a holomorphic differential on the torus defined by $w^2 = z(z-1)(z-\lambda_1)$ while ξ_2 and ξ_3 are a basis for the holomorphic differentials on the surface of genus 2 defined by $w^2 = (z-\lambda_2)\ldots(z-\lambda_7)$. It is thus suggestive that the period matrix for ξ_1, ξ_2, ξ_3 over the cycles of the homology basis has the form

	a_1	a_2	a_3	a_4	b_1	b_2	b_3	b_4
ξ_1	0	ω_1	0	0	X_0	ω_2	0	0
ξ_2	0	0	a_{11}	a_{12}	Y_0	0	τ_{22}	τ_{23}
ξ_3	0	0	a_{21}	a_{22}	Z_0	0	τ_{32}	τ_{33}

simply due to the fact that on the respective Riemann surfaces some of the cycles are homologous to zero. Rather than rely on this we observe that the general theory of hyperelliptic surfaces tells us that 10 even thetas vanish at the origin. The characteristics for which we have vanishing corresponding to this canonical homology basis are precisely the characteristics

$$\begin{bmatrix} 1 & 0 & 1 & 0 \\ 1 & 0 & 1 & 1 \end{bmatrix}, \begin{bmatrix} 1 & 1 & 1 & 0 \\ 1 & 0 & 1 & 1 \end{bmatrix}, \begin{bmatrix} 1 & 1 & 1 & 0 \\ 0 & 1 & 1 & 1 \end{bmatrix}, \begin{bmatrix} 0 & 1 & 1 & 0 \\ 0 & 1 & 1 & 1 \end{bmatrix},$$

$$\begin{bmatrix} 0 & 1 & 1 & 0 \\ 1 & 1 & 1 & 0 \end{bmatrix}, \begin{bmatrix} 0 & 1 & 1 & 1 \\ 1 & 1 & 1 & 0 \end{bmatrix}, \begin{bmatrix} 0 & 1 & 1 & 1 \\ 1 & 1 & 0 & 1 \end{bmatrix}, \begin{bmatrix} 0 & 1 & 0 & 1 \\ 1 & 1 & 0 & 1 \end{bmatrix},$$

$$\begin{bmatrix} 0 & 1 & 0 & 1 \\ 1 & 1 & 1 & 1 \end{bmatrix}, \begin{bmatrix} 1 & 0 & 1 & 0 \\ 1 & 1 & 1 & 1 \end{bmatrix}.$$

In particular we are interested in the six

$$\vartheta\begin{bmatrix}0&1&1&0\\0&1&1&1\end{bmatrix}=\vartheta\begin{bmatrix}0&1&1&0\\1&1&1&0\end{bmatrix}=\vartheta\begin{bmatrix}0&1&1&1\\1&1&1&0\end{bmatrix}$$

$$=\vartheta\begin{bmatrix}0&1&1&1\\1&1&0&1\end{bmatrix}=\vartheta\begin{bmatrix}0&1&0&1\\1&1&0&1\end{bmatrix}=\vartheta\begin{bmatrix}0&1&0&1\\1&1&1&1\end{bmatrix}=0.$$

By the Schottky-Jung proportionalities it thus follows that

$$\eta\begin{bmatrix}1&1&0\\1&1&1\end{bmatrix}=\eta\begin{bmatrix}1&1&0\\1&1&0\end{bmatrix}=\eta\begin{bmatrix}1&1&1\\1&1&0\end{bmatrix}$$

$$=\eta\begin{bmatrix}1&1&1\\1&0&1\end{bmatrix}=\eta\begin{bmatrix}1&0&1\\1&0&1\end{bmatrix}=\eta\begin{bmatrix}1&0&1\\1&1&1\end{bmatrix}=0.$$

It thus follows that six even theta functions with the τ matrix vanish at the origin. If the τ matrix were irreducible it would follow that at most one even theta could vanish in which case the τ matrix would represent a hyperelliptic Jacobian or no even theta would vanish and the τ matrix would represent an arbitrary Jacobian.

The same arguments apply to the case of characteristic $\begin{bmatrix}0&0&0&0\\0&0&1&0\end{bmatrix}$. It is clear that in this case the Prym differentials $\xi_1=dz/t$, $\xi_2=z(dz/t)$ and $\xi_3=z^2(dz/t)$ where $t^2=z(z-1)(z-\lambda_1)\dots(z-\lambda_5)$ are holomorphic differentials on the hyperelliptic Riemann surface defined by the above equation and the period matrix for these Prym differentials is

	a_1	a_2	a_3	a_4	b_1	b_2	b_3	b_4
ξ_1	a_{11}	a_{12}	0	a_{13}	τ_{11}	τ_{12}	X_0	τ_{13}
ξ_2	a_{21}	a_{22}	0	a_{23}	τ_{21}	τ_{22}	Y_0	τ_{23}
ξ_3	a_{31}	a_{32}	0	a_{33}	τ_{31}	τ_{32}	Z_0	τ_{33}

The Schottky-Jung proportionalities in this case are

$$\eta^2\begin{bmatrix}\varepsilon_1&\varepsilon_2&\varepsilon_3\\\varepsilon_1'&\varepsilon_2'&\varepsilon_3'\end{bmatrix}(0,\tau)\Big/\vartheta\begin{bmatrix}\varepsilon_1&\varepsilon_2&0&\varepsilon_3\\\varepsilon_1'&\varepsilon_2'&0&\varepsilon_3'\end{bmatrix}(0,\pi)\,\vartheta\begin{bmatrix}\varepsilon_1&\varepsilon_2&0&\varepsilon_3\\\varepsilon_1'&\varepsilon_2'&1&\varepsilon_3'\end{bmatrix}(0,\pi)$$

independent of $\begin{bmatrix}\varepsilon_1&\varepsilon_2&\varepsilon_3\\\varepsilon_1'&\varepsilon_2'&\varepsilon_3'\end{bmatrix}$ so that the vanishing of $\vartheta\begin{bmatrix}0&1&0&1\\1&1&0&1\end{bmatrix}$ and $\vartheta\begin{bmatrix}0&1&0&1\\1&1&1&1\end{bmatrix}$ only give the vanishing of $\eta\begin{bmatrix}0&1&1\\1&1&1\end{bmatrix}$ for the τ matrix and thus τ is necessarily irreducible and in fact a hyperelliptic Jacobian.

It is well known that compact Riemann surfaces of genus 4 can be classified according to A; no even theta constant vanishing, B; exactly one even theta constant vanishing, or C; hyperelliptic. As a consequence of the Schottky-Jung proportionalities we can state

Theorem 2. If S is a compact Riemann surface of genus 4 then the matrix τ represents a Jacobian of a non-hyperelliptic curve of genus 3 in case A, a hyperelliptic Jacobian in case B, and either a hyperelliptic Jacobian or a reducible matrix in case C.

Proof: In case A, $\eta\begin{bmatrix}\varepsilon \\ \varepsilon'\end{bmatrix}(0,\tau) \neq 0$ for any even $\begin{bmatrix}\varepsilon \\ \varepsilon'\end{bmatrix}$ and thus τ cannot be reducible or hyperelliptic. In case B, by a change of canonical homology basis we can assume that the characteristic is $\begin{bmatrix}0 & 0 & 0 & 0 \\ 0 & 0 & 0 & 0\end{bmatrix}$ and therefore $\eta\begin{bmatrix}0 & 0 & 0 \\ 0 & 0 & 0\end{bmatrix}(0,\tau) = 0$ and no other even theta constant can vanish so that τ is not reducible and is therefore a hyperelliptic Jacobian. Finally, in case C we have the previous result.

2. The Prym Variety

In Sect. 1 the emphasis was on the Prym differentials and its matrix of periods on the compact Riemann surface. The use of the characteristic $\begin{bmatrix}0 & 0\dots0 \\ 1 & 0\dots0\end{bmatrix}$ simplified many of the computations and it is not really clear, to me at least, how one would proceed with more *complicated* characteristic except to change homology basis so that the characteristic in the new basis becomes $\begin{bmatrix}0 & 0\dots0 \\ 1 & 0\dots0\end{bmatrix}$. In Sect. 2 we adopt Mumford's point of view [M] and define the Prym Variety independently of differentials.

2.1. Let S be a compact surface of genus g and let $\hat{S}$ be a smooth two sheeted cover of S. $\hat{S}$ is then determined by a subgroup of index 2 of $\pi_1(S)$ or by a homomorphism of $\pi_1(S)$ to $\mathbb{Z}_2$. This homomorphism can be described by its action on the generators $a_1,\dots,a_g; b_1,\dots,b_g$ and thus gives us a characteristic as in Sect. 1 or alternatively a point of order 2 in the Jacobian of S.

The situation described above $\pi\colon \hat{S}\to S$ gives rise to a homomorphism $h_2\colon J(S)\to J(\hat{S})$ and more important for us at this stage also a homomorphism $h_1\colon J(\hat{S})\to J(S)$.

Definition: The Prym variety of $(\hat{S}, S)$ is the connected component of the kernel of h_1 which contains the origin.

Let us now once again return to the characteristic $\begin{bmatrix}0 & 0\dots0 \\ 1 & 0\dots0\end{bmatrix}$ and in this case we know that $J(S) = \mathbb{C}^g/\langle I,\pi\rangle$ and $J(\hat{S}) = \mathbb{C}^{2g-1}/\langle I,\hat{\pi}\rangle$ where π and $\hat{\pi}$ are given in (2) and $\langle I,\pi\rangle$ = group generated by the translations $z\to z+e^i$, $z\to z+\pi^{(i)}$ where as usual e^i is the i-th column of the identity matrix and $\pi^{(i)}$ is the i-th column of the matrix π. In this case the homomorphisms h_1 and h_2 can be represented by matrices and are $h_2 = \begin{pmatrix} 2 & 0\ldots 0 \\ & I \\ & I \end{pmatrix}$ where I is the $g-1 \times g-1$ identity matrix and $h_1 = \begin{pmatrix} 1 & 0\ldots 0 & 0\ldots 0 \\ & I & I \end{pmatrix}$ where I is once again the $g-1 \times g-1$ identity matrix. We notice immediately that $h_1 \circ h_2 = 2I$. From the form of h_1 we immediately conclude that the elements of the kernel of h_1 are of the form $(0, v_1, v_2, \ldots, v_{g-1}, -v_1, -v_2, \ldots, -v_{g-1})$. It thus is clear that the kernel of h_1 can be identified with the torus $\mathbb{C}^{g-1}/\langle I, \tau\rangle$ since the elements $\hat{\pi}^{(i)} - \hat{\pi}^{g+i-1} = \begin{pmatrix} 0 \\ \tau^{(i-1)} \\ -\tau^{(i-1)} \end{pmatrix}$ $i=2,\ldots,g$, and $\begin{pmatrix} 0 \\ v \\ -v \end{pmatrix}$ can be identified with $v \in \mathbb{C}^{g-1}$ and $\tau^{(i)} \in \mathbb{C}^{g-1}$. We also notice in fact that $\mathbb{C}^{2g-1}/\langle I, \hat{\pi}\rangle = J(\hat{S})$, as was to be expected, has a decomposition into $\operatorname{Ker} h_1 \oplus \operatorname{Image} h_2$. In fact for $u \in \mathbb{C}^g$ $h_2(u) = \begin{pmatrix} 2u_1 \\ u_2 \\ u_g \\ u_2 \\ u_g \end{pmatrix}$ and writing coordinates $z_1 = 2u_1$, $z_2 = u_2 + v_1, \ldots, z_g = u_g + v_{g-1}$ $z_{g+1} = u_2 - v_1, \ldots, z_{2g-1} = u_g - v_{g-1}$ gives us this decomposition explicitly.

2.2. In 1.1 we gave the definition of the theta constants with characteristic. We now define the g-dimensional theta function by the series

$$\vartheta\begin{bmatrix} \varepsilon \\ \varepsilon' \end{bmatrix}(z, \pi) = \sum_{N \in \mathbb{Z}^g} \exp 2\pi i \left[\tfrac{1}{2}(N + \varepsilon/2)\, \pi (N + \varepsilon/2) + (N + \varepsilon/2)(z + \varepsilon'/2)\right] \tag{3}$$

and ask how do theta functions reflect the fact that $J(\hat{S}) = \operatorname{Ker} h_1 \oplus \operatorname{Image} h_2$. The answer is given by the following formula which was central to [F3].

$$\vartheta\begin{bmatrix} g_1 & \varepsilon_1 \ldots \varepsilon_{g-1} & \delta_1 \ldots \delta_{g-1} \\ h_1 & \varepsilon'_1 \ldots \varepsilon'_{g-1} & \delta'_1 \ldots \delta'_{g-1} \end{bmatrix}(2u_1, u_2 + v_1, \ldots, u_g + v_{g-1}, u_2 - v_1, \ldots, u_g - v_{g-1}, \hat{\pi})$$

$$= \sum_{P \in (\mathbb{Z}_2)^{g-1}} \vartheta\begin{bmatrix} g_1 & \dfrac{\varepsilon + \delta}{2} - P \\ h_1 & \varepsilon' + \delta' \end{bmatrix}(2u, 2\pi)\, \eta\begin{bmatrix} \dfrac{\varepsilon - \delta}{2} + P \\ \varepsilon' - \delta' \end{bmatrix}(2v, 2\tau). \tag{4}$$

It is not the case the theta function splits into a product but that the theta function is expressible as a sum of products. If in the above we set

$\begin{bmatrix}\delta\\ \delta'\end{bmatrix}=\begin{bmatrix}\varepsilon\\ \varepsilon'\end{bmatrix}\begin{bmatrix}g_1\\ h_1\end{bmatrix}=\begin{bmatrix}0\\ 1\end{bmatrix}$ and either u or v equal to zero we obtain:

$$\vartheta\begin{bmatrix}0 & \varepsilon & \varepsilon\\ 1 & \varepsilon' & \varepsilon'\end{bmatrix}(2u_1, u_2, \ldots, u_g, u_2, \ldots, u_g, \hat{\pi})$$

$$= \sum_{P\in(\mathbb{Z}_2)^{g-1}} \vartheta\begin{bmatrix}0 & \varepsilon - P\\ 1 & 2\varepsilon'\end{bmatrix}(2u, 2\pi)\, \eta\begin{bmatrix}P\\ 0\end{bmatrix}(0, 2\tau) \tag{5}$$

or

$$\vartheta\begin{bmatrix}0 & \varepsilon & \varepsilon\\ 1 & \varepsilon' & \varepsilon'\end{bmatrix}(0, v_1, \ldots, v_{g-1}, -v_1, \ldots, -v_{g-1}, \hat{\pi})$$

$$= \sum_{P\in(\mathbb{Z}_2)^{g-1}} \vartheta\begin{bmatrix}0 & \varepsilon - P\\ 1 & 2\varepsilon'\end{bmatrix}(0, 2\pi)\, \eta\begin{bmatrix}P\\ 0\end{bmatrix}(2v, 2\tau). \tag{6}$$

The interested reader will discover that the first step in the proof of the Schottky-Jung proportionalities is to show $\dfrac{\eta\begin{bmatrix}\varepsilon\\ 0\end{bmatrix}(0, 2\tau)}{\vartheta\begin{bmatrix}0 & \varepsilon\\ 1 & 0\end{bmatrix}(0, 2\pi)}$ is independent of ε. Hence formulae (5) and (6) can be replaced by

$$\vartheta\begin{bmatrix}0 & \varepsilon & \varepsilon\\ 1 & \varepsilon' & \varepsilon'\end{bmatrix}(2u_1, u_2, \ldots, u_g, u_2, \ldots, u_g, \hat{\pi})$$

$$= \sum_{P\in(\mathbb{Z}_2)^{g-1}} K\vartheta\begin{bmatrix}0 & \varepsilon - P\\ 1 & 2\varepsilon'\end{bmatrix}(2u, 2\pi)\, \vartheta\begin{bmatrix}0 & P\\ 1 & 0\end{bmatrix}(0, 2\pi) \tag{5'}$$

$$\vartheta\begin{bmatrix}0 & \varepsilon & \varepsilon\\ 1 & \varepsilon' & \varepsilon'\end{bmatrix}(0, v_1, \ldots, v_{g-1}, -v_1, \ldots, -v_{g-1}, \hat{\pi})$$

$$= \frac{1}{K} \sum_{P\in(\mathbb{Z}_2)^{g-1}} \eta\begin{bmatrix}\varepsilon - P\\ 2\varepsilon'\end{bmatrix}(0, 2\tau)\, \eta\begin{bmatrix}P\\ 0\end{bmatrix}(2v, 2\tau). \tag{6'}$$

Finally, well known formulae in the theory of theta functions [RF p. 63] give

$$\vartheta\begin{bmatrix}0 & \varepsilon & \varepsilon\\ 1 & \varepsilon' & \varepsilon'\end{bmatrix}(2u_1, u_2, \ldots, u_g, u_2, \ldots, u_g, \hat{\pi})$$

$$= K\vartheta\begin{bmatrix}0 & \varepsilon\\ 0 & \varepsilon'\end{bmatrix}(u, \pi)\, \vartheta\begin{bmatrix}0 & \varepsilon\\ 1 & \varepsilon'\end{bmatrix}(u, \pi) \tag{5''}$$

$$\vartheta\begin{bmatrix}0 & \varepsilon & \varepsilon\\ 1 & \varepsilon' & \varepsilon'\end{bmatrix}(0, v_1, \ldots, v_{g-1}, -v_1, \ldots, v_{g-1}, \hat{\pi}) = \frac{1}{K}\eta^2\begin{bmatrix}\varepsilon\\ \varepsilon'\end{bmatrix}(v, \tau). \tag{6''}$$

The importance of (5″) and (6″) is that it shows that the restriction of the symmetric theta functions i.e., those of the form $\begin{bmatrix} 0 & \varepsilon & \varepsilon \\ 1 & \varepsilon' & \varepsilon' \end{bmatrix}$ to either Ker h_1 or Image h_2 give second order theta functions on the Prym variety of $(\hat{S}, S)$ and $J(S)$ respectively and allows an investigation of the zero divisor of $\eta\begin{bmatrix} \varepsilon \\ \varepsilon' \end{bmatrix}(v, \tau)$.

Theorem 3. Let η denote the divisor of zeros of $\eta\begin{bmatrix} \varepsilon \\ \varepsilon' \end{bmatrix}(v, \tau)$. If $v_0 \in \eta$ then

$$\vartheta\begin{bmatrix} 0 & \varepsilon & \varepsilon \\ 1 & \varepsilon' & \varepsilon' \end{bmatrix}(0, v_0, -v_0, \hat{\pi}) = \frac{\partial}{\partial z_i}\vartheta\begin{bmatrix} 0 & \varepsilon & \varepsilon \\ 1 & \varepsilon' & \varepsilon' \end{bmatrix}(0, v_0, -v_0, \hat{\pi}) = 0; \quad i = 1, \ldots, 2g-1.$$

Let $\Theta_{\begin{bmatrix} 0 & \varepsilon \\ 0 & \varepsilon' \end{bmatrix}}$ and $\Theta_{\begin{bmatrix} 0 & \varepsilon \\ 1 & \varepsilon' \end{bmatrix}}$ denote the zero divisors of $\vartheta\begin{bmatrix} 0 & \varepsilon \\ 0 & \varepsilon' \end{bmatrix}(u, \pi)$ and $\vartheta\begin{bmatrix} 0 & \varepsilon \\ 1 & \varepsilon' \end{bmatrix}(u, \pi)$ respectively. If $u_0 = (u_1^0, \ldots, u_g^0) \in \Theta_{\begin{bmatrix} 0 & \varepsilon \\ 0 & \varepsilon' \end{bmatrix}} \cap \Theta_{\begin{bmatrix} 0 & \varepsilon \\ 0 & \varepsilon' \end{bmatrix}}$ or if u_0 satisfies

$$\vartheta\begin{bmatrix} 0 & \varepsilon \\ 0 & \varepsilon' \end{bmatrix} = \frac{\partial \vartheta}{\partial u_i}\begin{bmatrix} 0 & \varepsilon \\ 0 & \varepsilon \end{bmatrix} = 0 \quad \text{or} \quad \vartheta\begin{bmatrix} 0 & \varepsilon \\ 1 & \varepsilon' \end{bmatrix} = \frac{\partial \vartheta}{\partial u_i}\begin{bmatrix} 0 & \varepsilon \\ 1 & \varepsilon' \end{bmatrix} = 0,$$

then

$$\vartheta\begin{bmatrix} 0 & \varepsilon & \varepsilon \\ 1 & \varepsilon' & \varepsilon' \end{bmatrix}(2u_1^0, u_2^0, \ldots, u_g^0, u_2^0, \ldots, u_g^0, \hat{\pi})$$

$$= \frac{\partial}{\partial z_i}\vartheta\begin{bmatrix} 0 & \varepsilon & \varepsilon \\ 1 & \varepsilon' & \varepsilon' \end{bmatrix}(2u_1^0, u_2^0, \ldots, u_g^0, u_2^0, \ldots, u_g^0, \hat{\pi}) = 0; \quad i = 1, \ldots, 2g-1.$$

Proof: The fact that the points in question are zeros of the functions in question follows immediately from (5″) and (6″). In order to obtain the result on the partial derivatives we use (4) with $\begin{bmatrix} \varepsilon \\ \varepsilon' \end{bmatrix} = \begin{bmatrix} \delta \\ \delta' \end{bmatrix}$ and differentiate with respect to z_i obtaining

$$\frac{\partial \vartheta}{\partial z_i}\begin{bmatrix} 0 & \varepsilon & \varepsilon \\ 1 & \varepsilon' & \varepsilon' \end{bmatrix}(z, \hat{\pi})$$

$$= \sum_{P \in (\mathbb{Z}_2)^{g-1}} \vartheta\begin{bmatrix} 0 & \varepsilon - P \\ 1 & 2\varepsilon' \end{bmatrix}(2u, 2\pi)\frac{\partial}{\partial z_i}\eta\begin{bmatrix} P \\ 0 \end{bmatrix}(2v, 2\tau)$$

$$+ \eta\begin{bmatrix} P \\ 0 \end{bmatrix}(2v, 2\tau)\frac{\partial}{\partial z_i}\vartheta\begin{bmatrix} 0 & \varepsilon - P \\ 1 & 2\varepsilon' \end{bmatrix}(2u, 2\pi).$$

We recall $z_1 = 2u_1, z_i = u_i + v_{i-1} (i = 2, \ldots, g), z_{g+i-1} = u_i - v_{i-1} (i = 2, \ldots, g)$ or inverting $u_1 = \frac{1}{2}z_1$, $u_i = \frac{1}{2}(z_i + z_{g+i-1})$ $(i = 2, \ldots, g)$, $v_{i-1} = \frac{1}{2}(z_i - z_{g+i-1})$ $(i = 2, \ldots, g)$. Hence, using the chain rule to compute $\frac{\partial}{\partial z_i}\eta\begin{bmatrix} 0 \\ 0 \end{bmatrix}(2v, 2\tau)$ and $\frac{\partial}{\partial z_i}\vartheta\begin{bmatrix} 0 & \varepsilon - p \\ 1 & 2\varepsilon' \end{bmatrix}(2u, 2\pi)$ we find upon setting $z = (0, v, -v)$ or what is the same thing $u=0$ that $\frac{\partial}{\partial z_i}\vartheta\begin{bmatrix}0 & \varepsilon-p\\ 1 & 2\varepsilon'\end{bmatrix}(0,2\pi)=0$. It thus follows that

$$\begin{aligned}
&\frac{\partial}{\partial z_i}\vartheta\begin{bmatrix}0 & \varepsilon & \varepsilon\\ 1 & \varepsilon' & \varepsilon'\end{bmatrix}(0,v,-v,\hat{\pi})\\
&=\frac{\partial}{\partial z_i}\sum_{P\in(\mathbb{Z}_2)^{g-1}}\vartheta\begin{bmatrix}0 & \varepsilon-P\\ 1 & 2\varepsilon'\end{bmatrix}(0,2\pi)\,\eta\begin{bmatrix}P\\ 0\end{bmatrix}(2v,2\tau)\\
&=\frac{\partial}{\partial z_i}\frac{1}{K}\sum_{P\in(\mathbb{Z}_2)^{g-1}}\eta\begin{bmatrix}\varepsilon-P\\ 2\varepsilon'\end{bmatrix}(0,2\tau)\,\eta\begin{bmatrix}P\\ 0\end{bmatrix}(2v,2\tau)\\
&=\frac{1}{K}\frac{\partial}{\partial z_i}\eta^2\begin{bmatrix}\varepsilon\\ \varepsilon'\end{bmatrix}(v,\tau)=\frac{2}{K}\eta\begin{bmatrix}\varepsilon\\ \varepsilon'\end{bmatrix}(v,\tau)\frac{\partial}{\partial z_i}\eta\begin{bmatrix}\varepsilon\\ \varepsilon'\end{bmatrix}(v,\tau)
\end{aligned}$$

which clearly vanishes for $v=v_0\in\eta$.

A similar computation would give the other two parts of the theorem.

2.3. If we now used the same idea as in the proof of Theorem 3 to compute the second order partial derivatives of $\vartheta\begin{bmatrix}0 & \varepsilon & \varepsilon\\ 1 & \varepsilon' & \varepsilon'\end{bmatrix}(z,\hat{\pi})$ at points of the kernel of h_1 we would find

$$\begin{aligned}
\frac{\partial^2}{\partial z_i\,\partial z_j}\vartheta\begin{bmatrix}0 & \varepsilon & \varepsilon\\ 1 & \varepsilon' & \varepsilon'\end{bmatrix}(0,v,-v,\hat{\pi}) &= \frac{2}{K}\eta\begin{bmatrix}\varepsilon\\ \varepsilon'\end{bmatrix}(v,\tau)\frac{\partial^2}{\partial z_i\,\partial z_j}\eta\begin{bmatrix}\varepsilon\\ \varepsilon'\end{bmatrix}(v,\tau)\\
&+\frac{2}{K}\frac{\partial}{\partial z_j}\eta\begin{bmatrix}\varepsilon\\ \varepsilon'\end{bmatrix}(v,\tau)\frac{\partial}{\partial z_i}\eta\begin{bmatrix}\varepsilon\\ \varepsilon'\end{bmatrix}(v,\tau)\\
&+\sum_{P\in(\mathbb{Z}_2)^{g-1}}\frac{\partial^2}{\partial z_i\,\partial z_j}\vartheta\begin{bmatrix}0 & \varepsilon-P\\ 1 & 2\varepsilon'\end{bmatrix}(0,2\pi)\,\eta\begin{bmatrix}P\\ 0\end{bmatrix}(2v,2\tau). \qquad (7)
\end{aligned}$$

It thus follows that if $v_0\in\eta$ and also $\frac{\partial\eta}{\partial v_i}(v_0,\tau)=0$, $i=1,\dots,g-1$ this is reflected in the Hessian matrix evaluated at $(0,v_0,-v_0)$ but not quite in the way that one would guess.

Theorem 4. The $2g-1\times 2g-1$ Hessian matrix

$$H=(h_{ij})=\frac{\partial^2\vartheta\begin{bmatrix}0 & \varepsilon & \varepsilon\\ 1 & \varepsilon' & \varepsilon'\end{bmatrix}}{\partial z_i\,\partial z_j}(0,v_0-v_0;\hat{\pi}) \qquad \text{for } v_0\in\eta$$

satisfies:

a) $h_{1,i}=h_{1,g+i-1}$; $\quad i=2,\dots,g$

b) $h_{i,j}=h_{g+i-1,g+j-1}$; $\quad j,i=2,\dots,g$

c) $h_{i,j}-h_{i,g+j-1}=C\frac{\partial\eta}{\partial v_{i-1}}(v_0,\tau)\frac{\partial\eta}{\partial v_{j-1}}(v_0,\tau)$; $\quad i,j=2,\dots,g$.

Thus if $\frac{\partial\eta}{\partial v_i}(v_0,\tau)=0$; $\quad i=1,\dots,g-1$:

d) $h_{i,j} - h_{i,g+j-1} = 0; \quad i,j = 2,\ldots,g$

and

$$\sum_{k \leq l=1}^{2g-1} \frac{\partial^2 \vartheta \begin{bmatrix} 0 & \varepsilon & \varepsilon \\ 1 & \varepsilon' & \varepsilon' \end{bmatrix}}{\partial z_k \, \partial z_l} (0, v_0 - v_0; \hat{\pi}) \, z_k z_l = \sum_{m \leq n=1}^{g} A_{mn} u_m u_n$$

where as usual $z_1 = 2u_1$, $z_2 = u_2 + v_1, \ldots, z_g = u_g + v_{g-1}$, $z_{g+1} = u_2 - v_1, \ldots,$ $z_{2g-1} = u_g - v_{g-1}$.

Proof: The proof of the theorem at least a)–c) follows from (7) and the chain rule. d) then follows from c) and computation of the quadratic form.

To go into any more details of the theory at this point would be counterproductive and the interested reader will have to consult [M] for the applications of the preceding to the dimension of the singular set of the Prym.

3. Conclusions

Prym theory seems to have become a very fashionable subject recently and much work has been done in the last several years. In addition to the work of Mumford described in Sect. 2 one should mention the work of A. Beauville [B] who showed that the points of the Siegel upper half plane of degree 4 whose theta functions have a singular point (not of order 2) are all Jacobians and a similar result for genus 5. There then followed the work of Donagi and Smith [DS], A. Tjurin [T] and others who used the geometry of the Prym rather than the function theory. On the side of using the Schottky-Jung proportionalities Accola [A], aside from his numerous articles on the theta constants, has succeeded in writing down Schottky type relations in genus 5 which contain the Jacobians.

In this article I have concentrated on those ideas which I feel are directly traceable to Rauch's influence and follow easily from the S-J proportionalities. I have therefore omitted a great deal of material such as the work of Andreotti-Mayer [AM], the many beautiful articles of H. Martens, and other approaches to the theory of theta functions used by Igusa, Auslander, Gunning, etc.

One of the most interesting developments of the last several years has been the discovery or rediscovery of the usefulness of the theory of theta functions in obtaining closed form solutions of non-linear partial differential equation. In particular the [KP] equation

$$\tfrac{3}{4} u_{yy} = \frac{\partial}{\partial x}[u_t - \tfrac{1}{4}(6uu_x + u_{xxx})].$$

The [KDV] equation,

$$u_t = \tfrac{1}{4}(u_{xxx} + 6uu_x)$$

and the Boussinesq equation

$$3u_{yy} + \frac{\partial}{\partial x}(6uu_x + u_{xxx}) = 0$$

have all been solved in this way. A survey of this work has appeared in [D].

The theory of theta functions lay dormant for many years. Its revival was due mainly to the efforts of Harry Rauch who constantly encouraged others to study this fascinating subject. Lars Ahlfors ended his review of Lewittes' paper [L] with the remark that theta functions are still not a spectator sport. Hopefully, with the appearance of [RF1] and the inclusion of the theory of theta functions in [FK] the remark is less true today.

References

[A] Accola, R. D. M.: On Defining Equations for the Jacobian Locus in genus 5. Brown University Preprint

[B] Beauville, A.: Prym Varieties and the Schottky Problem. Invent. Math. 1977, pp. 149–196

[C] Clemmens, C. H.: A Scrapbook of Complex Curve Theory. Plenum Press, New York 1980

[D] Dubrovin, B.: Theta Functions and Non-Linear Equations. Russian Math. Surveys, 36:2 (1981), pp. 11–92

[DS] Donagi, R.; Smith, R. C.: The Structure of the Prym Map. Acta Mathematica (1981), pp. 26–101

[E] Earle, C.: H. E. Rauch, Function Theorist. This volume

[F1] Farkas, H. M.: Period Relations for Hyperelliptic Riemann Surfaces. Israel J. of Math. (1971), pp. 289–301

[F2] Farkas, H. M.: Automorphisms of Compact Riemann Surfaces and the Vanishing of Theta Constants. Bull. A.M.S. (1967), pp. 231–232

[F3] Farkas, H. M.: On the Schottky Relation and its Generalization to Arbitrary Genus. Annals of Math. (1970), pp. 56–81

[FK] Farkas, H. M.; Kra, I.: Riemann Surfaces. Springer, New York (1980)

[FR] Farkas, H. M.; Rauch, H. E.: Period Relations of Schottky Type on Riemann Surfaces. Annals of Math. (1970), pp. 434–461

[L] Lewittes, J.: Riemann Surfaces and the Theta Function. Acta Mathematica (1964), pp. 37–61

[M] Mumford, D.: Prym Varieties I, Contributions to Analysis. Academic Press, 1974, pp. 325–350

[RF] Rauch, H. E.; Farkas, H. M.: Theta Constants of Two Kinds on a Conpact Riemann Surface of Genus 2. Journal d'Analyse Math. (1970), pp. 381–407

[RF1] Rauch, H. E.; Farkas, H. M.: Theta Functions with Applications to Riemann Surfaces. Williams and Wilkins, Baltimore (1974)

[SJ] Schottky, F.; Jung, H.: Neue Sätze über Symmetralfunktionen und die Abelschen Funktionen der Riemannschen Theorie. Preuss. Akad. Wiss. (Berlin) Phys. Math. Kl. (1909), pp. 282–297

Note Added in Proof

Since the writing of this article the author has become aware of as yet unpublished work on the Schottky problem which should be mentioned here.

R. C. Gunning [G] has given a criterion for an abelian variety with an irreducible theta diviser to be a Jacobian. This criterion which is geometric been generalized by G. E. Welters [W], and E. Arbarello and C. De Concini [AD] have given an analytic version. The most interesting aspect of all this work has been (to my mind) how it all in a sense follows from a formùla by John Fay [F] and how it connects with Dubrovin's exposition and Novikoff's conjecture.

The most exciting to me personally (and I'm sure would have also been to Rauch) is the fact that B. Van Geemen [vG] has circulated a preprint where starting from the Schottky-Jung relations, he explicitly gives an ideal of the graded ring of Siegel modular forms on $Sp(2g, \mathbb{Z})$ whose zero locus contains the image of the moduli space of curves of genus g in the space of principally polarized abelian varieties of dimension g as an irreducible component.

Additional References

[AD] Arbarello, E.; De Concini, C.: On a Set of Equations Characterizing Riemann Matrices (Preprint)
[F] Fay, J.: Theta Functions on Riemann Surfaces. Lecture Notes in Math. Vol. 352. Springer, New York (1973)
[G] Gunning, R. C.: Some Curves in Abelian Varieties. Invent. Math. 66 (1982), pp. 377–389
[vG] Van Geemen, B.: Siegel Modular Forms Vanishing on the Moduli Space of Curves (Preprint)
[W] Welters, G. E.: On Flexes of the Kummer Variety (Preprint)

Some loci in Teichmüller Space for Genus Six Defined by Vanishing Thetanulls

By Robert D. M. Accola

Introduction

In H. F. Baker's monumental tomb on Abelian varieties [3, p. 273] there is an exercise which must surely catch the eyes of those few readers whose fortitude carries them that far.

> Ex. (ii): Prove, for $p = 4$, that if two even theta functions vanish for zero values of the arguments the surface is necessarily hyperelliptic; so that, then, eight other even theta functions also vanish for zero values of the arguments. The number, 2, of conditions thus necessary for the fundamental constants of the surface, in order that it be hyperelliptic, is the same as the difference, 9–7, between the number, $3p - 3$, of constants in the general surface of deficiency 4, and the number, $2p - 1$, of constants in the general hyperelliptic surface of deficiency 4.

This exercise suggests a conjecture, a "$p - 2$ conjecture", which is most certainly not true in general. Nevertheless, on several occasions the author discussed this "conjecture" with Harry Rauch, and he always found it intriguing. It would be very appealing to find $p - 2$ hypersurfaces in Teichmüller space (or whatever covering of moduli space one prefers) and have the intersection of these hypersurfaces be precisely the hyperelliptic locus. And having raised the question for the hyperelliptic locus, one immediately thinks of the elliptic-hyperelliptic locus, 2-sheeted coverings of Riemann surfaces of genus 2, and so on.

The virtue of having the hypersurfaces defined by the vanishings of thetanulls is this. Thetanull-vanishings are defined (via the theta functions) by properties of a period matrix (any period matrix will do), which is a conformal invariant of the Riemann surface determining the conformal structure (Torelli's theorem). Thus hyperellipticity would be directly related to a property of the period matrix if the "$p - 2$ conjecture" were true.

As mentioned, people who have looked at this problem believe the general "$p - 2$ conjecture" to be false, at least in terms of hypersurfaces defined by vanishings of thetanulls. Nevertheless, for very low genus there are positive results. For $p = 2$ the result is vacuously true since all Riemann surfaces of genus two are hyperelliptic. For $p = 3$, Riemann first showed that the vanishing of one thetanull characterizes hyperellipticity [8]. For $p = 4$ Weber seems to be the first to show that the vanishing of (at least) two thetanulls characterizes hyperellipticity [9]. A modified result is also true for $p = 5$ [1]. For the elliptic-hyperelliptic locus there is a corresponding "$p - 1$ conjecture" which has been verified for $p = 2, 3, 5$ [1, 2], but for $p = 2, 3$ not in terms of vanishing thetanulls for one-half integer characteristics. For genus four, no characterization in these terms is known. This paper is concerned with results along these lines for genus six.

The problem then is to characterize certain loci in Teichmüller space by the vanishings of sets of thetanulls whose numbers equal the codimensions of the loci. For genus six the two loci considered will be the hyperelliptic locus (codimension four) and the elliptic-hyperelliptic locus (codimension five). The results for genus six are not as satisfying as those for lower genus. We will derive what might be called "generic local equations" for these loci. By this we mean that at a generic point of the locus, the given equations define the locus locally. Another way of saying this is the following: We derive a number, n, of equations in Teichmüller space. Each equation defines a hypersurface. The intersection of these hypersurfaces has several components among which lies the desired locus, of codimension n. Other components will, however, correspond to different Riemann surfaces.

This paper is divided into two parts since the proofs of the two cases (hyperelliptic and elliptic-hyperelliptic) are entirely different although the statements of the results are very similar. The two parts can be read separately from one another.

1. On Hyperelliptic Riemann Surfaces of Genus Six

Let $\mathcal{T}_6$ be Teichmüller space for genus 6 and let $\mathcal{H}_6$ be the hyperelliptic locus in $\mathcal{T}_6$ of codimension 4. The purpose of this section is to give four equations which locally define $\mathcal{H}_6$ in $\mathcal{T}_6$; that is, among the analytic varieties in $\mathcal{T}_6$ define by these four equations are to be found the components of $\mathcal{H}_6$. Since other loci in $\mathcal{T}_6$ are also locally defined by these equations the problem is to sort out these loci.

Let W_6 be a closed Riemann surface of genus 6 and let $(\pi i E, B)$ be a 6×12 period matrix for W_6. Let $\theta[\varepsilon](u; B)$ be a first order theta function with half-integer theta characteristic $[\varepsilon]$ (which will usually be even in this paper) [4, Chap. 7]. Then $\theta[\varepsilon](0; B)$ can be viewed as a function on $\mathcal{T}_6$ and the locus $\theta[\varepsilon](0; B) = 0$ ($[\varepsilon]$ even) defines a hypersurface in $\mathcal{T}_6$. The local definition of $\mathcal{H}_6$ is as follows.

Theorem 1.1: At a generic point of $\mathcal{H}_6$, $\mathcal{H}_6$ is locally defined by four equation $\theta[\varepsilon_i](0; B) = 0$ for $i = 1, 2, 3, 4$, where each $[\varepsilon_i]$ is even and $[\varepsilon_1 \varepsilon_2 \varepsilon_3] = [\varepsilon_4]$.

By Riemann's solution to the Jacobi inversion problem $\theta[\varepsilon](0; B) = 0$ ($[\varepsilon]$ even) if and only if W_6 admits a complete half-canonical linear series $g_5^1 (2g_5^1 = g_{10}^5)$.

Moreover, $\theta[\varepsilon_i](0; B) = 0$ for $i = 1, \ldots, 4$ and $[\varepsilon_1 \varepsilon_2 \varepsilon_3] = [\varepsilon_4]$ if and only if W_6 admits four complete half-canonical g_5^1's whose sum is bicanonical [1].

Consequently we investigate W_6's admitting four such half-canonical g_5^1.

In addition to hyperelliptic and elliptic-hyperelliptic Riemann surfaces, there is a third type of W_6 admitting four such g_5^1 which has a distinctive plane model. To describe the plane model define a (2,4)-*point* for a plane curve to be a double point with a single tangent line which has 4 intersections with the curve at the double point. The generic example is a tacnode. Any (2,4)-point contributes at least two to the double points of the plane curve suitably counted.

The plane model will be a septic with an ordinary triple point T and three (2,4)-points R_1, R_2, R_3 all of whose tangents pass through T. Generically the total number of double points suitably counted is 9 so the genus of the plane curve is generically 6. Let us denote by $\mathscr{L}_6$ the locus in $\mathscr{T}_6$ of Riemann surfaces admitting such plane models.

If R_1, R_2, and R_3 are not collinear we can perform a standard quadratic transformation with fundamental points R_1, R_2, R_3 to obtain an octic with 4 triple points in general position and with 3 nodes at the diagonal points of the quadrilateral determined by the triple points. The four half-canonical g_5^1 are the four pencils of lines through the triple points. That the sum is bicanonical is seen be adding to these 4 linear series the 6 fixed lines of the complete quadrilateral determined by the triple points.

By applying standard dimension counting to the family of such plane curves we see that dim $\mathscr{L}_6 = 11$.

From the following theorem the local equation for $\mathscr{H}_6$ are easily derived.

Theorem 1.2: Let W_6 be a Riemann surface of genus 6 admitting four half-canonical linear series whose sum is bicanonical. Then W_6 is either (1) hyperelliptic, (2) elliptic-hyperelliptic, or (3) $W_6 \in \mathscr{L}_6$.

Since a half-canonical g_5^1 on a hyperelliptic W_6 has 3 fixed points we see that $\mathscr{H}_6 \cap \mathscr{L}_6$ is empty. However, $\mathscr{L}_6$ is not closed in $\mathscr{T}_6$. But since codim $\mathscr{H}_6 =$ codim $\mathscr{L}_6$, a generic point of $\mathscr{H}_6$ is not in the closure of $\mathscr{L}_6$. Consequently if W_6 is near a generic point of $\mathscr{H}_6$ and admits four half-canonical g_5^1's whose sum is bicanonical then cases (2) and (3) of Theorem 1.2 are excluded, and so $W_6 \in \mathscr{H}_6$. Thus Theorem 1.1 follows from Theorem 1.2.

Theorem 1.2 will be proven by a series of lemmas. We assume that W_6 admits 4 half-canonical linear series g_5^1, h_5^1, k_5^1, l_5^1 whose sum is bicanonical. Also we assume that W_6 is not hyperelliptic nor elliptic-hyperelliptic. Let K denote the canonical series. Since twice any of the linear series is K and their sum is $2K$ it follow that

$$g_5^1 + h_5^1 \equiv k_5^1 + l_5^1. \tag{1}$$

The complexity of parts of the proof appears to follow from the possibility that one or more of the 4 linear series might have fixed points.

Lemma 1: W_6 does not admit a g_3^1.

Proof: Suppose W_6 admits a g_3^1 without fixed points which is necessarily unique. Then each half-canonical linear series is g_3^1 plus two fixed points. Write $g_5^1 = g_3^1 + g_2^0$ and $h_5^1 = g_3^1 + h_2^0$. Since $2h_5^1 \equiv 2g_5^1$ we have $2g_2^0 \equiv 2h_2^0$. It follows that on a smooth two-sheeted cover W_{11} of W_6 g_2^0 and h_2^0 lift to equivalent divisors and so W_{11} admits a g_4^1. Arguing with $k_5^1 = g_3^1 + k_2^0$ and $l_5^1 = g_3^1 + l_2^0$ and using a variant of formula (1) we see that on this same W_{11} there is a second g_4^1 obtained by lifting k_2^0. Thus W_{11} admits 2 distinct g_4^1's. This implies that W_{11} is hyperelliptic or elliptic-hyperelliptic which in turn implies the same for W_6. This is the desired contradiction.

Lemma 2: Suppose g_5^1 and h_5^1 have fixed points x and y respectively. Then $x \neq y$.

Proof: Suppose $g_5^1 = g_4^1 + x$ and $h_5^1 = h_4^1 + y$ and $x = y$. Then $2g_4^1 \equiv 2h_4^1$ and so on a smooth two-sheeted cover W_{11} g_4^1 lifts to a g_8^3. By Castelnuovo's inequality this implies that g_8^3 is composite and so W_{11} (and therefore W_6) is hyperelliptic or elliptic-hyperelliptic. This is the desired contradiction.

Definition: A *pair* (*triple*) is an integral divisor of degree two (three).

Definition: An integral divisor E is said to belong to a linear series g_n^r (written $E \subset g_n^r$) if there is a divisor $D \in g_n^r$ and $(D, E) = E$.

Lemma 3: Let P be a pair belonging to g_5^1 and h_5^1 so that $g_5^1 \equiv P + T_1$, $h_5^1 \equiv P + T_2$, and $(T_1, T_2) = 0$.

Then T_1 belongs to k_5^1 and T_2 belongs to l_5^1 or visa versa.

Proof: Since $g_5^1 + k_5^1 \equiv h_5^1 + l_5^1$, we have $T_1 + P + k_5^1 \equiv P + T_2 + l_5^1$, or $T_1 + k_5^1 \equiv T_2 + l_5^1 \equiv g_8^S$, where $S = 3$ or 2.

If $S = 3$ then the series is special and so $T_1 \subset k_5^1$ and $T_2 \subset l_5^1$ since k_5^1 and l_5^1 are half-canonical.

Suppose $S = 2$. We first observe that g_8^2 cannot be composite. Otherwise k_5^1 and l_5^1 have fixed points and the corresponding k_4^1 and l_4^1 would have to lift from some surface V covered by W_6 in two sheets. Since $k_4^1 \neq l_4^1$ this implies that V is elliptic, a contradiction.

We now examine the possibilities for the fixed points of g_8^2 in 4 cases.

(0) If g_8^2 has no fixed points then T_1 imposes one condition on g_8^2 and so T_1 imposes one condition in l_5^1, that is $T_1 \subset l_5^1$ and also $T_2 \subset k_5^1$.
(1) If g_8^2 has one fixed point, x, we can assume $l_5^1 = l_4^1 + x$ and $x \in T_1$ since $x \notin (T_1, T_2)$. Then $g_7^2 = g_8^2 - x \equiv (T_1 - x) + k_5^1 \equiv T_2 + l_4^1$. Thus $T_2 \subset k_5^1$ and $T_1 - x \subset l_5^1 - x$.
(2) If g_8^2 has two fixed points x, y we can assume $g_6^2 = g_8^2 - (x + y) \equiv (T_1 - x) + (k_5^1 - y) \equiv (T_2 - y) + (l_5^1 - x)$. Thus $T_1 - x \subset l_5^1 - x$ and $T_2 - y \subset k_5^1 - y$.
(3) If $g_8^2 = g_5^2 + x + y + z$ we have a contradiction since a W_6 with a g_5^2 (necessarily half-canonical) and an additional half-canonical g_5^1 must be hyperelliptic.

Lemma 4: If T is a triple belonging to g_5^1 and h_5^1 then T belongs to k_5^1 or l_5^1.

Proof: Let $g_5^1 \equiv P_g + T$ and $h_5^1 \equiv P_h + T$, $(P_g, P_h) = 0$. Consider $g_7^S \equiv P_g + T + P_h \equiv P_g + h_5^1 \equiv P_h + g_5^1$.

If $S = 1$ it follows that there is a g_4^1 so that $h_5^1 = g_4^1 + x$ and $g_5^1 = g_4^1 + y$. Consequently $2x \equiv 2y$, a contradiction. If $S = 3$ then $K - g_7^3 = g_3^1$, a contradiction.

Consequently $S = 2$ and g_7^2 is special. There is a triple T' so that $K \equiv T' + P_g + T + P_h$. It follows that $h_5^1 \equiv P_g + T'$. P_g is a pair belonging to g_5^1 and h_5^1. By Lemma 3, T belongs to k_5^1 or l_5^1.

We now start deriving the plane model. By standard arguments we see that any two of the four linear series must have a pair in common. By Lemmas 3 and 4 it follows that there is a triple, T_g, common to 3 of the 4 linear series which we releable, h_5^1, k_5^1 and l_5^1 if necessary. Define pairs P, Q, and R by

$$h_5^1 \equiv T_g + P, \quad k_5^1 \equiv T_g + Q, \quad l_5^1 \equiv T_g + R.$$

It follows that $2P \equiv 2Q \equiv 2R (\equiv g_4^1)$ so the pairs P, Q, and R are mutually relatively prime. By the argument of Lemma 4, $P + T_g + Q$ and similar series are special.

Define T_h, T_k, and T_l by

$$Q + T_g + R + T_h \equiv K, \quad R + T_g + P + T_k \equiv K, \quad P + T_g + Q + T_l \equiv K.$$

Then we have derived the last three columns of the following table:

$$\begin{array}{llll} g_5^1 \equiv P + T_h & h_5^1 \equiv P + T_g & k_5^1 \equiv P + T_l & l_5^1 \equiv P + T_k \\ \quad \equiv Q + T_k & \quad \equiv Q + T_l & \quad \equiv Q + T_g & \quad \equiv Q + T_h \\ \quad \equiv R + T_l & \quad \equiv R + T_k & \quad \equiv R + T_h & \quad \equiv R + T_g. \end{array} \qquad (2)$$

The first column can be derived as follows:

$$\begin{aligned} g_5^1 + h_5^1 + k_5^1 + l_5^1 \equiv 2K &\equiv 2k_5^1 + 2l_5^1 \\ &\equiv 2P + 2Q + T_g + T_h + T_k + T_l \\ &\equiv 4P + T_g + T_h + T_k + T_l. \end{aligned}$$

Similarly for the other two entries.

Now suppose g_5^1 has a fixed point x which we may assume is common to T_h and T_k. Since x is not a fixed point of l_5^1 we must have that $P + T_k = Q + T_h \equiv l_5^1$.

Since $(P, Q) = 1$ it follows that $T_h = P + x$ and $T_k = Q + x$ and so $g_5^1 \equiv x + 2P$. Now it follows that $T_l = R + x$. x is not a point of T_g for otherwise x would be a fixed point of l_5^1.

We summarize these last two paragraphs.

Lemma 5: The following three conditions are equivalent:

(1) One of the 4 linear series has a fixed point.
(2) Two of the triples T_g, T_h, T_k, T_l have a common point.
(3) Three of the triples T_g, T_h, T_k, T_l have a common point.

The following lemma is a consequence:

Lemma 6: At most one of the four half-canonical linear series has a fixed point.

For if g_5^1 has a fixed point, table (2) becomes

$$\begin{array}{llll} g_5^1 \equiv 2P + x & h_5^1 \equiv P + T_g & k_5^1 \equiv P + R + x & l_5^1 \equiv P + Q + x \\ \quad \equiv g_4^1 + x & \quad \equiv Q + R + x & \quad \equiv Q + T_g & \quad \equiv R + T_g. \end{array} \qquad (3)$$

Lemma 6 follows.

Proof of Theorem 1.2: Suppose T_g contains no fixed point for any of the four half-canonical linear series. Let

$$\begin{aligned} g_7^2 \equiv T_g + 2P &\equiv P + T_g + P \equiv P + h_5^1 \\ &\equiv Q + T_g + Q \equiv Q + k_5^1 \\ &\equiv R + T_g + R \equiv R + l_5^1. \end{aligned}$$

The plane septic, $\mathscr{C}_7$, given by g_7^2 has P, Q, and R as (2,4)-points and T_g is a triple point. By using table (2) one can see that the conics through the 4 singularities of $\mathscr{C}_7$ cut out g_5^1. g_5^1 will have a fixed point if and only if P, Q, and R are collinear.

2. On Elliptic-Hyperelliptic Riemann Surfaces of Genus Six

2.1. Introduction

A Riemann surface is called *elliptic-hyperelliptic* if it can be represented as a two-sheeted covering of a Riemann surface of genus one. By the Riemann-Hurwitz formula one sees that in Teichmüller space for genus p, T_p, the locus of elliptic-hyperelliptic Riemann surfaces, $(E - H)_p$, has codimension $p - 1$. The purpose of this section is to give 5 equations which locally define $(E - H)_6$; that is, among the analytic varieties in T_6 defined by these 5 equations are to be found the components of $(E - H)_6$. These equations give only locally defining equations for $(E - H)_6$ because the hyperelliptic Riemann surfaces, at least, are also found among these varieties. (A similar situation holds in genus 5 [1].)

The equations are again of the type $\theta[\varepsilon](0) = 0$ for even theta characteristics, so we must explain to some extent the theory of theta functions, in particular, the special theta relations for genus 6. These are six terms relations where each term is a product of eight thetanulls (the value of an even theta function at the origin). Consequently, the vanishing of a certain set of 5 thetanulls will always imply further vanishings. Systematically exploiting this observation gives the proof.

Along the way we show that the vanishing properties of the theta function for the general elliptic-hyperelliptic Riemann surface of genus 6 are only the forty expected from the elliptic-hyperellipticity. From this we can obtain information concerning the elliptic-hyperelliptic Prym varieties, which have dimension 5. In particular, some of them can be shown not to be Jacobians [5, p. 344]. They are examples of Abelian varieties of dimension 5 where twenty thetanulls vanish but no more. M. Noether considered these in [6, p. 340].

In the preliminary material we shall attempt to explain some of the theory of period and theta characteristics, general and special theta relations, and vanishing properties of hyperelliptic and elliptic-hyperelliptic theta functions. The references are [4, Chap. VII], [7, Chap. 6], and [2, Part II]. The treatment will be sketchy and we must assume the reader has some familiarity with this background material.

2.2. Half-Integer Characteristics

Let A_p be a principally polarized Abelian variety of dimension p with $(\pi i E, B)$ a $p \times 2p$ period matrix. $\theta[\varepsilon](u; B)$ will denote a first order theta function with half-integer theta characteristic (Th. Char.)

$$[\varepsilon] = \begin{bmatrix} \varepsilon_1, \ldots, \varepsilon_p \\ \varepsilon_1', \ldots, \varepsilon_p' \end{bmatrix}$$

where ε_i and ε_i' are 0 or 1. $\theta[\varepsilon](u)$ (we will occasionally omit the B matrix in this notation) is an even function (respectively odd function) if $|\varepsilon| = +1$ (resp.

$|\varepsilon| = -1$) where

$$|\varepsilon| = \exp\{\pi i \sum \varepsilon_j \varepsilon_j'\}$$

$\theta[\varepsilon_1](u)\,\theta[\varepsilon_2](u)/\theta[\varepsilon_3](u)\,\theta[\varepsilon_1\varepsilon_2\varepsilon_3](u)$ is an odd or even abelian function on A_p where addition of characteristics is denoted by juxtraposition. Denoting $|\varepsilon_1|\,|\varepsilon_2|\,|\varepsilon_3|\,|\varepsilon_1\varepsilon_2\varepsilon_3|$ by $|\varepsilon_1, \varepsilon_2, \varepsilon_3|$ we see that this abelian function is even if and only if $|\varepsilon_1, \varepsilon_2, \varepsilon_3| = 1$.

A half-integer period characteristic (Per. Char.)

$$(\sigma) = \begin{pmatrix} \sigma_1 \ldots \sigma_p \\ \sigma_1' \ldots \sigma_p' \end{pmatrix}$$

is again a $2 \times p$ matrix of 0's and 1's corresponding to the half-period $(\pi i \tilde{\sigma}' + B\tilde{\sigma})/2$ where in this context σ and σ' refer to the first and second row vectors the matrix (σ).

By the choice of another period matrix $(\pi i E, B')$ for A_p the Per. Char.'s are transformed by a linear transformation (modulo 2) T such that

$$|\sigma, \tau| = |T\sigma, T\tau|$$

where

$$|\sigma, \tau| = \exp\{\pi i \sum(\sigma_i \tau_i' + \tau_i \sigma_i')\}.$$

For the Th. Char.'s there is a unique half-period (η) so that $[\varepsilon]$ is transformed by T into $[\eta\, T\varepsilon]$; that is

$$\theta[\varepsilon](u; B) = E\,\theta[\eta\, T\varepsilon](v; B')$$

where E is an exponential function and u and v are related by a linear transformation of $\mathbb{C}^p$. (η) is defined by the property

$$|\varepsilon| = |\eta\, T\varepsilon|$$

for all $[\varepsilon]$.

Since the sum of two Th. Char.'s transforms under T like a Per. Char. the sum of two Th. Char.'s is considered a Per. Char.

$$[\varepsilon_1] + [\varepsilon_2] = (\varepsilon_1 \varepsilon_2)$$

and the sum of a Th. Char. and a Per. Char. is considered a Th. Char.

$$[\varepsilon] + (\sigma) = [\varepsilon\sigma].$$

The transformation $B \to B'$ is called a *symplectic transformation* and the corresponding action on Per. and Th. Char.'s will be called a *first order transformation.* If A_p is the Jacobian for a Riemann surface then a symplectic transformation arise from considering two different canonical homology bases.

Two Per. Char.'s (σ) and (τ) are said to be *syzygetic* (resp. *azygetic*) if $|\sigma, \tau| = 1$ (resp. $|\sigma, \tau| = -1$). A group of Per. Char.'s is said to be syzygetic if any two Per. Char.'s in the group are syzygetic.

A set of Th. Char.'s $\{[\varepsilon_i]\}$ is said to be *azygetic* if $|\varepsilon_i, \varepsilon_j, \varepsilon_j| = -1$ for any three different elements in the set. An azygetic set of $2p + 2$ Th. Char.'s $\{[\varepsilon_i]\}$ is said to be a *fundamental system of theta characteristics* (F.S. of Th. Char.'s) and satisfies

$\left(\sum_{j=0}^{2p+1} \varepsilon_j\right) = (0)$ while no smaller sum of an even number of $[\varepsilon_j]$'s is (0). The number of odd Th. Char.'s in a F.S. of Th. Char.'s is congruent to p modulo 4. If $[\varepsilon_0], \ldots, [\varepsilon_{2p+1}]$ is a F.S. of Th. Char. then the $2p+1$ Per. Char. (a_j), where $(a_j) = (\varepsilon_0 \varepsilon_j)$ $j = 1, 2, \ldots, 2p+1$, satisfies $|a_j, a_k| = -1$ for $j \neq k$. $(a_1), \ldots, (a_{2p})$ form a basis for the Per. Char.'s and $\left(\sum_{j=1}^{2p} a_j\right) = (a_{2p+1})$. Every Th. Char. can be written (in two ways) as a sum of an odd number of Th. Char.'s in a F.S. of Th. Char. A sum of s different Per. Char.'s (a_j) is written $(\sum^{s} a)$. Let $[\varepsilon_0] = [n]$ then it follows that every Th. Char. can be written in the form $[n \sum^{s} a]$ where $s = 0, 1, 2, \ldots, p$.

We are particularly interested in F.S. of Th. Char.'s where $2p+1$ of the Th. Char.'s have the same parity. Such a F.S. of Th. Char. will be called *hyperelliptic* since the vanishing properties of the hyperelliptic theta function are closely related to such F.S.'s. It follows that if $\{[\varepsilon_i]\}$ is a hyperelliptic F.S. of Th. Char.'s then $[n \sum^{s} a]$ is even if

$$s = p, \quad p-3, \quad p-4, \quad p-7, \quad p-8, \quad p-11, \quad p-12, \ldots.$$

First order transformations are characterized as follows.

2.1 Theorem [4, p. 280]: Any permutation of the Per. Char.'s that preserves $|\,,\,|$ is a first order transformation; that is, it is induced by a symplectic transformation.

The following corollaries are derived from this theorem.

2.2 Corollary: Let $(\sigma_1), \ldots, (\sigma_s)$ and $(\tau_1), \ldots, (\tau_s)$ be two sets of Per. Char.'s so that

(i) $\quad (\sum_{i \in I} \sigma_i) = (0)$ if and only if $(\sum_{i \in I} \tau_i) = (0)$

where I is a set of integers in the interval $[1, s]$ and

(ii) $\quad |\sigma_i, \sigma_j| = |\tau_i, \tau_j|$ for all i, j.

Then there exists a first order transformation T so that

$$(T\sigma_i) = (\tau_i); \quad i = 1, 2, \ldots, s.$$

2.3 Corollary: Let $[\varepsilon_1], \ldots, [\varepsilon_s]$ and $[\delta_i], \ldots, [\delta_s]$ be two sets of Th. Char.'s so that

(i) $\quad (\sum_{i \in I} \varepsilon_i) = (0)$ if and only if $(\sum_{i \in I} \delta_i) = (0)$

where I is a set of integers in $[1, s]$ of even cardinality,

(ii) $\quad |\varepsilon_i| = |\delta_i|$ and

(iii) $\quad |\varepsilon_i \varepsilon_j \varepsilon_k| = |\delta_i \delta_j \delta_k|$ for all i, j, k.

Then there is a first order transformation T that takes each $[\varepsilon_i]$ into the corresponding $[\delta_i]$.

Of course, in these corollaries T need not be unique.

2.3. Theta Relations Among Thetanulls

A *thetanull* is the value of an even theta function at $u = 0$. A *general theta relation* will be an equation in thetanulls which holds for all principally polarized abelian varieties. A *special theta relation* is an equation in thetanulls which holds for all Jacobians. If we have one general theta relation we can get many others by first order transformation of the Th. Char.'s since the Siegel upper halfspace is connected. Since Teichmüller space is connected the same is true for special theta relations.

By the Riemann theta formula [4, p. 308] it is possible to write down linear relations between fourth powers of the g_p thetanulls $[g_p = (4^p + 2^p)/2]$. By reduction methods due to M. Noether [6] the number of terms can be considerably reduced. If we choose hyperelliptic F.S. of Th. Char.'s for $p = 1, \dots, 4$ we can obtain the following ($\theta[\varepsilon] = \theta[\varepsilon](0)$ for $|\varepsilon| = 1$):

$$p = 1 \qquad \theta^4\begin{bmatrix}0\\0\end{bmatrix} = \theta^4\begin{bmatrix}0\\1\end{bmatrix} + \theta^4\begin{bmatrix}1\\0\end{bmatrix} \qquad \text{(3 terms)} \tag{3.1}$$

$$p = 2 \qquad \sum_{j=1}^{4} \pm\,\theta^4[n a_5 a_j] = 0 \qquad \text{(4 terms)} \tag{3.2}$$

$$p = 3 \qquad \theta^4[n] + \sum_{j=3}^{7} \pm\,\theta^4[n a_1 a_2 a_j] = 0 \qquad \text{(6 terms)} \tag{3.3}$$

$$p = 4 \qquad \theta^4[n] + \sum_{j=1}^{9} \pm\,\theta^4[n a_j] = 0 \qquad \text{(10 terms).} \tag{3.4}$$

For $p \geqq 5$ Noether derived $10 \cdot 2^{p-4}$ term relations between fourth powers of thetanulls.

To derive general relations with fewer terms suppose that

$$\sum_{i=1}^{s} \pm\,\theta^4[\varepsilon_i] = 0 \tag{3.5}$$

is a general relation for dimension $p - 2$ derived from the Riemann theta formula. Let

$$(\sigma_1) = \begin{pmatrix}0\dots0 & 0 & 0\\0\dots0 & 1 & 0\end{pmatrix} \quad \text{and} \quad (\sigma_2) = \begin{pmatrix}0\dots0 & 0 & 0\\0\dots0 & 0 & 1\end{pmatrix}$$

be Per. Char.'s of dimension p so that $G = \langle(\sigma_1), (\sigma_2)\rangle$ is a syzygetic group of Per. Char.'s of order 4. If $[\varepsilon]$ is a $(p-2)$-dimensional Th. Char. let $[\varepsilon']$ be the p-dimensional Th. Char. obtained from $[\varepsilon]$ by adding two columns of zeros to the right hand side of the matrix defining $[\varepsilon]$. Then a general theta relation for dimension p is

$$\sum_{i=1}^{s} \pm \prod_{(\sigma)\in G} \theta[\sigma\varepsilon_i'] = 0. \tag{3.6}$$

By the Schottky-Jung-Farkas-Rauch-Theorem we can derive special theta relations in an analogous way. Suppose

$$\sum_{i=1}^{s} \pm\,\theta^4[\varepsilon_i] = 0 \tag{3.7}$$

is a general theta relation for dimension $p-3$ derived from the Riemann theta formula. Let

$$\left\langle \begin{pmatrix} 0\dots 0 & 0 & 0 & 0 \\ 0\dots 0 & 1 & 0 & 0 \end{pmatrix}, \begin{pmatrix} 0\dots 0 & 0 & 0 & 0 \\ 0\dots 0 & 0 & 1 & 0 \end{pmatrix}, \begin{pmatrix} 0\dots 0 & 0 & 0 & 0 \\ 0\dots 0 & 0 & 0 & 1 \end{pmatrix} \right\rangle$$

be a syzygetic group G' of Per. Char.'s of order eight. For $[\varepsilon]$ a $(p-3)$-dimensional Th. Char. let $[\varepsilon']$ be a p-dimensional Th. Char. obtained from $[\varepsilon]$ by adding three columns of zeros to the right hand side of $[\varepsilon]$. Then a special theta relation for dimension p is obtained from formula (3.7) as follows

$$\sum_{i=1}^{s} \pm \sqrt{\prod_{(\sigma)\in G'} \theta[\sigma\,\varepsilon_i']} = 0.$$

Thus for genus 4 we have a 3-term special relation, for genus 5 we have a 4-term special relation, for genus 6 we have a 6-term special relation, etc.

It is this last relation for genus 6 that is of most interest to us. By applying first order transformations in the light of Corollary 2.3 we are able to express special theta relations for genus 6 as follows. (Notice that the sum of the Th. Char.'s in formula (3.3) is (0).)

3.1 Lemma: For $p=6$ let $[\varepsilon_i]$ $i=1,2,\dots,6$ be an azygetic set of even Th. Char.'s whose sum is (0). Let G' be a syzygetic group of eight Per. Char.'s so that $|\sigma\,\varepsilon_i|=1$ for all $(\sigma)\in G'$ and all i. Then

$$\sum_{i=1}^{6} \pm \sqrt{\prod_{(\sigma)\in G'} \theta[\sigma\,\varepsilon_i]} = 0. \tag{3.8}$$

An equivalent formulation is the following:

3.2 Lemma: For $p=6$ let $[\varepsilon_i]$, $i=1,2,\dots,6$ be an azygetic set of even Th. Char.'s. Let G' be a syzygetic group of eight Per. Char.'s so that $\left(\sum_{i=1}^{6} \varepsilon_i\right)$ is in G' and $|\sigma\,\varepsilon_i|=1$ for all $(\sigma)\in G'$ and all i. Then formula (3.8) holds.

2.4. Vanishing Properties of Hyperelliptic and Elliptic-Hyperelliptic Theta Functions

Let W_p be a hyperelliptic Riemann surface of genus p. In [4, p. 448] a F.S. of Th. Char.'s is derived which we have called hyperelliptic. The theta function $\theta[n\sum^{s} a]\,(u)$ vanishes at $u=0$ according to the following Table 1 [4, p. 455].

Table 1

s	$\theta[n\sum^{s} a]\,(u)$ vanishes at $u=0$ to order	s	$\theta[n\sum^{s} a]\,(u)$ vanishes at $u=0$ to order
p	0	$p-4$	2
$p-1$	1	$p-5$	3
$p-2$	1	$p-6$	3
$p-3$	2	$\vdots$	$\vdots$

Letting s go from 0 to p exhausts all theta functions with half-integer Th. Char.'s.

If W_p is an elliptic-hyperelliptic Riemann surface let $\phi: W_p \to W_1$ be the two-sheeted cover. By lifting divisors from W_1 to W_p we obtain a one-to-one homomorphism of Jacobians $\underline{a}: J(W_1) \to J(W_p)$. In [2, p. 53] is it shown that we can choose canonical homology bases on W_1 and W_p so that if e is a point of $J(W_1)$ with arbitrary period characteristics $\begin{pmatrix} g \\ h \end{pmatrix}$ then $\underline{a}e$ has period characteristics

$$\begin{pmatrix} 0 & 0 \dots 0 & g & g \\ 0 & 0 \dots 0 & h & h \end{pmatrix}.$$

Moreover, for the first $p-2$ columns of the Th. Char.

$$[\varepsilon] = \begin{bmatrix} \varepsilon_1 \dots \varepsilon_{p-2} & \delta_1 & \delta_2 \\ \varepsilon'_1 \dots \varepsilon'_{p-2} & \delta'_1 & \delta'_2 \end{bmatrix}$$

we can use a $(p-2)$-dimensional hyperelliptic F.S. of Per. Char.'s writing

$$[\varepsilon] = \begin{bmatrix} n \overset{s}{\sum} a; & \begin{matrix} \delta_1 & \delta_2 \\ \delta'_1 & \delta'_2 \end{matrix} \end{bmatrix}; \qquad s = 0, 1, 2, \dots, p-2,$$

and we then have the vanishing properties at a general point of $\underline{a}J(W_1)$ given by Table 2 [2, p. 51].

Table 2

s	$\theta\begin{bmatrix} n \overset{s}{\sum} a; & \begin{matrix} 0 & 0 \\ 0 & 0 \end{matrix} \end{bmatrix}(u)$ vanishes at a general point of $\underline{a}J(W_1)$ to order	s	$\theta\begin{bmatrix} n \overset{s}{\sum} a; & \begin{matrix} 0 & 0 \\ 0 & 0 \end{matrix} \end{bmatrix}(u)$ vanishes at a general point of $\underline{a}J(W_1)$ to order
$p-2$	0	$p-6$	2
$p-3$	1	$p-7$	3
$p-4$	1	$p-8$	3
$p-5$	2	$\vdots$	$\vdots$

Thus the elliptic-hyperelliptic vanishing properties for genus p on $\underline{a}J(W_1)$ mimic the hyperelliptic vanishing properties for genus $p-2$.

For $p = 6$ the following forty thetanulls vanish

$$\theta\begin{bmatrix} n; & \begin{matrix} \varepsilon & \varepsilon \\ \varepsilon' & \varepsilon' \end{matrix} \end{bmatrix}, \quad \theta\begin{bmatrix} n a_j; & \begin{matrix} \varepsilon & \varepsilon \\ \varepsilon' & \varepsilon' \end{matrix} \end{bmatrix}$$

where $j = 1, 2, \dots, 9$ and $\begin{pmatrix} \varepsilon \\ \varepsilon' \end{pmatrix} = \begin{pmatrix} 0 \\ 0 \end{pmatrix}, \begin{pmatrix} 0 \\ 1 \end{pmatrix}, \begin{pmatrix} 1 \\ 0 \end{pmatrix}$, and $\begin{pmatrix} 1 \\ 1 \end{pmatrix}$.

We wish to show that for the general elliptic-hyerelliptic Riemann surface of genus six these forty thetanulls are the only vanishing ones.

4.1 Lemma: The general elliptic-hyperelliptic Riemann surface of genus 6 has only forty vanishing thetanulls.

Proof: A vanishing thetanull corresponds to a half-canonical linear series g_5^1 on W_6 by Riemann's vanishing theorem. On W_6 let T be the (unique) elliptic-hyperelliptic involution. We divide the possibilities for g_5^1 into three cases.

Case (i): Each divisor in g_5^1 is invariant under T.

In this case g_5^1 must have a fixed point which is a branch point of the cover ϕ: $W_6 \to W_1 \cdot g_5^1 = x + g_4^1$ and g_4^1 is a g_2^1 on W_1 lifted. This characterizes the 40 known half-canonical g_5^1's.

Case (ii): There is a divisor D in g_5^1 so that $TD \neq D$ but $TD \equiv D$; that is T induces a non-identity permutation on the divisors of g_5^1.

If $TD = E$ and D and E had a point in common then again g_5^1 would have that point as a fixed point and it follows that we are in case (i). (In fact, any g_4^1 on W_6 is lifted from a g_2^1 on W_1.) So we can assume that g_5^1 is without fixed points.

Let f be a meromorphic function on W_6 whose divisor, (f), is $D - E$. Thus $f \circ T = A^2/f$ where A is some complex number. Let $f_1 = (A - f)/(A + f)$. Then $f_1 \circ T = -f_1$ and the polar divisor of f_1 is in g_5^1. Let $(f_1) = D' - E'$. If $h = f_1^2$ then h is a function lifted from W_1 and we see that W_6 is the Riemann surface where $\sqrt{h}$ is single valued. Consequently $D' + E'$ is the branched set of the covering ϕ. If D'' and E'' are the images of D' and E' under ϕ we see that $D'' \equiv E''$ on W_1. This is a condition on $D'' + E''$ which is not in general true for divisors of degree 10 on W_1 and so case (ii) does not occur in general.

Case (iii): If $|G| = g_5^1$, then $TG \not\equiv G$. (We show this case is impossible.)

Let $|TG| = |H| = h_5^1$. Then $g_5^1 + h_5^1 = g_{10}^4$. Since $|G + TG| = g_{10}^4$ and $G + TG$ is invariant under T we see that g_{10}^4 is the lift via ϕ of a g_5^4 from W_1. But since $h_5^1 \neq g_5^1$ we have $G + H'$ is the lift of a divisor of degree 5 on W_1 for arbitrary H' in h_5^1. It follows that h_5^1 must have a fixed point. Contradiction.

The following lemma will allow us to characterize elliptic-hyperelliptic Riemann surfaces of genus 6. We include a brief sketch of the proof.

4.2 Lemma [2, p. 77]: Let W_6 be a non-hyperelliptic Riemann surface of genus 6. Let G be a group of Per. Char.'s of order 8. Let $[\varepsilon]$ be a Th. Char. so that $|\sigma\varepsilon| = 1$ for all (σ) in G. Suppose $\theta[\sigma\varepsilon] = 0$ for all $(\sigma) \in G$. Then W_6 is elliptic-hyperelliptic.

Proof: On an eight-sheeted smooth normal covering, W_{41}, of W_6 all of the 8 half-canonical g_5^1's corresponding to the vanishing of $\theta[\sigma\varepsilon]$ lift to become linearly equivalent. They determine a half-canonical g_{40}^{15} which must be composite by Castelnuovo's inequality. Thus W_{41} is a two-sheeted cover of a surface of genus at most 5. It now follows that W_6 is elliptic-hyperelliptic.

The hypotheses of Lemma 4.1 imply that G is syzygetic.

2.5. Local Equations for $(E - H)_6$

Let W_6 be an elliptic-hyperelliptic Riemann surface with only the expected 40 vanishing thetanulls. In the light of Lemma 2.3 and the description of these 40 thetanulls given in Table 2, we will describe them as follows. There is a syzygetic group of Per. Char.'s of order four, G, and an azygetic set of 10 even Th. Char.'s,

$[\varepsilon_i]$, so that (i) $\left(\sum_1^{10} \varepsilon_i\right) = (0)$, (ii) no smaller sum of an even number of the $[\varepsilon_i]$'s is zero, (iii) $|\varepsilon_i \sigma| = 1$ for all ε_i and $(\sigma) \in G$, and (iv) the 40 thetanulls $\theta[\varepsilon_i \sigma]$ are all zero.

Let $[n]$, $[n a_1], \ldots, [n a_{13}]$ be a hyperelliptic F.S. of Th. Char.'s on W_6. (W_6 is not hyperelliptic. We use this F.S. of Th. Char.'s because it allows a very convenient way of describing even and odd Th. Char.'s.) $[n \sum^s a]$ for $s = 2, 3$, and 6 accounts for all the even Th. Char.'s. By Lemma 2.3 we may suppose that

$$[\varepsilon_1] = [n a_1 a_2], \quad [\varepsilon_2] = [n a_1 a_3], \ldots, [\varepsilon_9] = [n a_1 a_{10}]$$

and

$$[\varepsilon_{10}] = [n a_{11} a_{12} a_{13}]$$

and $G = \{(0), (a_{11}), (a_1 a_{12}), (a_1 a_{11} a_{12})\}$. The forty thetanulls corresponding to these Th. Char.'s are the only vanishing ones. So for any Riemann surface in a sufficiently small neighborhood of W_6 in T_6, all other thetanulls will be non-vanishing.

5.1 Theorem: In a neighborhood of a general elliptic-hyperelliptic Riemann surface of genus 6, W_6, the five equations

$$\theta[\varepsilon_i](0) = 0, \qquad i = 1, \ldots, 5$$

define $(E - H)_6$ where the $[\varepsilon_i]$ are an azygetic set of even Th. Char.'s.

Proof: Suppose W is in a small neighborhood of W_6 and $\theta[\varepsilon_i](0) = 0$ for $i = 1, \ldots, 5$. We show that $\theta[\sigma \varepsilon_6] = 0$ and $\theta[\sigma \varepsilon_7] = 0$ for all (σ) in G. Letting $G' = \langle G, (\varepsilon_6 \varepsilon_7) \rangle$ we then apply Lemma 4.2 to conclude that W is elliptic-hyperelliptic. It will suffice to show that $\theta[\sigma \varepsilon_6] = 0$ for all $(\sigma) \in G$ since the argument for $\theta[\sigma \varepsilon_7]$ is entirely analogous.

Now we recall the special theta relations for genus 6, formula (3.9). We will make different choices for G', the syzygetic group of Per. Char.'s of order eight, and for $[\varepsilon_1], \ldots, [\varepsilon_6]$ in that formula to prove the assertion. We will always choose $[\varepsilon_1], \ldots, [\varepsilon_5]$ as above so that the special theta relation gives the vanishing of

$$\prod_{(\sigma) \in G'} \theta[\sigma \varepsilon_6]$$

and so one of these thetanulls is zero. We must choose G' in the light of Lemma 3.2. In Table 3 we list the thetanulls whose vanishing we wish to prove and the syzygetic group of order 8 which accomplishes this.

Table 3

Case	The thetanull which is to vanish	The syzygetic group G' that shows it vanishes
(i)	$\theta[n a_1 a_7]$	$\langle (a_2 a_3 a_4 a_5 a_6 a_7), (a_{12}), (a_1 a_{13}) \rangle$
(ii)	$\theta[n a_1 a_7 a_{11}]$	$\langle (a_2 a_3 a_4 a_5 a_6 a_7 a_{11}), (a_7), (a_1 a_{13}) \rangle$
(iii)	$\theta[n a_7 a_{12}]$	$\langle (a_1 a_2 a_3 a_4 a_5 a_6 a_7 a_{12}), (a_8), (a_1 a_7) \rangle$
(iv)	$\theta[n a_7 a_{11} a_{12}]$	$\langle (a_1 a_2 a_3 a_4 a_5 a_6 a_7 a_{11} a_{12}), (a_{12}), (a_1 a_7) \rangle$

Remembering that $|a_i, a_j| = -1$ we see that bases in the right hand column of the table generate syzygetic groups of Per. Char.'s. Using the fact that $(\sum^{13} a) = (0)$ we see that $[n \sum^{s} a]$ will be even for $s = 6, 3, 2$ and 7, 10, 11.

The proof of one case is analogous to that of any other case so we shall prove only case (ii) in detail.

In applying Lemma 3.2 and formula (3.9) we first consider the six Th. Char.'s

$$[n a_1 a_2], [n a_1 a_3], \ldots, [n a_1 a_6], [n a_1 a_7 a_{11}].$$

The sum of these is $(a_2 a_3 a_4 a_5 a_6 a_7 a_{11})$ which is in G'. The elements of G' are

$$\begin{array}{cc} (0) & (a_1 a_{13}) \\ (a_2 a_3 a_4 a_5 a_6 a_7 a_{11}) & (a_1 a_2 a_3 a_4 a_5 a_6 a_7 a_{11} a_{13}) \\ (a_7) & (a_1 a_7 a_{13}) \\ (a_2 a_3 a_4 a_5 a_6 a_{11}) & (a_1 a_2 a_3 a_4 a_5 a_6 a_{11} a_{13}) \end{array}$$

Adding any one of these 8 Per. Char.'s to $[n a_1 a_j] j = 2, \ldots, 6$ yields a $[n \sum^{s} a]$ where $s = 2, 3, 6, 7, 11$, or 12. Adding these 8 Per. Char.'s in turn to $[n a_1 a_7 a_{11}]$ yields

$$\begin{array}{cc} [n a_1 a_7 a_{11}] & [n a_7 a_{11} a_{13}] \\ [n a_1 a_2 a_3 a_4 a_5 a_6] & [n a_2 a_3 a_4 a_5 a_6 a_{13}] \\ [n a_1 a_{11}] & [n a_{11} a_{13}] \\ [n a_1 a_2 a_3 a_4 a_5 a_6 a_7] & [n a_2 a_3 a_4 a_5 a_6 a_7 a_{13}] \end{array}$$

again 8 even Th. Char.'s. Moreover, only $[n a_1 a_7 a_{11}]$ is in the list of 40 corresponding to the vanishing thetanulls at W_6. Consequently, the thetanulls corresponding to the other seven Th. Char.'s must be non-zero. $\theta[n a_1 a_7 a_{11}]$ must be zero.

2.6. Elliptic-Hyperelliptic Prym Varieties for Genus Six

If $W_{11} \to W_6$ is a smooth two-sheeted covering then the Jacobian of W_{11}, $J(W_{11})$, is isogenous to $J(W_6) + A_5$, where A_5 is a principally polarized abelian variety of dimension five, called a Prym variety. In [5, p. 344] D. Mumford raises the question as to whether A_5 is a Jacobian when W_6 is elliptic-hyperelliptic since the codimension of the singular locus on the theta-divisor of A_5 does not exclude this possibility.

We assume that W_6 is a general elliptic-hyperelliptic Riemann surface whose thetanulls vanish when they have Th. Char.'s $[\varepsilon_j \sigma']$ for $j = 1, 2, \ldots, 10$ and $(\sigma') \in G$, the syzygetic group $\langle(\sigma), (\tau)\rangle$. Let the covering ϕ: $W_{11} \to W_6$ be determined by the Per. Char. (σ); that is, $\langle(\sigma)\rangle$ is the kernel of the homomorphism $\underset{\sim}{a}$: $J(W_6) \to J(W_{11})$. If g_5^1, h_5^1, k_5^1 and l_5^1 are the linear series of dimension one corresponding to the vanishing of $\theta[\varepsilon_1]$, $\theta[\sigma \varepsilon_1]$, $\theta[\tau \varepsilon_1]$, and $\theta[\sigma \tau \varepsilon_1]$ then g_5^1 and h_5^1 lift to equivalent divisors on W_{11} and determine a half-canonical g_{10}^3, as do k_5^1 and l_5^1, for the sum of the corresponding Th. Char.'s is (σ). Consequently, W_{11} admits twenty half-canonical g_{10}^3's, two for each of the 10 $[\varepsilon_i]$'s on W_6.

By choosing canonical homology bases correctly on W_6 and W_{11} and letting $(\pi i E, C)$ be a corresponding period matrix for A_5, then the Schottky-Jung-

Farkas-Rauch-Theorem asserts that [7, p. 215]

$$\theta\begin{bmatrix}0 & \varepsilon\\ 0 & \varepsilon'\end{bmatrix}(0,;B)\,\theta\begin{bmatrix}0 & \varepsilon\\ 1 & \varepsilon'\end{bmatrix}(0;B) = k\,\theta^2\begin{bmatrix}\varepsilon\\ \varepsilon'\end{bmatrix}(0;C) \tag{6.1}$$

where $(\pi i E, B)$ is the period matrix for W_6, $(\sigma) = \begin{pmatrix}000\ldots 0\\ 100\ldots 0\end{pmatrix}$, and k is a constant independent of $[\varepsilon]$. In applying this formula to the 40 vanishing thetanulls for W_6 we see that $\theta[\varepsilon]\,(0, C) = 0$ for twenty even Th. Char.'s. From this we can see that A_5 is not a Jacobian. For these 20 even Th. Char.'s for dimension 5 are of the form $[\varepsilon_j]$, $[\varepsilon_j \eta]$, $j = 1, 2, \ldots, 10$ where the $[\varepsilon_j]$'s are an azygetic set of even Th. Char.'s. If A_5 were a Jacobian and irreducible the by [1] A_5 is a hyperelliptic Jacobian and thus has 45 further vanishing thetanulls. By formula (6.1) this implies further vanishing thetanulls for W_6, a contradiction. Also if A_5 is reducible it is easy to produce further vanishing thetanulls for A_5.

These abelian varieties, A_5, are of further interest since they give examples of abelian varieties where the vanishing thetanulls correspond to those in [6, p. 340]. Here M. Noether showed that in dimension 5 the vanishing of the 5 thetanulls corresponding to an azygetic set $\{[\varepsilon_i]\}$ and the non-vanishing of $\theta[\varepsilon_1 \varepsilon_2 \varepsilon_3 \varepsilon_4 \varepsilon_5]$ implies the vanishing of 15 additional thetanulls with Th. Char.'s $[\varepsilon_i]$, $[\varepsilon_i \eta]$, $i = 1, 2, \ldots, 10$, as above. However, his arguments appear to rely only on the general theta relations for dimension 5. The above A_5's give examples for his theory.

References

[1] Accola, R. D. M.: Some loci of Teichmüller space for genus five defined by vanishing thetanulls. In: Contributions to Analysis. Academic Press, 1974, pp. 11–18

[2] Accola, R. D. M.: Riemann surfaces, theta functions, and abelian automorphism groups. Lecture Notes in Mathematics, No. 483. Springer 1975

[3] Baker, H. F.: Abel's Theorem and the Allied Theory including the theory of the Theta Functions. Cambridge University Press, 1897

[4] Krazer, A.: Lehrbuch der Thetafunktionen. Teubner, Leipzig, 1903 (Chelsea reprint)

[5] Mumford, D.: Prym Varieties I. Contributions to Analysis. Academic Press, 1974, pp. 325–350

[6] Noether, M.: Zur Theorie der Thetafunktionen von beliebig vielen Argumenten. Mathematische Annalen, Vol. 16 (1880), pp. 270–344

[7] Rauch, H. E.; Farkas, H. M.: Theta functions with applications to Riemann surfaces. Williams and Williams, Baltimore, 1974

[8] Riemann, B.: Gesammelte mathematische Werke. Dover 1953

[9] Weber, H.: Über gewisse in der Theorie der Abelschen Funktionen auftretende Ausnahmefälle. Mathematische Annalen, Vol. 13 (1878), pp. 35–48

Möbius Transformations and Clifford Numbers

By Lars V. Ahlfors [1]

Introduction

The theory of Möbius transformations in $\mathbb{R}^n$ can be treated in various ways. One way is to use the projective model of hyperbolic geometry which expresses the Möbius transformations in terms of the matrix group $O(n+1, 1)$. While very satisfactory from a theoretical point of view it leads quickly to overly complicated formulas, and I have therefore advocated an approach which works directly in $\mathbb{R}^n$ and uses formulas strikingly analogous to those in the complex case [1].

In this paper I wish to draw attention to a third method which is not new, but seems to be little known. It is based on the use of two by two matrices whose entries are Clifford numbers. As such this method is also modelled on the complex case, but in a quite different manner.

The method was introduced as early as 1901 by K. T. Vahlen [8] in a rather short, but remarkable, paper. His motivation was to unify the theory of motions in euclidean, hyperbolic, and elliptic space, which is obviously in the spirit of Clifford. In this respect the paper seems somewhat antiquated, but the essence is in the method it advocates. As far as I know the paper was ignored for the longest time until rediscovered 1949 by H. Maass [6] who used it for quite different purposes. Personally, I know both papers only thanks to Dennis Hejhal's gargantuan appetite for reading.

I had of course been aware of R. Fueter's papers [3, 4], 1926 and 1927, in which he used quaternions to extend a Kleinian group from the complex plane to the upper halfspace, evidently without knowledge of Vahlen's paper. Fueter and his students went on to study the quaternionic analogs of holomorphic function, a theory which attracted attention in its own right. Recently this theory has been generalized to what is called Clifford analysis, a subject that I shall not go into.

Over the last decades algebraists and topologists have studied Clifford algebras in a slightly more general setting. An excellent account can be found in a book by I. R. Porteous [7]. The connection with Möbius transformations is treated in a recent paper by P. Lounesto and E. Latvamaa [5]. In many respects this paper goes far beyond the elementary approach of Vahlen, but it does not use the two by two matrices which in my opinion is the bridge to classical function theory.

---

[1] Research supported by National Science Foundation

In spite of the influential book by Porteous the terminology has not become standardized, and I feel free to use my own notations. In particular, because of my background in complex function theory I prefer to denote the imaginary units by i_h instead of the now more common e_h, which I would reserve for the case where e_h^2 can be either 1, -1 or 0.

The present paper is meant as a brief introduction to the use of Clifford numbers for the study of Möbius transformations. A more detailed presentation is under preparation.

I wish to express my thanks to Dennis Hejhal without whom I would not have known about Vahlen's paper, to Pertti Lounesto who has acquainted me with the recent literature on Clifford algebras, and to Troels Jørgensen for many important discussions.

1. Clifford Numbers

1.1. We shall stay with Clifford's original definition which can be found in [2, XLIII]. Accordingly, the Clifford algebra $\mathscr{C}_n$ shall be the associative algebra over the real numbers generated by $n-1$ elements $i_1, \ldots, i_{n-1}$ subject to the relations $i_h i_k = -i_k i_h$, $i_h^2 = -1$, and no others. Each element $a \in \mathscr{C}_n$ has a unique representation in the form $a = \sum a_I I$ where $a_I \in \mathbb{R}$ and the summation is over all products $I = i_{v_1} i_{v_2} \ldots i_{v_p}$ with $0 < v_1 < \ldots < v_p < n$. The empty product $I = \emptyset$ is included and interpreted as the real number 1, sometimes denoted by i_0. The coefficient of the empty product is denoted by a_0 and referred to as the real part $\operatorname{Re} a$ while the sum of all the other terms constitutes the imaginary part $\operatorname{Im} a$.

$\mathscr{C}_1$ can be identified with $\mathbb{R}$, $\mathscr{C}_2$ with $\mathbb{C}$, and $\mathscr{C}_3$ with the quaternion algebra $\mathbb{H}$. In the last case i, j, k are represented by i_1, i_2 and $i_1 i_2$.

$\mathscr{C}_n$ is a vector space of real dimension 2^{n-1}. The Clifford numbers of the special form $x = x_0 + x_1 i_1 + \ldots + x_{n-1} i_{n-1}$ are called *vectors*. They form an n-dimensional subspace V^n which we shall usually identify with $\mathbb{R}^n$. In the literature it is more common to single out the space X spanned by $i_1, \ldots, i_{n-1}$, but our notation is used by Vahlen and Maass, and it is in better agreement with the complex case.

The degree of $I = i_{v_1} \ldots i_{v_k}$ is k. The degree of $a = \sum a_I I$ is the highest degree of an I with $a_I \neq 0$. An element is homogenous if all non-zero terms have the same degree. An element is even (odd) if all terms are even (odd). The set of even elements will be denoted by $\mathscr{C}_n^+$, the set of odd elements by $\mathscr{C}_n^-$. Clearly, $\mathscr{C}_n = \mathscr{C}_n^+ \oplus \mathscr{C}_n^-$ and $\mathscr{C}_n^+$ is a subalgebra of $\mathscr{C}_n$.

1.2. There are several involutions or conjugations in $\mathscr{C}_n$, similar to complex conjugation. The main conjugation consists in replacing every i_h by $-i_h$. We shall denote the main conjugate of a by a'. It is an automorphism in the sense that $(a+b)' = a' + b'$ and $(ab)' = a'b'$. Next there is a conjugation $a \to a^*$ obtained by reversing the order of the factors in each $I = i_{v_1} \ldots i_{v_p}$. It defines an anti-automorphism characterized by $(ab)^* = b^* a^*$. These conjugations can be combined to a third, $\bar{a} = a'^* = a^{*\prime}$, which is again an anti-automorphism.

For I of degree p the rules imply $I' = (-1)^p I$, $I^* = (-1)^{p(p-1)/2} I$, $\bar{I} = (-1)^{p(p+1)/2} I$.

For vectors, $x^* = x$ and $x' = \bar{x}$; we tend to prefer $\bar{x}$. One verifies that $x\bar{x} = \sum_0^{n-1} x_i^2 = |x|^2$ where $|x|$ is the euclidean norm. If applied to a sum $x + y$ this leads to

$$x\bar{y} + y\bar{x} = 2(x, y) \tag{1.1}$$

where (x, y) is the inner product. The more general formula

$$x\bar{y} = (x, y) - \sum_{h<k} (x_h y_k - x_k y_h)\, i_h i_k \tag{1.2}$$

is also useful; the index $h = 0$ is included in the summation. The coefficients in the double sum are the components of the bivector $x \wedge y$.

The notion of square norm is carried over to all Clifford numbers: the norm $|a|$ of $a = \sum a_I I$ is given by $|a|^2 = \sum a_I^2$.

1.3. Commutativity is an important issue. An element of $\mathscr{C}_n$ is in the center $\mathscr{Z}_n$ if it commutes with all elements of $\mathscr{C}_n$. For this to be true it is necessary and sufficient that it commute with $i_1 \ldots i_{n-1}$. There are two simple rules:

1) $i_\nu I = -I' i_\nu$ if i_ν is a factor in I,
2) $i_\nu I = I' i_\nu$ if it is not. It is easy to see that a is in the center if and only if $a_I \neq 0$ only when I is in the center. The following is a crucial fact:

Lemma 1.1. If n is odd then $\mathscr{Z}_n = \mathbb{R}$. If n is even $\mathscr{Z}_n$ consists of the linear combinations of 1 and $i_1 \ldots i_{n-1}$.

The first rule shows that an even I is in the center only if it is empty (i.e. $= 1$). The second rule shows that I is in the center only if every i_ν is a factor in I. The lemma follows.

Corollary. $\mathfrak{Z}_m \cap \mathscr{Z}_n = \mathbb{R}$ when $m \neq n$.

1.4. Every non-zero vector x is invertible with $x^{-1} = |x|^{-2}\bar{x}$. The product of invertible elements is invertible. Hence every product of vectors is invertible. These products form a multiplicative group Γ_n known as the *Clifford group*.

Lemma 1.2. If $a \in \Gamma_n$ then $|a|^2 = a\bar{a}$, and if $a, b \in \Gamma_n$ then $|ab| = |a|\,|b|$.

Proof. If $a = x^1 \ldots x^k$, a product of vectors, then $a\bar{a} = x^1 \ldots x^k \bar{x}^k \ldots \bar{x}^1 = |x^k|^2 \ldots |x^1|^2 \geqq 0$. But the only terms in the product $a\bar{a}$ of degree zero are the ones of the form a_I^2, and $a\bar{a} = \sum a_I^2 = |a|^2$ follows. Moreover, $a, b \in \Gamma_n$ implies $ab(ab)^- = ab\bar{b}\bar{a} = |a|^2\,|b|^2$.

As a consequence of the lemma $a^{-1} = |a|^{-2}\bar{a}$ whenever $a \in \Gamma_n$. Similarly, $a^{*-1} = |a|^{-2} a'$.

1.5.

Lemma 1.3. If $a \in \Gamma_n$ and $x \in V^n$, then $axa'^{-1} \in V^n$, and the mapping $x \to axa'^{-1}$ is a bijective isometry.

Proof. If Eq. (1.1) is multiplied from the right by y we obtain $y\bar{x}y = 2(x, y)y - |y|^2 x \in V^n$. Replace x by $\bar{x}$ and make use of $y = y^*$ to obtain

$yxy^* \in V^n$. The process can be repeated and leads to $axa^* \in V^n$. Since $a'a^* = |a|^2$ this is equivalent to $axa'^{-1} \in V^n$. Since the norm is multiplicative the mapping is an isometry whose inverse corresponds to a^{-1}.

We can write $axa'^{-1} = \rho(a)x$ where $\rho(a)$ is an orthogonal matrix. Evidently, $\rho(ab) = \rho(a)\rho(b)$ so that ρ is a matrix representation. For a geometric interpretation we shall determine the meaning of $\rho(y)$ when y is a vector. I shall denote the unit matrix by I and by $Q(y)$ the matrix with entries $y_i y_j / |y|^2$. It follows easily from (1.1) that $\rho(y)x' = -(I - 2Q(y))x$. Here $(I - 2Q(y))x$ is the mirror image of x when reflected in the hyperplane through 0 orthogonal to y. In particular, $(I - 2Q(1))x = -x'$ and hence

$$\rho(y)x = (I - 2Q(y))(I - 2Q(1))x = (I - 2Q(1))(I - 2Q(y))x,$$

which is sense-preserving. This shows that $\rho(a) \in SO(n)$.

Conversely, every rotation is the result of an even number of reflections in hyperplanes through the origin. It follows easily that every rotation is of the form $\rho(a)$ with $a \in \Gamma_n$.

1.6. The following remark will be used constantly:

Lemma 1.4. If $a, b \in \Gamma_n$, then ab^{-1} and a^*b are simultaneously in V^n.

Proof. If $ab^{-1} = x \in V^n$, then $b^*xb = b^*a \in V^n$ and $a^*b \in V^n$. If $a^*b = y \in V^n$, then $b^{*-1}yb^{-1} = b^{*-1}a^* \in V^n$, hence $ab^{-1} \in V^n$.

2. Clifford Matrices

2.1. Clifford never used matrices of Clifford numbers, but we shall nevertheless use the name in a restricted sense. Following Vahlen [7] we shall consider only matrices $g = \begin{pmatrix} a & b \\ c & d \end{pmatrix}$ with elements in $\Gamma_n \cup \{0\}$. The matrix g is made to act on vectors x according to the rule

$$gx = (ax + b)(cx + d)^{-1}, \tag{2.1}$$

suitably interpreted.

We would like g to define something like a mapping $V^n \to V^n$, but as in the complex case this is not possible without passing to $\bar{V}^n = V^n \cup \{\infty\}$, the role of ∞ being the same as for complex numbers. Our task is to find conditions under which (2.1) defines a bijective mapping $g\colon \bar{V}^n \to \bar{V}^n$. For simplicity we use the same letter g for the mapping as for the matrix, regardless of the fact that real multiples of the matrix define the same mapping.

When does g induce the identity mapping? This means that $ax + b = x(cx + d)$ for all x. For $x = 0$ and $x = \infty$ we deduce that $b = c = 0$ and for $x = 1$ that $a = d$. Thus $ax = xa$ for all x. If n is odd Lemma 1.1 shows that a is real, but for even n this does not follow. However, we shall use (2.1) also for $x \in V^{n+1}$, and if the induced mapping of V^{n+1} is also the identity we conclude that g is a real multiple of the identity matrix.

2.2. We begin by looking for necessary conditions. In the first place, $g0 = bd^{-1}$ and $g\infty = ac^{-1}$ have to be in $\bar{V}^n$. By Lemma 1.4 this also implies $b^*d,\, a^*c \in V^n$.

If $y = gx = (ax+b)(cx+d)^{-1} \in V^n$, then $y(cx+d) = ax+b$ and, since $x = x^*$, $y = y^*$, also $(xc^* + d^*)\,y = xa^* + b^*$. This is the same as $x(a^* - c^*y) = d^*y - b^*$, which is of the from (2.1) so that we can write $x = g_1 y$ with $g_1 = \begin{pmatrix} d^* & -b^* \\ -c^* & a^* \end{pmatrix}$. If, as we assume, g is bijective, so is g_1, and the mappings g and g_1 are inverse to each other. In particular, $g_1 0 = -b^*a^{*-1} = -a^{-1}b$ and $g_1\infty = -d^*c^{*-1} = -c^{-1}d$ are in $\bar{V}^n$, and this implies $ab^*,\, cd^* \in V^n$.

Inspite of the non-commutativity the product of two matrices induces the composite of the corresponding mappings. Therefore, both matrices

$$\begin{aligned} gg_1 &= \begin{pmatrix} ad^* - bc^* & 0 \\ 0 & da^* - cb^* \end{pmatrix}, \\ g_1 g &= \begin{pmatrix} d^*a - b^*c & 0 \\ 0 & a^*d - c^*b \end{pmatrix} \end{aligned} \tag{2.2}$$

induce the identity mapping. With the notation $\Delta(g) = ad^* - bc^*$, $\Delta(g_1) = d^*a - cb^*$ it follows that $\Delta(g)x = x\Delta(g)^*$ for all $x \in V^n$, and similarly for $\Delta(g_1)$. Since this implies $\Delta(g) = \Delta(g)^*$, Lemma 1.1 shows that $\Delta(g)$ and $\Delta(g_1)$ are real if n is odd. If n is even the same is true if we strengthen the assumption to require that g induces a bijective mapping not only of $\bar{V}^n$, but also of $\bar{V}^{n+1}$. Furthermore, it is impossible that $\Delta(g) = 0$, for $ad^* = bc^*$ would give $a^{-1}b = d^*c^{*-1} = c^{-1}d$ or $g^{-1}0 = g^{-1}\infty$.

Since $\Delta(g)$ and $\Delta(g_1)$ are real it follows from (2.2) that $g = \Delta(g)\,g_1^{-1}$, $g_1 = \Delta(g_1)\,g^{-1}$ and hence that $\Delta(g) = \Delta(g_1)$. Since a real factor in g is irrelevant for the mapping we can always normalize so that $\Delta(g) = 1$ or -1. Even with this normalization g and $-g$ will define the same mapping.

The notation $\Delta(g) = ad^* - bc^*$ can be used also for arbitrary matrices $g = \begin{pmatrix} a & b \\ c & d \end{pmatrix}$, and we shall refer to $\Delta(g)$ as the *pseudo-determinant*. In this notation $\begin{pmatrix} a & b \\ c & d \end{pmatrix}\begin{pmatrix} d^* & -b^* \\ -c^* & a^* \end{pmatrix} = (ad^* - bc^*)\begin{pmatrix} 1 & 0 \\ 0 & 1 \end{pmatrix}$ is a pure identity. For matrices with real pseudo-determinant $\Delta(g)$ is multiplicative in the sense that $\Delta(g_1 g_2) = \Delta(g_1)\,\Delta(g_2)$.

2.3. The results in 2.2 motivate the following definition:

Definition 2.1. The matrix $g = \begin{pmatrix} a & b \\ c & d \end{pmatrix}$ belongs to the set $\mathrm{GL}(\Gamma_n)$ if

(i) $a, b, c, d \in \Gamma_n \cup \{0\}$

(ii) $\Delta(g) = ad^* - bc^* \in R\backslash\{0\}$

(iii) $ab^*, cd^*, c^*a, d^*b \in V^n$.

It is in $\mathrm{SL}(\Gamma_n)$ if $\Delta(g) = 1$ or -1, in $\mathrm{SL}_+(\Gamma_n)$ if $\Delta(g) = 1$.[2]

---

[2] The notations are tentative and not entirely satisfactory

It will be shown that $\mathrm{GL}(\Gamma_n)$ is a group under matrix multiplication; $\mathrm{SL}(\Gamma_n)$ and $\mathrm{SL}_+(\Gamma_n)$ are subgroups. We shall also use PSL, PSL_+ for the quotient groups $\bmod\{\pm I\}$.

The conditions (iii) are not independent; we have listed them all because of their equal significance. Together with (ii) the first two conditions (iii) imply the others. The following elegant computation is in Maass [6]:

$$\Delta(g)\, c^* a = c^*(d'\bar{a} - c'\bar{b})a \;= |a|^2\, \bar{c}d' - |c|^2\, \bar{b}a \in V^n$$
$$\Delta(g)\, d^* b = d^*(d'\bar{a} - c'\bar{b})b \;= |d|^2\, \bar{a}b - |b|^2 (\bar{d}c)' \in V^n$$
$$\Delta(g)\, |d|^2 = d^*(ad^* - bc^*)d' = |d|^2\, d^*a - b^*dc^*d' = (d^*a - b^*c)\,|d|^2.$$

The first two lines prove $a^*c,\, b^*d \in V^n$. The last shows that $\Delta(g) = \Delta(g_1)$ provided that $d \neq 0$; a similar computation applies if $b \neq 0$. The point is that we have proved $\Delta(g) = \Delta(g_1)$ as a consequence of (i)–(iii) without assuming that g induces a bijective mapping.

2.4. We are now ready for the main theorem.

Theorem A. The matrix $g = \begin{pmatrix} a & b \\ c & d \end{pmatrix}$ with $a, b, c, d \in \Gamma_n \cup \{0\}$ induces bijective mappings $\bar{V}^n \to \bar{V}^n$ and $\bar{V}^{n+1} \to \bar{V}^{n+1}$ if and only if $g \in \mathrm{GL}(\Gamma_n)$.

Proof. The necessity of the conditions in Definition 2.1 has already been proved. Note that the existence of $gx = (ax + b)(cx + d)^{-1}$ implies that $cx + d$ is either invertible or zero, and that $ax + b$ and $cx + d$ are not simultaneously zero.

For the sufficiency we have to show, first of all, that $(ax + b)(cx + d)^{-1}$ makes sense. If $c = 0$ there is nothing to prove. If $c \neq 0$ we can write $cx + d = c(x + c^{-1}d)$. By (iii) and Lemma 1.4 $c^{-1}d \in V^n$, and it follows that $cx + d \in \Gamma_n \cup \{0\}$. If $ax + b = cx + d = 0$, then $x = -c^{-1}d = -d^*c^{*-1}$ and $ax + b = -ad^*c^{*-1} + b = 0$ imply $ad^* - bc^* = 0$, contrary to (ii). Hence gx is well defined.

The conditions (iii) together with $d^*a - b^*c = \Delta(g)$ imply the identity

$$(yc^* + d^*)(ax + b) - (ya^* + b^*)(cx + d) = \Delta(g)(x - y).$$

If $x, y \in V^n$, as we shall now assume, this can be written as

$$gx - (gy)^* = \Delta(g)(yc^* + d^*)^{-1}(x - y)(cx + d)^{-1}.$$

A first consequence is that $gy = (gy)^*$ so that, in effect,

$$gx - gy = \Delta(g)(yc^* + d^*)^{-1}(x - y)(cx + d)^{-1}.$$

For $y = 0$ this becomes

$$gx - g0 = \Delta(g)\, d^{*-1} x (cx + d)^{-1}$$

and on passing to the inverses

$$(gx - g0)^{-1} = \Delta(g)^{-1}(cx + d)x^{-1}d^* = \Delta(g)^{-1}(cd^* + dx^{-1}d^*). \quad (2.3)$$

Here $cd^* + dx^{-1}d^*$ is a vector by virtue of (iii) and Lemma 1.1. It follows that $gx - g0$ is itself a vector (or ∞) and since $g0 = bd^{-1} \in \bar{V}^n$ we conclude that

$gx \in \bar{V}^n$. In other words, we have proved that g induces a mapping $g: \bar{V}^n \to \bar{V}^n$. Exactly the same reasoning shows that g also induces a mapping $\bar{V}^{n+1} \to \bar{V}^{n+1}$.

Finally, the proof can be repeated for the matrix $g_1 = \begin{pmatrix} d^* & -b^* \\ -c^* & a^* \end{pmatrix}$ which is also in $\mathrm{GL}(\Gamma_n)$. We know from (2.1) that $gg_1 = g_1 g$ is a real multiple of the unit matrix and induces the identity matrix. This proves that the mappings $\bar{V}^n \to \bar{V}^n$ and $\bar{V}^{n+1} \to \bar{V}^{n+1}$ are bijective.

2.5. Equation (2.2) shows that gx is differentiable and that its derivative is the linear mapping $g'(x)$: $V^n \to V^n$ defined by

$$g'(x)u = \Delta(g)(xc^* + d^*)^{-1} u (cx + d)^{-1}$$

whenever x and $gx \neq \infty$. The mapping is conformal, and the linear rate of magnification is

$$|g'(x)| = |\Delta(g)|\,|cx + d|^{-2}. \tag{2.4}$$

For finite differences one has the important formula

$$|gx - gy| = |g'(x)|^{1/2}\,|g'(y)|^{1/2}. \tag{2.5}$$

Consider the formula (2.3) with $x \in V^{n+1}$. We wish to compare the coefficients of i_n. On the left the coefficient is $-(gx)_n/|gx - g0|^2$. On the right cd^* does not contain i_n while $i_n d^* = d^{*\prime} i_n = \bar{d} i_n$ so that the comparison yields

$$(gx)_n/|gx - g0| = \Delta(g)^{-1}\,|d|^2\, x_n/|x|^2.$$

By use of (2.5) this reduces to

$$(gx)_n/x_n = \frac{\Delta(g)}{|\Delta(g)|}\,|g'(x)|. \tag{2.6}$$

If $\Delta(g) > 0$ the mapping preserves the upper halfspace $H^{n+1} = \{x\colon x_n > 0\}$, and if $\Delta(g) < 0$ the halfspaces are interchanged. Equation (2.6) expresses the invariance of the Poincaré metric $|dx|/x_n$.

2.6. A preliminary step for showing that $\mathrm{GL}(\Gamma_n)$ is a group it to verify that the product $\begin{pmatrix} a_1 & b_1 \\ c_1 & d_1 \end{pmatrix}\begin{pmatrix} a_2 & b_2 \\ c_2 & d_2 \end{pmatrix}$ of two matrices in $\mathrm{GL}(\Gamma_n)$ has elements in $\Gamma_n \cup \{0\}$. For instance, if a_1 and $c_2 \neq 0$ we can write $a_1 a_2 + b_1 c_2 = a_1(a_2 c_2^{-1} + a_1^{-1} b_1) c_2$ which is visibly in $\Gamma_n \cup \{0\}$ in view of conditions (i) and (iii) in Def. 2.1; if a_1 or $c_2 = 0$ the conclusion is trivial. The same reasoning applies to the other entries.

Once this has been established it is an immediate consequence of Theorem A that $\mathrm{GL}(\Gamma_n)$ is a group, and by the multiplicative property of the pseudo-determinant $\mathrm{SL}(\Gamma_n)$ and $\mathrm{SL}_+(\Gamma_n)$ are subgroups. We shall of course identify $\bar{V}^n$ with $\bar{R}^n$ and $\bar{V}^{n+1}$ with $\bar{R}^{n+1}$. The upper halfspace H^{n+1} with its Poincaré metric is the space of hyperbolic geometry. In this setting it is practically evident that the matrices in $\mathrm{SL}(\Gamma_n)$ correspond to the noneuclidean motions, but we shall nevertheless make it part of a formal theorem.

Theorem B. The group $\mathrm{PSL}_+(\Gamma_n)$ is isomorphic to the groups $M_+(\bar{R}^n)$ and $M_+(H^{n+1})$ of sense-preserving Möbius transformations. It is generated by the matrices

$$\begin{pmatrix} a & 0 \\ 0 & a^{*-1} \end{pmatrix}, \quad \begin{pmatrix} 1 & b \\ 0 & 1 \end{pmatrix}, \quad \begin{pmatrix} 0 & 1 \\ -1 & 0 \end{pmatrix} \tag{2.7}$$

with $a \in \Gamma_n$, $b \in V^n$.

Proof. Assume first that $\begin{pmatrix} a & b \\ c & d \end{pmatrix} \in \mathrm{SL}_+(\Gamma_n)$ with $c \neq 0$. Then $bc^* = ad^* - 1$ together with $c^{-1}d \in V^n$ implies $b = -c^{*-1} + ac^{-1}d$ and hence $\begin{pmatrix} a & b \\ c & d \end{pmatrix} = \begin{pmatrix} 1 & ac^{-1} \\ 0 & 1 \end{pmatrix}\begin{pmatrix} 0 & -c^{*-1} \\ c & d \end{pmatrix}$, leading to the factorization

$$\begin{pmatrix} a & b \\ c & d \end{pmatrix} = \begin{pmatrix} 1 & ac^{-1} \\ 0 & 1 \end{pmatrix}\begin{pmatrix} -c^{*-1} & 0 \\ 0 & -c \end{pmatrix}\begin{pmatrix} 0 & 1 \\ -1 & 0 \end{pmatrix}\begin{pmatrix} 1 & c^{-1}d \\ 0 & 1 \end{pmatrix}.$$

For $c = 0$

$$\begin{pmatrix} a & b \\ c & d \end{pmatrix} = \begin{pmatrix} a & 0 \\ 0 & a^{*-1} \end{pmatrix}\begin{pmatrix} 1 & a^{-1}b \\ 0 & 1 \end{pmatrix}.$$

This proves that the matrices (2.7) generate $\mathrm{SL}_+(\Gamma_n)$.

The first matrix (2.7) induces a rotation defined by the matrix $\rho(a) \in SO(n)$ (see 1.5) followed by magnification in the ratio $|a|^2$. The second corresponds to a parallel translation, and the third induces the mapping $x \to -x^{-1}$ which represents reflection in the unit sphere followed by reflection in the hyperplane $x_0 = 0$. All these mappings are sense-preserving. The converse, namely that all sense-preserving Möbius transformations are obtainable by repetition of these steps, is essentially a matter of definition.

2.7. Although the matrices (2.7) generate $\mathrm{GL}(\Gamma_n)$ it is useful to introduce more explicit formulas for specific mappings. The most obvious advantage of the Clifford-Vahlen approach is that inversion can be denoted by x^{-1} (or $-x^{-1}$ if one insists on sense-preserving transformations).

Just as in the complex case it is convenient to focus on the inverse images of 0 and ∞, to be denoted by u and v. We already know that $g^{-1}0 = -a^{-1}b = u$ and $g^{-1}\infty = -c^{-1}d = v$ so that $g = \begin{pmatrix} a & -au \\ c & -cv \end{pmatrix}$. The normalization $\Delta(g) = 1$ requires $a(u-v)c^* = 1$ from which it follows that $c = a^{*-1}(u-v)^{-1}$. The most general transformation which takes u to 0 and v to ∞ is thus given by $\begin{pmatrix} a & 0 \\ 0 & a^{*-1} \end{pmatrix} \cdot g_{u,v}$ with

$$g_{u,v} = \begin{pmatrix} 1 & -u \\ (u-v)^{-1} & -(u-v)^{-1}v \end{pmatrix}.$$

In other words, the general mapping is the special mapping $g_{u,v}x = (x-u)(x-v)^{-1}(u-v)$ followed by a rotation and magnification. The special mapping is characterized by the fact that its derivative at u is the identity. The factor $u - v$, which makes $\Delta(g_{u,v}) = 1$ is quite essential, for $(x-u)(x-v)^{-1}$ by itself is not a vector.

An even more special case is the Cayley mapping which corresponds to $u = i_n$, $v = -i_n$. If we normalize so that the derivative at 0 is the identity the matrix becomes $\begin{pmatrix} 1 & -i_n \\ -i_n & 1 \end{pmatrix}$ and the mapping is $x \to (x - i_n)(x + i_n)^{-1} i_n$. This is the standard mapping of the upper halfspace H^{n+1} on the ball B^{n+1}. The mapping of R^n on the unit sphere S^n is the usual stereographic mapping.

In the case where u and v are symmetric with respect to the unit sphere we normalize so that the sphere is mapped on itself. The matrix $\begin{pmatrix} 1 & u \\ -\bar{u} & 1 \end{pmatrix}$ is in $\mathrm{GL}(\Gamma_n)$ and, if $|u| < 1$, $gx = (x-u)(1-\bar{u}x)^{-1}$ maps the unit ball on itself with u going to 0. Note the close analogy with the familiar complex case.

References

[1] Ahlfors, L. V.: Möbius transformations in several dimensions. Lecture Notes, University of Minnesota (1981)

[2] Clifford, W. K.: Mathematical Papers. Macmillan, London (1882)

[3] Fueter, R.: Sur les groupes improprement discontinus. Comptes Rendus Acad. des Sciences, 182 (1926)

[4] Fueter, R.: Über automorphe Funktionen in bezug auf Gruppen, die in der Ebene uneigentlich diskontinuierlich sind. Crelle Journal 157 (1927)

[5] Lounesto, P., Latvamaa, E.: Conformal transformations and Clifford numbers. Proc. Am. Math. Soc. 79, 4 (1980)

[6] Maass, H.: Automorphe Funktionen von mehreren Veränderlichen und Dirichletsche Reihen. Hamburg Abh. 16 (1949)

[7] Porteous, I. R.: Topological Geometry. Cambridge University Press, 2nd ed. (1981)

[8] Vahlen, K. Th.: Über Bewegungen und komplexe Zahlen. Math. Annalen 55 (1902)

Polynomial Approximation in Quasidisks

By J. M. Anderson, F. W. Gehring[1], *and A. Hinkkanen*[2]

1. Definitions and Notation

Let B denote the open unit disk in the complex plane $\mathbb{C}$ and D a bounded Jordan domain in $\mathbb{C}$. We say that D is an *open k-quasidisk*, $0 \leqq k < 1$, if one and hence each conformal mapping $g\colon \bar{\mathbb{C}} \setminus \bar{B} \to \bar{\mathbb{C}} \setminus \bar{D}$ can be extended to a K-quasiconformal mapping of the extended complex plane $\bar{\mathbb{C}}$ where $K = (1+k)/(1-k)$. A continuum $E \subset \mathbb{C}$ is said to be a *closed k-quasidisk* if $E = \bar{D}$ where D is as above.

This paper is concerned with polynomial approximation in closed quasidisks E. Since some of our results are valid for the case where E is a bounded continuum whose complement in $\bar{\mathbb{C}}$ is connected, we call any such set E a *closed* 1-*quasidisk* for the sake of completeness. Note that D or E is a euclidean disk if and only if it is a 0-quasidisk.

Suppose that E is a closed quasidisk. If $g\colon \bar{\mathbb{C}} \setminus \bar{B} \to \bar{\mathbb{C}} \setminus E$ is conformal with $g(\infty) = \infty$, then

$$g(w) = a_{-1} w + \sum_{n=0}^{\infty} a_n w^{-n}, \qquad |w| > 1,$$

and the number $|a_{-1}|$ is called the *transfinite diameter* of E, denoted by $\operatorname{tr}(E)$. A function f defined on E is said to belong to the *Lipschitz class* Lip α, $0 < \alpha \leqq 1$, if and only if there is a constant M such that

$$|f(z_1) - f(z_2)| \leqq M |z_1 - z_2|^{\alpha}, \qquad z_1, z_2 \in E.$$

If f is continuous on E and analytic in $D = \operatorname{int} E$, then the *best approximation* $E_n(f)$ of f by polynomials of degree n is given by

$$E_n(f) = \inf\{\| f - p \|_E \colon p \in P_n\},$$

where

$$\| f \|_E = \max\{|f(z)| \colon z \in E\}$$

and P_n denotes the class of polynomials p of degree at most n.

---

[1] Research supported by grants from the Science Research Council of the U.K. and the U.S. National Science Foundation
[2] Research supported by the Osk. Huttunen Foundation, Helsinki

2. Results

We assume throughout this paper that E is a closed k-quasidisk and that f is a function which is continuous on E and analytic in $D = \operatorname{int} E$. If $k = 0$, i.e. if E is a euclidean disk, then it is known [2, p. 147 and p. 200] that $f \in \operatorname{Lip} \alpha$, $0 < \alpha < 1$, if and only if $E_n(f) = O(n^{-\alpha})$ as $n \to \infty$; when $\alpha = 1$, the corresponding result holds with Lip 1 replaced by the Zygmund class [2, p. 202].

To establish the above equivalence one makes use of the following result [2, p. 91]:

Bernstein Inequality. If E is a euclidean disk, then

$$\|p'\|_E \leqq \frac{n}{\operatorname{tr}(E)} \|p\|_E \qquad \text{for all } p \in P_n.$$

The purpose of this note is to point out extensions of the above results for the case where E is a closed quasidisk with $0 < k \leqq 1$. We establish, in particular, the following results:

Theorem 1. If $0 \leqq k \leqq 1$, then for each $p \in P_n$

$$\left|\frac{p(z_1) - p(z_2)}{z_1 - z_2}\right| \leqq c_1 \frac{n^{1+k}}{\operatorname{tr}(E)} \|p\|_E, \qquad z_1, z_2 \in E, \tag{2.1}$$

and

$$\|p'\|_E \leqq c_2 \frac{n^{1+k}}{\operatorname{tr}(E)} \|p\|_E. \tag{2.2}$$

where $c_1 = 2^{-k} e(\frac{\pi}{4} + 1)$ and $c_2 = 2^{-k} e$.

Theorem 2. Suppose $0 \leqq k \leqq 1$. If $0 < \alpha < 1 + k$ and if

$$E_n(f) = O(n^{-\alpha}) \tag{2.3}$$

as $n \to \infty$, then $f \in \operatorname{Lip} \beta$ where $\beta = \alpha/(1 + k)$. Conversely if $0 < \beta < 1$ and if $f \in \operatorname{Lip} \beta$, then

$$E_n(f) = O(n^{-\alpha}) \tag{2.4}$$

as $n \to \infty$ where $\alpha = \beta(1 - k)$.

Theorem 3. For each $0 \leqq k \leqq 1$ and each integer n we can choose E and a polynomial $p \in P_n$ such that

$$\|p'\|_E \geqq c_3 \frac{n^{1+k}}{\operatorname{tr}(E)} \|p\|_E, \tag{2.5}$$

where $c_3 = \frac{1}{2}$.

Theorem 4. For each $0 \leqq k \leqq 1$ and each $0 < \alpha < 1 + k$ we can choose E, f and points $z_n \in E$ converging to $z_0 \in E$ such that

$$E_n(f) \leqq n^{-\alpha}, \qquad n \geqq 1, \tag{2.6}$$

and

$$|f(z_n) - f(z_0)| \geqq c_4 |z_n - z_0|^\beta, \quad n \geqq 1, \tag{2.7}$$

where $\beta = \alpha/(1+k)$ and c_4 is a positive constant which depends only on α.

Theorem 5. For each $0 \leqq k < 1$ and each $0 < \beta < 1$ we can choose E and f such that $f \in \text{Lip}\, \beta$ and

$$E_n(f) \neq o(n^{-\alpha}) \tag{2.8}$$

as $n \to \infty$ where $\alpha = \beta(1-k)$.

The conclusion of Theorem 1 contains two parts. The second part, (2.2), shows that Bernstein's inequality holds for k-quasidisks with the factor n replaced by a constant times n^{1+k}; moreover Theorem 3 shows that the exponent in this factor is sharp. The first part of Theorem 1, (2.1), is an integrated version of (2.2) which is required for (4.4) in the proof of Theorem 2.

When $k = 0$, each pair of points $z_1, z_2 \in E$ can be joined by a segment $\gamma \subset E$ and we obtain

$$\left|\frac{p(z_1) - p(z_2)}{z_1 - z_2}\right| \leqq \frac{n}{\text{tr}(E)} \|p\|_E$$

from Bernstein's inequality and integration; hence (2.1) is a consequence of (2.2). When $0 < k < 1$, each $z_1, z_2 \in E$ can be joined by an arc $\gamma \subset E$ with

$$\text{length}\, \gamma \leqq a|z_1 - z_2|,$$

where $a = a(k)$ and $a(k) \to \infty$ as $k \to 1$ [7]. Indeed, one may choose γ as the hyperbolic geodesic in $D = \text{int}\, E$ with z_1 and z_2 as its endpoints. (See, for example, Theorem III.2.3 in [4].) Thus again one could obtain (2.1) from (2.2) with $c_1 = ac_2$. However this argument would not show that we can choose c_1 to be bounded in k. No such proof is available when $k = 1$.

The first part of Theorem 2 was proved by Tamrazov for the special case where $k = 1$. (See Corollary 2 in [12] with $k = 0$.) Theorem 4 shows that the exponent $\beta = \alpha/(1+k)$ cannot be increased. The second part of Theorem 2 is an easy consequence of a result of Belyi [1]. Again Theorem 5 shows this part of Theorem 2 is best possible.

Theorems 4 and 5 show that when $k > 0$, one cannot expect to prove for a given $0 < \alpha < 1$ that

$$E_n(f) = O(n^{-\alpha}) \tag{2.9}$$

as $n \to \infty$ if and only if $f \in \text{Lip}\, \alpha$. On the other hand, it is not unnatural to say that f is *harmonically approximable by polynomials* if (2.9) holds for *some* $0 < \alpha < 1$ and that f is *Hölder continuous* if $f \in \text{Lip}\, \beta$ for *some* $0 < \beta < 1$. In this case we have the following immediate consequence of Theorem 2.

Corollary. If $0 \leqq k < 1$, then f is harmonically approximable by polynomials if and only if f is Hölder continuous.

This albeit less precise result suggests that quasidisks are very natural domains in which to study connections between the smoothness of a function and the rate at which it can be approximated by polynomials.

The case where $k = 1$ is not covered by the above Corollary. Theorem 2 shows that when $k = 1$, f is Hölder continuous whenever it is harmonically approximable by polynomials. The converse is not true. For example, choose E as the union of two closed disks with radii 1 and centers $z = \pm i$ and define f so that $f(z)^2 = z$ and $f(-z) = f(z)$. Then $f \in \operatorname{Lip} \frac{1}{2}$ while an argument similar to that used to establish Theorem 5 shows that f is not harmonically approximable by polynomials. (Cf. p. 61 in [11].)

3. Proof of Theorem 1

Our proof is modeled on an argument due to Pommerenke [8]. (See also [11].)

By performing a preliminary similarity mapping we may assume without loss of generality that $\operatorname{tr}(E) = 1$. Next let

$$z = g(w) = w + \sum_{n=0}^{\infty} a_n w^{-n}, \qquad |w| > 1,$$

map $\bar{\mathbb{C}} \setminus \bar{B}$ conformally onto $\bar{\mathbb{C}} \setminus E$. If $0 \leqq k < 1$, then g has a $(1+k)/(1-k)$-quasiconformal extension to $\bar{\mathbb{C}}$ and

$$\left| \frac{g(w_1) - g(w_2)}{w_1 - w_2} \right| \geqq (1 - r^{-2})^k, \qquad |w_1| = |w_2| = r > 1, \tag{3.1}$$

whence

$$|g'(w)| \geqq (1 - r^{-2})^k, \qquad |w| = r > 1, \tag{3.2}$$

by the Golusin inequalities for the class $\sum(k)$. (See, for example, [6, Satz 8] or [10, pp. 287–289].) If $k = 1$, then (3.1) and (3.2) are well known results for the class $\sum$.

Now suppose that $p \in P_n$. By scaling we may assume that $\|p\|_E = 1$. Then $h(w) = w^{-n} p(g(w))$ is analytic for $|w| > 1$,

$$\limsup_{|w| \to 1} |h(w)| \leqq 1$$

and hence

$$|h(w)| \leqq 1 \quad \text{and} \quad |h'(w)| \leqq \frac{1 - |h(w)|^2}{|w|^2 - 1}, \qquad |w| > 1, \tag{3.3}$$

by the maximum principle and the Schwarz Lemma.

To establish (2.1) fix $n \geqq 1$, set

$$r = \frac{(n^2 + 1)^{1/2} + 1}{n} \tag{3.4}$$

and let $G = \bar{\mathbb{C}} \setminus \{g(w) \colon r \leqq |w| \leqq \infty\}$. Then G is a bounded Jordan domain which contains E. Next consider the function

$$q(z_1, z_2) = \frac{p(z_1) - p(z_2)}{z_1 - z_2},$$

which is a polynomial in z_1 and z_2, and let

$$M_1 = \sup\{|q(z_1, z_2)|: z_1, z_2 \in \partial G,\ z_1 \neq z_2\}$$
$$= \sup\{|q(g(w_1), g(w_2))|: |w_1| = |w_2| = r,\ w_1 \neq w_2\}.$$

Then the maximum principle applied first to $q_0(z) = q(z, z_0)$ and then to $q_1(z) = q(z_1, z)$, where $z_0 \in \partial G$ and $z_1 \in G$, yields

$$|q(z_1, z_2)| \leqq M_1, \qquad z_1, z_2 \in E. \tag{3.5}$$

(See also Theorem 1 in [5].) To estimate M_1 fix w_1, w_2 with $w_1 \neq w_2$ and $|w_1| = |w_2| = r$ and let $g_j = g(w_j)$ and $h_j = h(w_j)$ for $j = 1, 2$. Then

$$|q(g_1, g_2)| = \left|\frac{w_1^n h_1 - w_2^n h_2}{g_1 - g_2}\right| = \left|\frac{w_1^n (h_1 - h_2) + h_2(w_1^n - w_2^n)}{g_1 - g_2}\right|,$$

while

$$\left|\frac{w_1 - w_2}{g_1 - g_2}\right| \leqq \left(\frac{r^2}{r^2 - 1}\right)^k$$

and

$$|h_1 - h_2| \leqq \int_{w_1}^{w_2} |h'(w)|\,|dw| \leqq \frac{\pi}{2}\frac{|w_1 - w_2|}{r^2 - 1}$$

by (3.1) and (3.3); here the integral is taken along the shorter arc of $|w| = r$. Combining these estimates yields

$$\begin{aligned} |q(g_1, g_2)| &\leqq \left(r^n \left|\frac{h_1 - h_2}{w_1 - w_2}\right| + n r^{n-1}\right)\left|\frac{w_1 - w_2}{g_1 - g_2}\right| \\ &\leqq r^{n-1+k}\left(\frac{\pi}{2}\frac{r}{r^2 - 1} + n\right)\left(\frac{r}{r^2 - 1}\right)^k. \end{aligned} \tag{3.6}$$

By our choice of r in (3.4),

$$\frac{r}{r^2 - 1} = \frac{n}{2} \quad \text{and} \quad r^{n-1+k} \leqq e. \tag{3.7}$$

Here we have used the fact that

$$\left(\frac{(n^2 + 1)^{1/2} + 1}{n}\right)^n < e, \qquad n \geqq 1,$$

the verification of which is straightforward. From (3.6) and (3.7) we obtain

$$M_1 \leqq 2^{-k} e\left(\tfrac{\pi}{4} + 1\right) n^{1+k} = c_1 n^{1+k}.$$

This together with (3.5) establishes (2.1).

Now (2.1) implies (2.2) with $c_2 = c_1$. However a direct argument yields a somewhat smaller value for the constant c_2. Let r and G be as above. Then $|p'(z)| \leqq M_2$

in E where

$$M_2 = \max\{|p'(g(w))|: |w| = r\}.$$

Fix w with $|w| = r$. Then

$$p'(g(w))\, g'(w) = w^n \left(h'(w) + n \frac{h(w)}{w} \right)$$

and hence

$$\begin{aligned} |p'(g(w))| &= \frac{|w|^n}{|g'(w)|} \left| h'(w) + n \frac{h(w)}{w} \right| \\ &\leqq r^{n-1+k} \left(\frac{r}{r^2-1} (1 - |h(w)|^2) + n|h(w)| \right) \left(\frac{r}{r^2-1} \right)^k \\ &\leqq 2^{-k} e\, n^{1+k} \frac{1 + 2|h(w)| - |h(w)|^2}{2} \leqq 2^{-k} e\, n^{1+k} \end{aligned}$$

by (3.2), (3.3) and (3.7). Thus $M_2 \leqq c_2 n^{1+k}$ and the proof for (2.2) is complete.

4. Proof of Theorem 2

By performing a preliminary similarity mapping we may assume that $\operatorname{tr}(E) = 1$.

Now assume that (2.3) holds. Then we can choose polynomials $u_n \in P_{2^n}$ and a constant M such that

$$\| f - u_n \|_E \leqq M 2^{-n\alpha}, \quad \| f \|_E \leqq M, \qquad n \geqq 0. \tag{4.1}$$

Then

$$f(z) = \sum_{n=0}^{\infty} v_n(z), \qquad z \in E,$$

where $v_0 = u_0$ and $v_n = u_n - u_{n-1}$ for $n \geqq 1$.

Fix $z_1, z_2 \in E$ with $z_1 \neq z_2$. Since E is connected,

$$|z_1 - z_2| \leqq \operatorname{dia}(E) \leqq 4 \operatorname{tr}(E) = 4$$

[10, p. 337] and we can choose an integer $N \geqq 0$ such that

$$2^{-(N+1)(1+k)} < \frac{|z_1 - z_2|}{4} \leqq 2^{-N(1+k)}. \tag{4.2}$$

Then

$$\begin{aligned} |f(z_1) - f(z_2)| &\leqq \sum_{n=0}^{N} |v_n(z_1) - v_n(z_2)| + \sum_{n=N+1}^{\infty} |v_n(z_1) - v_n(z_2)| \\ &= S_1 + S_2. \end{aligned}$$

By (4.1),

$$\| v_n \|_E \leqq 5 M\, 2^{-n\alpha}, \qquad n \geqq 0, \tag{4.3}$$

and (2.1) applied to the polynomial $v_n \in P_{2^n}$ yields

$$|v_n(z_1) - v_n(z_2)| \leqq 5 M c_1\, 2^{n(1+k-\alpha)} |z_1 - z_2|, \qquad n \geqq 0. \tag{4.4}$$

Hence

$$\begin{aligned} S_1 &\leqq 5Mc_1 \sum_{n=0}^{N} 2^{n(1+k-\alpha)} |z_1 - z_2| \\ &\leqq Mb_1\, 2^{N(1+k-\alpha)} \frac{|z_1 - z_2|}{4} \\ &\leqq Mb_1 |z_1 - z_2|^\beta \end{aligned}$$

by (4.2), where b_1 is a constant which depends only on $1 + k - \alpha$. Next

$$|v_n(z_1) - v_n(z_2)| \leqq 10\mathrm{M}\, 2^{-n\alpha}, \qquad n \geqq 0,$$

and

$$S_2 \leqq 10M \sum_{n=N+1}^{\infty} 2^{-n\alpha} \leqq Mb_2\, 2^{-(N+1)\alpha} \leqq Mb_2 |z_1 - z_2|^\beta,$$

where b_2 depends only on α. Thus

$$|f(z_1) - f(z_2)| \leqq Mb|z_1 - z_2|^\beta, \qquad b = b_1 + b_2,$$

and $f \in \operatorname{Lip} \beta$.

For the second part of Theorem 2, suppose that $f \in \operatorname{Lip} \beta$ and let

$$g(w) = w + \sum_{n=0}^{\infty} a_n w^{-n}$$

map $\bar{\mathbb{C}} \backslash \bar{B}$ conformally onto $\bar{\mathbb{C}} \backslash E$. If $0 \leqq k < 1$, then g has a continuous extension to $|w| = 1$ and

$$d_n = \max_{|w_1|=1} \Big(\min_{|w_2|=1+1/n} |g(w_1) - g(w_2)| \Big) \leqq M_1 n^{-(1-k)}, \qquad n \geqq 1,$$

where M_1 is a constant which depends only on k. (See, for example, [10, pp. 288–289].) Next by Theorem 3 in [1],

$$E_n(f) \leqq M_2 d_n^\beta, \qquad n \geqq 1,$$

where M_2 is independent of n. Thus

$$E_n(f) \leqq Mn^{-\beta(1-k)}, \qquad M = M_1^\beta M_2,$$

and we obtain (2.4). Since this conclusion follows trivially when $k = 1$, the proof is complete.

5. Proof of Theorem 3

Fix $0 \leqq k \leqq 1$ and $a = 1 + k$, let $\varphi\colon [-\pi, \pi] \to [-\pi, \pi]$ be the mapping for which

$$\varphi(\theta) = \begin{cases} a\theta, & 0 \leqq \theta \leqq \frac{\pi}{2}, \\ (2-a)\theta + (a-1)\pi, & \frac{\pi}{2} \leqq \theta \leqq \pi, \end{cases}$$

and $\varphi(-\theta) = -\varphi(\theta)$, and let

$$h(re^{i\theta}) = r^a e^{i\varphi(\theta)}, \qquad h(\infty) = \infty.$$

Then h is conformal in the right half plane, continuous in $\bar{\mathbb{C}}$ and $(1+k)/(1-k)$-quasiconformal in $\bar{\mathbb{C}}$ whenever $0 \leqq k < 1$. Thus the equation

$$\frac{g(w)+a}{g(w)-a} = h\left(\frac{w+1}{w-1}\right), \qquad g(\infty) = \infty, \tag{5.1}$$

defines a conformal mapping $g\colon \mathbb{C}\backslash \bar{B} \to \bar{\mathbb{C}}\backslash E$ where E is a closed k-quasidisk. When $0 \leqq k < 1$, E is the closure of a convex lens domain which is symmetric in the real and imaginary axes and is bounded by two circles which meet in an exterior angle of πa at the vertices $z = \pm a$.

Now for $n \geqq 0$ we let p_n denote the n-th *Faber polynomial* for g defined by the generating relation

$$\frac{g'(w)}{g(w)-z} = \sum_{n=0}^{\infty} p_n(z)\, w^{-n-1}, \qquad |w| > 1. \tag{5.2}$$

(See, for example, [9, p. 197].) Since E is convex,

$$1 \leqq \| p_n \|_E \leqq 2 \tag{5.3}$$

by [9, Satz 3]. From (5.1) we obtain

$$\frac{g'(w)}{(g(w)-a)^2} = \left(\frac{w+1}{w-1}\right)^a \frac{1}{w^2-1}, \qquad |w| > 1, \tag{5.4}$$

while differentiating (5.2) with respect to z yields

$$\frac{g'(w)}{(g(w)-a)^2} = \sum_{n=1}^{\infty} p_n'(a)\, w^{-n-1}, \qquad |w| > 1.$$

Replacing w by $1/w$ in the above two expressions gives

$$\left(\frac{1+w}{1-w}\right)^a \frac{w}{1-w^2} = \sum_{n=1}^{\infty} p_n'(a)\, w^n, \qquad |w| < 1, \tag{5.5}$$

whence

$$\begin{aligned} \left(\frac{1+w}{1-w}\right)^a &= \sum_{n=1}^{\infty} p_n'(a)\,(w^{n-1} - w^{n+1}) \\ &= p_1'(a) + p_2'(a)\, w + \sum_{n=2}^{\infty} (p_{n+1}'(a) - p_{n-1}'(a))\, w^n, \qquad |w| < 1. \end{aligned}$$

Differentiation with respect to w yields

$$2a\left(\frac{1+w}{1-w}\right)^a \frac{w}{1-w^2} = p_2'(a)\, w + \sum_{n=2}^{\infty} n(p_{n+1}'(a) - p_{n-1}'(a))\, w^n, \qquad |w| < 1, \tag{5.6}$$

and we obtain the recurrence relation

$$p_2'(a) = 2a\, p_1'(a),$$
$$p_{n+1}'(a) = \frac{2a}{n}\, p_n'(a) + p_{n-1}'(a), \qquad n \geqq 2, \tag{5.7}$$

from comparing (5.5) and (5.6). Now $p_1'(a) = 1$ [9] and

$$p_2'(a) = 2a \geqq 2^a$$

by (5.7). Fix $n \geqq 2$ and assume that

$$p_m'(a) \geqq m^a, \qquad 1 \leqq m \leqq n.$$

Then by (5.7)

$$p_{n+1}'(a) \geqq \frac{2a}{n}\, n^a + (n-1)^a \geqq (n+1)^a$$

since $1 \leqq a \leqq 2$. Thus by induction

$$p_n'(a) \geqq n^a, \qquad n \geqq 1, \tag{5.8}$$

an inequality which holds with equality when $a = 1$ and $a = 2$. By (5.4)

$$\operatorname{tr}(E) = \lim_{w \to \infty} |g'(w)| = \lim_{w \to \infty} \left| \frac{g(w)}{w} \right|^2 = \operatorname{tr}(E)^2$$

whence $\operatorname{tr}(E) = 1$, and with (5.3) and (5.8) we obtain

$$\|p_n'\|_E \geqq n^{1+k} \geqq c_3 \frac{n^{1+k}}{\operatorname{tr}(E)} \|p_n\|_E, \qquad n \geqq 1.$$

This is (2.5) with $p = p_n$.

6. Proof of Theorem 4

Fix $0 \leqq k \leqq 1$ and $a = 1 + k$, and let E and p_n be as in the proof of Theorem 3. Then

$$p_n'(a) \geqq n^a, \qquad n \geqq 1, \tag{6.1}$$

by (5.8). We require a slight extension of this inequality.

Lemma 1. If $0 \leqq a - x \leqq \frac{n^{-a}}{30}$, then

$$\frac{p_n(a) - p_n(x)}{a - x} \geqq \frac{1}{2} n^a, \qquad n \geqq 1. \tag{6.2}$$

Proof. By (2.2) and (5.3),

$$\|p_n''\|_E \leqq c_2 n^a \|p_n'\|_E \leqq c_2^2 n^{2a} \|p_n\|_E < 15 n^{2a}$$

for $n \geqq 1$, and thus

$$|p_n'(a) - p_n'(x)| \leqq (a-x) \, \|p_n''\|_E \leqq \tfrac{1}{2} n^a \leqq \tfrac{1}{2} p_n'(a)$$

by (6.1). Since p_n is real on the real axis, we obtain $p_n'(x) \geqq \frac{1}{2} n^a$ and hence (6.2) by integration.

For the proof of Theorem 4, fix an integer m so that

$$\frac{1 - m^{-\alpha}}{2} = b > 120\, m^{-\alpha}, \tag{6.3}$$

and let

$$f(z) = b \sum_{j=0}^{\infty} m^{-j\alpha} p_{m^j}(z).$$

Given an integer $N \geqq 1$, we can choose $n \geqq 0$ so that $m^n \leqq N < m^{n+1}$. Then

$$u_n(z) = b \sum_{j=0}^{n} m^{-j\alpha} p_{m^j}(z)$$

is a polynomial in P_N and

$$\|f - u_n\|_E \leqq b \sum_{j=n+1}^{\infty} 2m^{-j\alpha} = m^{-(n+1)\alpha} < N^{-\alpha} \tag{6.4}$$

by (5.3) and (6.3). Thus f satisfies (2.6).

Next for $n \geqq 1$ set $N = m^n$ and $x_n = a - \dfrac{N^{-a}}{30}$. Then by Lemma 1,

$$\begin{aligned} u_n(a) - u_n(x_n) &= b \sum_{j=0}^{n} m^{-j\alpha}(p_{m^j}(a) - p_{m^j}(x_n)) \\ &\geqq b N^{-\alpha}(p_N(a) - p_N(x_n)) \\ &\geqq \frac{b N^{a-\alpha}}{2}(a - x_n) \\ &\geqq \frac{b}{60} N^{-\alpha}, \end{aligned}$$

while by (6.4),

$$|(f(a) - u_n(a)) - (f(x_n) - u_n(x_n))| \leqq 2\,\|f - u_n\|_E \leqq 2m^{-\alpha} N^{-\alpha}.$$

Thus

$$|f(a) - f(x_n)| \geqq c_4 N^{-\alpha} \geqq c_4 (a - x_n)^{\beta},$$

where

$$c_4 = \frac{b}{60} - 2m^{-\alpha} > 0,$$

and we obtain (2.7) with $z_n = x_n$ and $z_0 = a$.

7. Proof of Theorem 5

Fix $0 \leqq k < 1$ and define φ, h and g as in the proof of Theorem 3 with now $a = 1 - k$. Then again $g: \bar{\mathbb{C}} \to \mathbb{C}$ is a $(1+k)/(1-k)$-quasiconformal mapping and $E = g(\bar{B})$ is a closed k-quasidisk. When $0 < k < 1$, E is the closure of a nonconvex hourglass domain which is symmetric in the coordinate axes and is bounded by two circles which meet in an exterior angle of πa at the points $z = \pm a$.

We require the following sharpened form of inequality (2.1). (See also [11].)

Lemma 2. If $0 < |z - a| \leqq \frac{a}{4} n^{-a}$ and if $p \in P_n$, then

$$\left| \frac{p(z) - p(a)}{z - a} \right| \leqq c n^a \, \| p \|_E, \tag{7.1}$$

where c is a constant which depends only on a.

Proof. By scaling we may assume that $\| p \|_E = 1$. Fix $z \in C \backslash E$ where

$$C = \{z: |z - a| = r\}, \qquad r = \frac{a}{2} n^{-a},$$

and let $w = g^{-1}(z)$. By (5.1)

$$\left| \frac{w-1}{w+1} \right|^a = \left| \frac{z-a}{z+a} \right| \leqq \frac{r}{a} = \frac{n^{-a}}{2},$$

and thus $|w - 1| \leqq \frac{2}{n}$. Since $p \in P_n$ with $\| p \|_E = 1$, (3.3) implies that

$$|w^{-n} p(g(w))| \leqq 1$$

or that

$$|p(z)| \leqq |w|^n \leqq \left(1 + \frac{2}{n}\right)^n < e^2,$$

and we conclude that $|p|$ is bounded by e^2 on C.

If $|z - a| \leqq \frac{r}{2}$, then the Cauchy integral formula applied to p on C yields the bound

$$|p'(z)| \leqq \frac{4e^2}{r} = c n^a, \tag{7.2}$$

and we obtain (7.1) from (7.2) by integration.

For the proof of Theorem 5, let $f(z) = (z - a)^\beta$ in $E \backslash \{a\}$ and $f(a) = 0$. Then f is analytic in $D = \operatorname{int} E$ and in Lip β in E. Next suppose that

$$E_n(f) = o(n^{-\alpha})$$

as $n \to \infty$. Then as in the proof of Theorem 2 we can choose polynomials $u_n \in P_{2^n}$ and a constant M such that

$$\| f - u_n \|_E \leqq M 2^{-n\alpha}, \quad \| f \|_E \leqq M, \qquad n \geqq 0.$$

In addition, given $0 < \varepsilon \leqq \frac{a}{4}$, we can choose an integer $N \geqq 0$ so that

$$\|f - u_n\|_E \leqq \varepsilon 2^{-n\alpha}, \qquad n \geqq N.$$

Then

$$f(z) = \sum_{n=0}^{\infty} v_n(z), \qquad z \in E,$$

where $v_0 = u_0$ and $v_n = u_n - u_{n-1}$, and

$$\|v_n\|_E \leqq \begin{cases} 3M\,2^{-n\alpha}, & n \geqq 0, \\ 3\varepsilon 2^{-n\alpha}, & n \geqq N+1. \end{cases} \tag{7.3}$$

Choose $z \in E$ so that $|z - a| = \varepsilon 2^{-Na}$. Then by (7.1) and (7.3),

$$\sum_{n=0}^{N} |v_n(z) - v_n(a)| \leqq 3Mc \sum_{n=0}^{N} 2^{n(a-\alpha)} |z - a| \leqq M b_1 \varepsilon^{1-\beta} |z - a|^\beta$$

and

$$\sum_{n=N+1}^{\infty} |v_n(z) - v_n(a)| \leqq 6\varepsilon \sum_{n=N+1}^{\infty} 2^{-n\alpha} \leqq b_2 \varepsilon^{1-\beta} |z - a|^\beta,$$

where b_1 and b_2 are constants which depend only on a and α. Thus

$$|z - a|^\beta = |f(z) - f(a)| \leqq (M b_1 + b_2)\varepsilon^{1-\beta} |z - a|^\beta,$$

an inequality which cannot hold for sufficiently small ε. This contradiction establishes (2.8).

References

[1] Belyi, V. I.: Conformal mappings and the approximation of analytic functions in domains with a quasiconformal boundary. Math. USSR Sbornik 31 (1977), pp. 289–317

[2] Cheney, E. W.: Introduction to approximation theory. McGraw-Hill, New York 1966

[3] Gaier, D.: Vorlesungen über Approximation im Komplexen. Birkhäuser Verlag, Basel 1980

[4] Gehring, F. W.: Characteristic properties of quasidisks. Les Presses de l'Université de Montréal 1982

[5] Gehring, F. W.; Hayman, W. K.; Hinkkanen, A.: Analytic functions satisfying Hölder conditions on the boundary. J. Approx. Theory 35 (1982) pp. 243–249

[6] Kühnau, R.: Verzerrungssätze und Koeffizientenbedingungen vom Grunskyschen Typ für quasikonforme Abbildungen. Math. Nach. 48 (1971) pp. 77–105

[7] Martio, O.; Sarvas, J.: Injectivity theorems in plane and space. Ann. Acad. Sci. Fenn. 4 (1978–79) pp. 383–401

[8] Pommerenke, C.: On the derivative of a polynomial. Mich. Math. J. 6 (1959) pp. 373–375

[9] Pommerenke, C.: Über die Faberschen Polynome schlichter Funktionen. Math. Zeit. 85 (1964) pp. 197–208

[10] Pommerenke, C.: Univalent functions. Vandenhoeck and Ruprecht, Göttingen 1975

[11] Szegö, G.: Über einen Satz von A. Markoff. Math. Zeit. 23 (1925) pp. 45–61

[12] Tamrazov, P. M.: The solid inverse problem of polynomial approximation of functions on a regular compactum. Math. USSR Izvestija 7 (1973) pp. 145–162

An Inequality for Riemann Surfaces

By Lipman Bers [1]

1. Introduction

This note contains a proof of an elementary but useful inequality for Riemann surfaces with a finitely generated non-Abelian fundamental group.

We recall that every Riemann surface S with a finitely generated fundamental group may be obtained from a closed Riemann surface of some genus $p \geqq 0$ by removing $\nu \geqq 0$ distinct points (called the *punctures* of S) and $\mu \geqq 0$ disjoint Jordan domains with real analytic boundary curves (called the *ideal boundary curves* of S). The pair $(p, \nu + \mu)$ will be called the *topological type* of S, and the triple (p, ν, μ) its *quasiconformal type.*

If S is not of quasiconformal type $(0, \nu, 0)$ with $\nu = 0, 1, 2$ or $(1, 0, 0)$, then S can be represented as the quotient U/Γ where U is the upper half-plane in the z-plane (viewed as the Poincaré model of the non-Euclidean plane) and Γ a torsion free Fuchsian group acting on U. In this case S carries a unique Poincaré metric (complete conformal metric of curvature (-1)) induced by the Poincaré metric

$$|dz|/\mathrm{Im}\, z$$

in U. This is so, in particular, if the fundamental group of S is not finitely generated or, as we assume from now on, if S is of type (p, n) with

$$a = 2p - 2 + n > 0. \tag{1}$$

This inequality is equivalent to the requirement that the (finitely generated) fundamental group of S be non-Abelian.

A simple closed (Poincaré) geodesic on S will be called a *loop*, an *outer* loop if it can be deformed into an ideal boundary curve of S, and an *inner* loop if it cannot. There are as many outer loops as there are ideal boundary curves, and they are disjoint. The complement of an outer loop C has two components, one of the same quasiconformal type as S, the other (called the *funnel* belonging to C) of quasiconformal type $(0, 0, 2)$.

The complement of all funnels is the *Nielsen core* (also called Nielsen kernel) S_* of S. The relation

$$\text{area of } S_* = 2\pi a \tag{2}$$

follows from the Gauss-Bonnet theorem.

---

[1] This material is based upon work partially supported by the National Science Foundation under Grant no. NSF MCS 78-27119

Every Jordan curve on S can be deformed either into a point, or into a puncture, or into an ideal boundary curve, or into an inner loop. One can draw on S

$$d = 3p - 3 + n \tag{3}$$

(and no more) disjoint inner loops.

All statements made above are well known.

2. Statement of Results

Theorem 1. The length l of the shortest inner loop (if any) on S is bounded from above by a bound depending only on the number a and on the length L of the longest outer loop (if any).

A rather direct consequence is

Theorem 2. There are d disjoint inner loops on S whose lengths do not exceed a bound depending only on the number a and on the length of the longest outer loop (if any).

This estimate is of importance in the theory of moduli. It was conjectured by Mumford (unpublished) for $n = 0$. I announced the result in [2] but did not publish the proof; a sketch of the argument will be found in [1]. Recently Buser [3] gave another proof, for $n = 0$, and obtained some information about the order of magnitude of the bound involved.

Before proving the theorems we collect some needed lemmas. All refer to a Riemann surface S of type (p, n) satisfying (1), but actually hold, sometimes with obvious modifications, for all Riemann surfaces with a Poincaré metric.

3. Lemmas

Lemma 1. Assume that the complement of an inner loop C in S is connected. Then $S - C$ can be represented as a subdomain of a Riemann surface $\hat{S}$ of type $(p - 1, n + 2)$ so that

(i) the Poincaré metrics on S and on $\hat{S}$ have the same restriction to $S - C$;
(ii) the complement of $S - C$ in $\hat{S}$ consists of two outer loops on $\hat{S}$, each of the same length as C, and of the funnels belonging to these loops.

Proof. Let λ denote the length of C and let Γ be the Fuchsian group generated by $z \mapsto e^{\lambda} z$. On the Riemann surface $\Sigma = U/\Gamma$ there is a unique simple closed Poincaré geodesic B of length λ; let F denote one of the two components of $\Sigma - B$. One constructs $\hat{S}$ by attaching, in an obvious way, a copy of $B \cup F$ to each bank of C. The details are left to the reader.

Lemma 2. Assume that the complement of an inner loop C in S has two components S_1 and S_2. Then S_j is of topological type (p_j, n_j) with

$$a_j = 2p_j - 2 + n_j > 0, \quad j = 1, 2 \tag{4}$$

and

$$p_1 + p_2 = p, \quad n_1 + n_2 = n + 2, \quad a_1 + a_2 = a. \tag{5}$$

Also, S_j can be represented as a subdomain of a Riemann surface $\hat{S}_j$ of the same type as S_j so that

(i) The Poincaré metrics on S and on $\hat{S}_j$ have the same restriction to S_j;
(ii) the complement of S_j in $\hat{S}_j$ consists of an outer loop on $\hat{S}_j$, of the same length as C, and of the funnel belonging to this loop.

The proof is similar to that of Lemma 1.

Let P be a puncture on S. A *collar about* P is a doubly connected domain on S bounded by P and a Jordan curve (called the boundary curve of the collar) orthogonal to the pencil of geodesics emanating from P. A collar about P of area β will be called a β-collar.

Lemma 3. The boundary curve of a β-collar about a puncture has length β. Any Jordan curve C which is freely homotopic to P and lies outside this collar has length at least β.

Proof. Represent S as U/Γ (cf. Sect. 1) and assume, since this can be achieved by conjugation, that Γ contains a primitive element $z \to z + 1$, and the canonical map

$$U \to U/\Gamma = S \tag{6}$$

takes vertical lines in U into geodesics emanating from P. This implies that a collar about P is the image under (6) of a region $0 \leqq x < 1$, $y > \eta$ (for some $\eta > 0$) on which (6) is injective. One computes at once that, for a β-collar, $\eta = 1/\beta$.

The boundary curve is the one-to-one image under (6) of the segment $z = x + i/\beta$, $0 \leqq x < 1$, while a Jordan curve C having the properties stated in the lemma is the image of a Jordan arc joining a point z_0 on the imaginary axis to $z_0 + 1$ and lying in the strip $0 < y \leqq 1/\beta$. A trivial calculation shows that the former has length β and the latter length at least β.

Let C_0 be a loop on S. A *collar about* C_0 is a doubly connected domain on S bounded by two Jordan curves (the boundary curves of the collar) each point of which has the same distance from C_0. A collar about C_0 of area 2β (sic) will be called a β-collar.

Lemma 4. The boundary curves of a β-collar about a loop C_0 of length λ_0 have length

$$\lambda = \sqrt{\lambda_0^2 + \beta^2}. \tag{7}$$

Any Jordan curve C which is freely homotopic to C_0 and lies outside this collar has length at least λ.

Proof. Represent S as U/Γ and assume, since this can be achieved by conjugation, that Γ contains a primitive element $z \to e^{\lambda_0} z$ and that C_0 is the image under (6) of the positive imaginary axis. This implies that a collar about C_0 is the image under (6) of a region

$$1 \leqq |z| < e^{\lambda_0}, \quad |\arg z - \tfrac{\pi}{2}| < \theta_0$$

(for some θ_0, $0 < \theta_0 < \frac{\pi}{2}$) on which (6) is injective. Introduce polar coordinates r, θ in U by setting $z = ire^{i\theta}$, $-\frac{\pi}{2} < \theta < \frac{\pi}{2}$. The Poincaré metric in U becomes $\sec^2 \theta [(dr^2/r^2) + d\theta^2]$. One computes that

$$\beta = \lambda_0 \tan \theta_0 .$$

A boundary curve is a one-to-one image under (6) of the segment $1 \leqq r < e^{\lambda_0}$, $\theta = \pm \theta_0$, while a Jordan curve C having the properties stated in the lemma is the image of a Jordan arc joining a point z_0 with $|z_0| = 1$ to a point $z_0 e^{\lambda_0}$ and lying outside the sector $|\theta| < \theta_0$. An easy calculation shows that the former has length

$$\lambda = \lambda_0 \sec \theta_0$$

and the latter length at least λ. The expressions obtained above for λ and for β imply (7).

Lemma 5. A β-collar, about a loop of length λ_0 or about a puncture (in which case we set $\lambda_0 = 0$) contains a γ-collar for every γ, $0 < \gamma < \beta$. Every point on a boundary curve of the former has distance

$$\log \frac{\beta + \sqrt{\beta^2 + \lambda_0^2}}{\gamma + \sqrt{\gamma^2 + \lambda_0^2}}$$

from the boundary of the latter.

The proof is left to the reader.

The following statement is known as the Collar Lemma.

Lemma 6. There is a positive continuous decreasing function $\alpha(t)$, $t \geqq 0$, such that about every loop of length λ_0 there is a β-collar for every $\beta < \alpha(\lambda_0)$ and about every puncture there is a β-collar for every $\beta < \alpha(0)$. Two of these collars, about two disjoint loops, or about a loop and a puncture, or about two distinct punctures, are disjoint.

The best possible value of $\alpha(t)$ is

$$\alpha(t) = \frac{t}{2} \operatorname{csch} \frac{t}{2}. \tag{8}$$

The existence of $\alpha(t)$ for small t has been proved by Keen [5], for all t by Halpern [4]; the sharp formula (8), and an extension to Fuchsian groups with torsion are due to Matelski [7], cf. also Randol [8], Buser [3]. The assertions concerning punctures are contained in the work of Shimizu [9] and Leutbecher [6].

Note that in view of Lemmas 1 and 2 it suffices to prove Lemma 6 for a Riemann surface of type (0, 3); this case can be handled by elementary non-Euclidean geometry.

4. Proof of Theorem 1

There is nothing to prove if $d = 0$ [cf. (3)] which happens only for $(p, n) = (0, 3)$. Assume that $d > 0$, and denote by L the length of the longest outer loop of S; if there are no outer loops, set $L = 0$. Set

$$2\beta = 3\gamma = \alpha(L), \qquad \delta = \log \frac{\beta + \sqrt{\beta^2 + L^2}}{\gamma + \sqrt{\gamma^2 + L^2}}$$

where $\alpha(t)$ is the function in Lemma 6, and

$$2\varepsilon = \min(\gamma, \delta).$$

Then $\varepsilon > 0$ and depends only on L.

Let $B_1, \ldots, B_n$ be the β-collars and $B'_1, \ldots, B'_n$ the γ-collars about the punctures and outer loops of S. Then $B'_j \subset B_j$ and the $B_1, \ldots, B_n$ are disjoint (by Lemma 6). Let S_{**} be the complement of $B_1 \cup \ldots \cup B_n$ in the Nielsen core S_* of S (i.e. $S_{**} = S_* - (B_1 \cup \ldots \cup B_n)$; if $n = 0$, then $S_{**} = S_* = S$). Since $\varepsilon \leqq \delta$, Lemma 5 implies that

$$\text{the } \varepsilon\text{-neighborhood of } S_{**} \text{ lies in } S_*. \tag{9}$$

If there is on S an inner loop of length not exceeding 2ε, the assertion of Theorem 1 is valid for S, the desired bound being 2ε. We assume there is no such loop. Then

$$\text{every point in } S_{**} \text{ is the center of a (Poincaré) disc on } S \text{ of radius } \varepsilon. \tag{10}$$

Indeed, assume a point Q in S_{**} does not have this property. Then there is a Jordan curve C, beginning and ending at Q, which consists of two geodesic segments, each of length ε', $0 < \varepsilon' \leqq \varepsilon$. This C lies in S_{**}.

Represent S as U/Γ (cf. Sect. 1) and lift C to a point $z_0 \in U$ which is mapped by (6) onto Q. We obtain a Jordan arc with endpoints z_0 and $z_1 \neq z_0$, and there is a $g \in \Gamma$ with $g(z_0) = z_1$. If g were parabolic, C could be deformed into a puncture, but this is impossible by Lemma 3, since $2\varepsilon \leqq \beta$ and C is of length $2\varepsilon'$. Thus g is hyperbolic and C can be deformed into a closed geodesic C_0 of length not exceeding $2\varepsilon' < 2\varepsilon$ (the image of the axis of g under (6)). Since C is a Jordan curve, so is C_0. By Lemma 4, C_0 cannot be an outer loop, since $2\varepsilon' < \beta$. Thus C_0 is an inner loop, but this contradicts our assumptions. Hence (10) holds.

Assume now that the genus p of S is positive. Then there are closed curves on S which are not homologous to 0 modulo the boundary of S; call such curves essential. There must be essential inner loops, and among them one, call it C_0, of minimum length λ_0. By Lemma 6, C_0 lies in S_{**}.

Set $m = [\lambda_0/3\varepsilon]$. There are points $Q_1, \ldots, Q_m$ on C_0 such that the length of an arc of C_0 between any two of them is at least 3ε. We claim that the distance between any two exceeds 2ε. Indeed, if it were not so, the cycle represented by C_0 would be the sum of two cycles, each represented by a closed curve of length less than λ_0. At least one of these curves would have to be essential, and this would imply the existence of an essential inner loop of length $\lambda_1 < \lambda_0$, contradicting the extremal property of C_0.

By (10) every point Q_j is the center of a disc of radius ε and thus of area $4\pi \sinh^2(\varepsilon/2)$. By what was proved above these discs are disjoint, and by (9) they lie in S_*. Recalling (2) we conclude that

$$m \leqq \frac{a}{2} \operatorname{csch}^2 \frac{\varepsilon}{2}.$$

Since

$$\lambda_0 \leqq 3\varepsilon(m+1)$$

by the definition of m, and since λ_0 is an upper bound for the length l of the shortest inner loop, the assertion of Theorem 1 is verified in the case considered, i.e. for $p > 0$.

Assume next that $p = 0$. Note that $n > 3$, cf. (2) and (3), and recall that $d > 0$. Now S is a plane domain of connectivity n, and S_{**} a subdomain of the same connectivity, bounded by the disjoint Jordan curves $K_1, \dots, K_n$ (boundary curves of the β-collars $B_1, \dots, B_n$). By Lemmas 3 and 4,

$$\text{length of } K_j \leqq \sqrt{\beta^2 + L^2}, \quad j = 1, \dots, n;$$

this bound depends only on L.

A simple argument shows that among all curves in S joining a K_i to a K_j, $i \neq j$, $1 \leqq i, j \leqq n$, there is at least one, call it C_0, of minimum length λ_0. This C_0 cannot intersect any of the curves $K_1, \dots, K_n$ for otherwise it could be replaced by a shorter one. Hence it lies in S_{**}. It is clearly a geodesic arc. For the sake of definiteness assume that it joins K_1 to K_2. Reasoning exactly as before we obtain a bound for λ_0 depending only on a and L.

There is a Jordan curve C_1 which separates $B_1 \cup B_2$ from $B_3 \cup \dots \cup B_n$, lies arbitrarily close to $C_0 \cup K_1 \cup K_2$ and has length arbitrarily close to

$$\lambda_1 = 2\lambda_0 + 2\sqrt{\beta^2 + L^2}.$$

Hence there is an inner loop on S of length not exceeding λ_1. Since $l \leqq \lambda_1$, the assertion of Theorem 1 holds also for $p = 0$.

5. Proof of Theorem 2

We assume, without less of generality, that the bound for l in Theorem 1 increases with a and with L.

All ordered pairs of nonnegative integers p and n satisfying (1) can be arranged into a sequence by requiring that $(p' n')$ precede (p, n) if and only if either

$$a' = 2p' - 2 + n' < 2p - 2 + n = a$$

or

$$a' = a \quad \text{and} \quad p' < p.$$

The first term of the sequence is $(0, 3)$; for Riemann surfaces of this type Theorem 2 is trivially true. We prove it for a Riemann surface S of type (p, n) assuming it has been established for all preceding types.

By Theorem 1, there is on S an inner loop C whose length l can be estimated in terms of a and L, the length of the longest outer loop on S.

Assume first that $S - C$ is connected. As in Lemma 1, we identify $S - C$ with a subdomain of a Riemann surface $\tilde{S}$ of type $(p-1, n+2)$. This type precedes (p, n). The length of the longest outer loop on $\tilde{S}$ is $L' = \max(l, L)$. By the induction hypothesis there are

$$d_1 = 3(p-1) - 3 + n + 2 = d - 1$$

disjoint inner loops on $\tilde{S}$ whose lengths can be estimated in terms of a and L.

Assume next that $S - C$ has two components, S_1 and S_2. As in Lemma 2, we identify S_j with a subdomain of a Riemann surface $\tilde{S}_j$ of type (p_j, n_j), $j = 1, 2$. In view of (4) and (5), the type (p_j, n_j) precede (p, n). The length of the longest outer loop on S_j does not exceed $\max(l, L)$, so that, by the induction hypothesis, there are

$$d_j = 3p_j - 3 + n_j$$

disjoint inner loops on $\tilde{S}_j$ (and actually on $(\tilde{S}_j)_*$ and thus on S_j) whose lengths can be estimated in terms of $\max(l, L)$ and a_j and hence also in terms of L and $a_1 + a_2 = a$. Together with C we obtain

$$d_1 + d_2 + 1 = d$$

disjoint inner loops on S with the required property.

References

[1] Abikoff, W.: The Real Analytic Theory of Teichmüller Space. LNM, 820 (1980), Springer

[2] Bers, L.: Spaces of Degenerating Riemann surfaces. In: Discontinuous Groups and Riemann Surfaces (L. Greenberg, ed.), Ann. of Math. Studies 79 (1974), Princeton Univ. Press and Univ. of Tokyo Press

[3] Buser, P.: Riemannsche Flächen und Längenspektrum vom trigonometrischen Standpunkt aus. Habilitationsschrift, Bonn (1980)

[4] Halpern, N.: Some contributions to the theory of Riemann surfaces. Thesis, Columbia (1978)

[5] Keen, L.: Collars on Riemann surfaces. In: Discontinuous Groups and Riemann Surfaces (L. Greenberg, ed.), Ann. of Math. Studies 79 (1974), Princeton Univ. Press and Univ. of Tokyo Press

[6] Leutbecher, A.: Über Spitzen diskontinuierlicher Gruppen von lineargebrochenen Transformationen. Math. Z. 100 (1967), 183–200

[7] Matelski, J. P.: A compactness theorem for Fuchsian groups of the second kind. Duke Math. J. 43 (1976), 829–840

[8] Randol, B.: Cylinders in Riemann Surfaces. Comment. Math. Helv. 54 (1979), 1–5

[9] Shimizu, H.: On discontinuous groups operating on the product of the upper half-planes. Ann. of Math. 10 (1966), 126–164

Extremal Kähler Metrics II

By Eugenio Calabi [1]

Abstract

Given a compact, complex manifold M with a Kähler metric, we fix the deRham cohomology class Ω of the Kähler metric, and consider the function space $\mathscr{G}_\Omega$ of all Kähler metrics in M in that class. To each $(g) \in \mathscr{G}_\Omega$ we assign the non-negative real number $\Phi(g) = \int_M R_g^2 \, dV_g$ (R_g = scalar curvature, dV_g = volume element). Aiming to find a $(g) \in \mathscr{G}_\Omega$ that minimizes the function Φ, we study the geometric properties in M of any $(g) \in \mathscr{G}_\Omega$ that is a critical point of Φ, with the following results.

1) Any metric (g) that is a critical point of Φ is necessarily invariant under a maximal compact subgroup of the identity component $\mathfrak{H}_0(M)$ of the complex Lie group of all holomorphic automorphisms of M.
2) Any critical metric $(g) \in \mathscr{G}_\Omega$ of Φ achieves a local minimum value of Φ in $\mathscr{G}_\Omega$; the component of (g) in the critical set of Φ coincides with the orbit of (g) under the action of the group $\mathfrak{H}_0(M)$, it is diffeomorphic to an open euclidean ball, and the critical set is always non-degenerate in the sense of $\mathfrak{H}_0(M)$-equivariant Morse theory.
3) If there exists a $(g) \in \mathscr{G}_\Omega$ with constant scalar curvature R, then it achieves an absolute minimum value of Φ; furthermore every critical metric in $\mathscr{G}_\Omega$ has constant R, and achieves the same value of Φ.
4) Whenever the existence of a critical Kähler metric (g) can be guaranteed (i.e., always, according to a conjecture [2]), then Futaki's obstruction determines a necessary and sufficient condition for the existence of a $(g) \in \mathscr{G}_\Omega$ with constant scalar curvature.

1. Introduction

The previous article with the same title [2] introduces the following variational problem. We consider a compact, connected, complex n-dimensional manifold M

---

[1] Research supported by NSF Grant No. MCS 81-15107 and by the Institute for Advanced Study, Princeton, NJ.

[2] (Added in proof) This conjecture has just been disproved by a class of counterexamples due to M. Levine [6]

without boundary, and assume that M admits a Kähler metric, locally expressible in the form

$$(g)\colon ds^2 = 2 g_{\alpha\bar\beta}\, dz^\alpha\, d\overline{z^\beta};$$

we fix the deRham cohomology class Ω of the real valued, closed exterior (1, 1)-form

$$\omega = \sqrt{-1}\; g_{\alpha\bar\beta}\, dz^\alpha \wedge d\overline{z^\beta}$$

associated to (g), and denote by $\mathcal{G}_\Omega$ the function space of all differentiable Kähler metrics (g) with $\omega \in \Omega$. In this function space we introduce the (non-negative) real-valued functional Φ, which assigns to each (g) the integral

$$\Phi(g) = \int_M R^2\, dV, \tag{1.1}$$

where $dV = dV_g = (\sqrt{-1})^n \det(g_{\lambda\bar\mu}) \bigwedge_{\alpha=1}^{n} (dz^\alpha \wedge d\overline{z^\alpha})$ denotes the volume element in M associated with (g) and

$$R = -\, g^{\alpha\bar\beta} \frac{\partial^2}{\partial z^\alpha\, \partial \overline{z^\beta}} \log\det(g_{\lambda\bar\mu})$$

the scalar curvature.

The variational problem introduced in [2] is that of minimizing the functional $\Phi(g)$ over all $(g) \in \mathcal{G}_\Omega$. A preliminary justification for considering this problem is the fact that, as (g) varies in $\mathcal{G}_\Omega$, both the total volume

$$V = V_g = \int_M dV$$

and the total scalar curvature

$$S_g = \int_M R\, dV$$

remain constant; thus, by virtue of the Schwartz inequality, the function $\Phi(g)$ has a non-negative lower bound S_g^2/V_g; the latter can be achieved, if and only if there exists a $g \in \mathcal{G}_\Omega$ with constant scalar curvature. It is known that this is not always the case, so that any Euler-Lagrange equation should include not only $R = \text{const}$ as a solution, but also a more general conditions, to include the cases where there is an obstruction to constant R.

The Euler-Lagrange equation, characterizing metrics $(g) \in \mathcal{G}_\Omega$ that are critical points of Φ, was described in [2] and its derivation is briefly outlined in the next section; it takes the following form: for any real or complex valued function φ on M, denote by $\uparrow\bar\partial\varphi$ the differentiable section in the holomorphic tangent bundle T'_M of M, locally represented by

$$\uparrow\bar\partial\varphi = \left(g^{\alpha\bar\mu} \frac{\partial\varphi}{\partial\overline{z^\mu}}\right) \frac{\partial}{\partial z^\alpha},$$

and denote by L the second order differential operator

$$L\varphi = \bar\partial \uparrow \bar\partial\varphi = \frac{\partial}{\partial\overline{z^\beta}} \left(g^{\alpha\bar\mu} \frac{\partial\varphi}{\partial\overline{z^\mu}}\right) \frac{\partial}{\partial z^\alpha} \otimes d\overline{z^\beta}. \tag{1.2}$$

Thus $L\varphi$ is a cross section in the vector bundle $T'_M \otimes A_M^{0,1}$, where $A_M^{p,q}$ is the bundle of complex valued exterior (p,q)-forms in M, and $L\varphi = 0$, if and only if $\uparrow \bar{\partial} \varphi$ is a holomorphic section in T'_M. It is convenient to introduce also the formal adjoint operator L^* of L with respect to the hermitian metric (g); thus L^* is a map from $\Gamma_M(T'_M \times A_M^{0,1})$ into $\Gamma(A_M^{0,0})$, where $\Gamma_M(E)$ denotes the $A_M^{0,0}$-module of differentiable sections over M in any vector bundle E. The Euler-Lagrange equation then takes the form

$$L^* LR = 0, \tag{1.3}$$

whose global solutions, in a compact manifold M without boundary, automatically satisfy the equation $LR = 0$.

The existence of an extremal metric in $\mathscr{G}_\Omega$, that is to say of a metric (g) for which $\Phi(g)$ assumes its minimum possible value in $\mathscr{G}_\Omega$, is not yet proved for all possible pairs (M, Ω); however, its existence in a fairly wide collection of special cases, and other heuristic reasons, lead us to believe in its general validity. The purpose of this paper is to describe general properties of *critical* Kähler metrics (g), that is to say metrics $(g) \in \mathscr{G}_\Omega$ that are critical points of the function Φ. Such a description serves several purposes; it may first of all suggest methods of attacking the existence problem of a minimizing metric by furnishing some useful estimates; it provides some very explicit information about the structure of the group $\mathfrak{H}(M)$ of all holomorphic transformation of M, and especially of its identity component $\mathfrak{H}_0(M)$; finally the results of the study of the local behavior of the function Φ at or near the critical points are likely to be extended to the total function space $\mathscr{G}_\Omega$. At a later stage it will also be interesting to investigate how the minimum value behaves as Ω itself varies in the open cone of Kähler classes in M, or perhaps even on the cone's boundary, corresponding to classes of degenerate Kähler metrics, or (by varying also the complex structure of M) on neighboring Kählerian structures.

We list below some of the important results of this paper.

Theorem 1. Let M be a closed, Kählerian manifold, Ω a given Kähler class on M, and $(g) \in \mathscr{G}_\Omega$ a Kähler metric that is a critical point of the function Φ. Then one can define in terms of (g) a unique semidirect sum splitting of the Lie algebra $\mathfrak{h}(M)$ of all holomorphic tangent vector fields of M as follows,

$$\mathfrak{h}(M) = \mathfrak{a}(M) \oplus \mathfrak{h}'(M), \tag{1.4}$$

where $\mathfrak{a}(M)$ is the Lie subalgebra of $\mathfrak{h}(M)$ consisting of the autoparallel, holomorphic vector fields of M, and $\mathfrak{h}'(M)$ is the Lie algebra ideal in $\mathfrak{h}(M)$ consisting of the image under $\uparrow \bar{\partial}$ of the kernel of L in $\Gamma_M(A^{(0,0)})$. The ideal $\mathfrak{h}'(M)$ contains the derived Lie algebra of $\mathfrak{h}(M)$.

The above theorem generalizes to metrics satisfying (1.3) a similar decomposition, first discovered by Y. Matsushima [5] in the case of Einstein-Kähler manifolds, and then by A. Lichnérowicz [4] in the case of Kähler manifolds with constant R.

Corollary. Let M be a closed Kähler manifold, $\mathfrak{A}_M$ its Albanese torus with is structural map $J: M \to \mathfrak{A}_M$, $\mathfrak{H}_0(M)$ the identity component of the group $\mathfrak{H}(M)$ of all holomorphic transformations of M, $J_*: \mathfrak{H}(M) \to \mathfrak{H}(\mathfrak{A}_M)$ the induced holomorphic homomorphism of the respective transformation groups. Then, if M admits a critical Kähler metric $(g) \in \mathscr{G}_\Omega$ for some given Kähler class Ω, the decomposition (1.4) of the Lie algebra $\mathfrak{h}(M)$ of $\mathfrak{H}_0(M)$ induces the following decomposition of $\mathfrak{H}_0(M)$: the Lie subgroup $\mathfrak{A}'_M \subset \mathfrak{H}_0(M)$ generated by $\mathfrak{a}(M)$ is a complex torus, in which the homomorphism J_* has a kernel of finite order, while the total kernel $\mathfrak{H}'(M)$ of J_* in $\mathfrak{H}_0(M)$ has at most finitely many components, of which the one containing the identity is the group generated by $\mathfrak{h}'(M)$.

The above corollary is likely to be valid without assuming the existence of an extremal Kähler metric, at least in the case of non-singular, projective algebraic varieties; in that case, however, the decomposition statement would be existential, rather than explicit.

The open subgroup $\mathfrak{H}_\Omega(M)$ of $\mathfrak{H}(M)$ consisting of all holomorphic transformations of M preserving the Kähler class Ω has $\mathfrak{H}_0(M)$ as its identity component; it has a natural action on the function space $\mathscr{G}_\Omega$ of Kähler metrics, and thus can be regarded as the "gauge group" action for the variational problem of minimizing Φ, since the value of Φ is invariant under the action of $\mathfrak{H}_\Omega(M)$. The isotropy subgroup of this action for any Kähler metric $(g) \in \mathscr{G}_\Omega$ is the group $\mathfrak{I}_H(M,(g))$ of the holomorphic isometries of $(M,(g))$, which, for generic (g) is the trivial group. Thus the orbit of each $(g) \in \mathscr{G}_\Omega$ under the action of $\mathfrak{H}_\Omega(M)$ has $2\dim_{\mathbf{C}} \mathfrak{H}_\Omega(M) - \dim_{\mathbf{R}} \mathfrak{I}_H(M,(g))$ dimensions. Since the maximum dimension of $\mathfrak{I}_H(M,(g))$ for all possible $(g) \in \mathscr{G}_\Omega$ is that of any maximal, compact subgroup of $\mathfrak{H}_\Omega(M)$, one obtains for any (M,Ω) (in fact, independently of Ω) a lower bound for the dimension of the orbit of any (g). A consequence of the next two theorems is, in fact, that any critical Kähler metric in $\mathscr{G}_\Omega$ achieves this lower bound: in other words, each critical Kähler metric includes in its holomorphic isometry group the identity component (at least) of a maximal compact subgroup of $\mathfrak{H}_\Omega(M)$.

Theorem 2. The hessian form of Φ in $\mathscr{G}_\Omega$ at any critical point (g), that is to say the second variation of Φ, is positive semidefinite with finite co-rank. More precisely, let $(g)_t$ be any smooth, regular family of Kähler metrics in $\mathscr{G}_\Omega$, depending on a real parameter t, such that, for $t = 0$, $(g)_0$ is a critical point of Φ. Then $\left.\dfrac{d^2\Phi[(g)_t]}{dt^2}\right|_{t=0} \geqq 0$, and is > 0 whenever the path $(g)_t$ at $t = 0$ is transversal to the orbit of $(g)_0$ under the action of the group $\mathfrak{H}_0(M)$. Consequently, the orbit of $(g)_0$ under the action of $\mathfrak{H}_0(M)$ coincides with the component of $(g)_0$ in the critical set of Φ, and with the component of $(g)_0$ in the level set of $(g)_0$ for the function Φ.

The final statement says, in other words, that every critical metric (g) achieves a local, non-degenerate minimum value of Φ relative to the action of the gauge group $\mathfrak{H}_\Omega(M)$.

Perhaps the most remarkable property of the critical Kähler metrics is that they automatically exhibit essentially the greatest degree of symmetry compatible with the complex structure of M. This is stated formally as follows.

Theorem 3. For any critical Kähler metric (g) in a compact, complex manifold M, the identity component of the holomorphic isometry group $\mathfrak{I}_{H,0}(M,g)$ coincides with a maximal compact, connected subgroup of the group of holomorphic transformations $\mathfrak{H}(M)$ of M.

Corollary. Each connected component in $\mathscr{G}_\Omega$ of the critical set of the functional Φ is an imbedded submanifold, diffeomorphic to a finite dimensional euclidean space, and homogeneous under the action of the identity component subgroup $\mathfrak{H}_0(M)$ of the group $\mathfrak{H}(M)$ of all holomorphic transformations of M.

The fourth and last section includes an application to our theory of a recent result by A. Futaki [3] and S. Bando [1], describing an obstruction to the existence of a Kähler metric with constant scalar curvature.

Theorem 4. In any function space $\mathscr{G}_\Omega$ of Kähler metrics in M in a fixed Kähler class Ω, the existence of a Kähler metric (g) with $R = \text{const}$ and of another one, also critical for Φ but with R not constant, are mutually exclusive. In other words, if for each pair (M, Ω) there is a Kähler metric minimizing (g), then Futaki's obstruction to the existence of a $(g) \in \mathscr{G}_\Omega$ with $R = \text{const}$ is not only a necessary condition but also a sufficient one.

An example is available, showing that Futaki's condition for the existence of a metric with $R = \text{const}$ is satisfied for some Kähler classes, while for others it is not, so that the question, whether an extremal Kähler metric for the functional Φ satisfies $R = \text{const}$ or not (assuming, of course, that such a metric exists), can not necessarily be determined solely by the complex structure of the manifold M.

In addition to the main problem of existence of an extremal Kähler metric in each $\mathscr{G}_\Omega$, there are several obvious questions arising in connection with the variational problem itself; we may mention some of the most conspicuous ones: whether the critical value of the functional Φ is unique in each case; whether it necessarily corresponds to the globally minimum value of Φ; and finally, whether the critical set is always a connected manifold. Each of these questions, as well as the existence question, would be settled affirmatively, if one could show that, under a suitable topology on the function space $\mathscr{G}_\Omega$, the function Φ could be treated as a Morse function invariant under $\mathfrak{H}_\Omega(M)$. It is more conceivable, however, that, by using other methods, one may find partial solutions to these problems and by doing so gain more insight in the rest.

2. Decomposition Theorems for Critical Kähler Manifolds

We will recall some notations from the introductory section and introduce some new ones, while reviewing some elementary, well known facts. Throughout this article M denotes a fixed, compact, connected, complex n-dimensional, nonsingular manifold without boundary; we assume that M admits a Kähler metric denoted by (g), while Ω denotes the deRham class of the associated (1.1)-form, also called the Kähler class of (g). We denote by $\mathscr{G}_\Omega$ the function space of all Kähler metrics (g) in the Kähler class Ω. For any other Kähler metric $(g') \in \mathscr{G}_\Omega$, represented by the local components $g'_{\alpha\bar{\beta}}$, there exists a real valued function $u\colon M \to \mathbf{R}$, unique up to an additive constant, called the Kähler distortion potential from (g) to (g'), such that

$$g'_{\alpha\bar\beta} = g_{\alpha\bar\beta} + \frac{\partial^2 u}{\partial z^\alpha \, \partial \overline{z^\beta}}.$$

Given any Kähler metric $(g) \in \mathscr{G}_\Omega$, it defines the following objects, in which the dependence on (g) may be indicated as a subscript when necessary, but usually omitted whenever convenient:

a) the Laplace-Beltrami operator $\Delta = \Delta_g$,

$$\Delta\varphi = g^{\alpha\bar\beta} \frac{\partial^2 \varphi}{\partial z^\alpha \, \partial \overline{z^\beta}} = \varphi_{,\alpha}{}^{\alpha} = \varphi^{,\alpha}{}_{\alpha}$$

(here we denote covariant or contravariant derivatives by lower or upper indices following a comma, read from left to right; the summation convention is assumed throughout);

b) the first-order complex derivation $\uparrow\bar\partial$, where

$$\uparrow\bar\partial\varphi = g^{\alpha\bar\mu} \frac{\partial\varphi}{\partial \overline{z^\mu}} \frac{\partial}{\partial z^\alpha} = \varphi^{,\alpha} \frac{\partial}{\partial z^\alpha};$$

c) the second order operator L,

$$L\varphi = \bar\partial \uparrow \bar\partial\varphi = \frac{\partial}{\partial \overline{z^\beta}}\left(g^{\alpha\bar\mu}\frac{\partial\varphi}{\partial \overline{z^\mu}}\right)\frac{\partial}{\partial z^\alpha} \otimes d\overline{z^\beta} = \varphi^{,\alpha\lambda} g_{\lambda\bar\beta} \frac{\partial}{\partial z^\alpha} \otimes d\overline{z^\beta};$$

thus L is an operator from the sheaf of sections in $A_M^{0,0}$ (complex valued functions) to that of sections in $T'_M \otimes A_M^{0,1}$ (holomorphic-tangent-vector-valued (0, 1)-forms);

d) The adjoint operator L^* of L, from germs of sections in $T'_M \otimes A_M^{0,1}$ to those of $A_M^{0,0}$:

$$\begin{aligned} L^*\left(\psi^\alpha{}_{\bar\beta} \frac{\partial}{\partial z^\alpha} d\overline{z^\beta}\right) &= g^{\gamma\bar\beta} \psi^\alpha{}_{\bar\beta,\gamma\alpha} \\ &= g^{\lambda\bar\mu} \frac{\partial}{\partial z^\lambda}\left[g^{\gamma\bar\beta} \frac{\partial}{\partial z^\gamma}(g_{\alpha\bar\mu}\psi^\alpha{}_{\bar\beta})\right]; \end{aligned}$$

e) The composite operator $D = L^* L$; this is a complex valued, self-adjoint operator on real or complex valued functions; it can be expressed in various ways, using the Ricci identities: for instance

$$\begin{aligned} D\varphi &= \varphi^{,\alpha\beta}{}_{\beta\alpha} = \varphi^{,\alpha\beta}{}_{\alpha\beta} = \varphi^{,\alpha}{}_{\alpha}{}^{\beta}{}_{\beta} + (\varphi^{,\alpha} R_\alpha{}^\beta)_{,\beta} \\ &= \Delta^2\varphi + \varphi^{,\alpha\bar\beta} R_{\alpha\bar\beta} + \varphi^{,\beta} R_{,\beta}, \end{aligned} \tag{2.1}$$

where $R_{\alpha\bar\beta} = -\dfrac{\partial^2}{\partial z^\alpha \, \partial \overline{z^\beta}} \log\det(g_{\lambda\bar\mu})$ represents the covariant components of the Ricci tensor, and $R_\alpha{}^\beta = g^{\beta\bar\mu} R_{\alpha\bar\mu}$ the mixed tensor components. Alternatively, when the dependence of D on (g) must be explicitly emphasized, we may write in the displayed form

$$D\varphi = g^{\alpha\bar{\nu}} \frac{\partial}{\partial z^\alpha} \left\{ g^{\beta\bar{\gamma}} \frac{\partial}{\partial z^\beta} \left[g_{\lambda\bar{\nu}} \frac{\partial}{\partial \overline{z^\gamma}} \left(g^{\lambda\bar{\mu}} \frac{\partial \varphi}{\partial \overline{z^\mu}} \right) \right] \right\}. \tag{2.2}$$

f) The conjugate complex operator $\bar{D}$ of D is also used; it is defined by $\bar{D}\varphi = \overline{(D\bar{\varphi})} = \varphi_{,\alpha\beta}{}^{\beta\alpha}$, and, like D, can be similarly expressed in several equivalent ways.

The hermitian product between two global cross sections over M in the same hermitian, complex vector bundle is denoted by round parentheses. Thus, for instance, for any two functions φ, ψ

$$(\varphi, \psi) = \int_M \varphi(z,\bar{z})\, \overline{\psi(z,\bar{z})}\, dV$$

and

$$\begin{aligned}(L\varphi, L\psi) &= \int_M \varphi^{,\alpha}{}_{\bar{\beta}}\, \overline{(\psi^{,\lambda}{}_{\bar{\mu}})}\, g_{\alpha\bar{\lambda}}\, g^{\mu\bar{\beta}}\, dV \\ &= \int_M \varphi^{,\alpha\beta} (\bar{\psi})_{,\alpha\beta}\, dV = (D\varphi, \psi) = (\varphi, D\psi).\end{aligned} \tag{2.3}$$

The last identity with $\psi = \varphi$ shows that D is a positive semidefinite, self-adjoint operator on functions in M, and $D\varphi = 0$ only if $L\varphi = 0$, i.e. if $\uparrow \bar{\partial}\varphi$ is a holomorphic vector field.

The relation (2.1) between the operator D and Δ^2 shows also that D, and hence also L, are strongly elliptic operators; using the analogous relation between $\bar{D}$ and Δ^2, and taking the difference between the two respective parts, one obtains following comparison between $\bar{D}$ and D:

$$(\bar{D} - D)\varphi = R^{,\alpha}\varphi_{,\alpha} - R_{,\alpha}\varphi^{,\alpha}; \tag{2.3'}$$

this relation implies immediately the following lemma due to A. Lichnérowicz [4].

Lemma 2.1. The operators D and $\bar{D}$ coincide, if and only if the scalar curvature R is constant. Moreover, in the special case where $\varphi = R$, $DR = \bar{D}R$ for any Kähler metric.

To any *real* valued function φ on M we associate the tangent vector field δ_φ in the function space manifold $\mathscr{G}_\Omega$, that assigns to each $g \in \mathscr{G}_\Omega$ the infinitesimal variation

$$\delta_\varphi(g) = 2 \frac{\partial}{\partial t}\bigg|_{t=0} \left(g_{\alpha\bar{\beta}} + t \frac{\partial^2 \varphi}{\partial z^\alpha\, \partial \overline{z^\beta}} \right) dz^\alpha\, d\overline{z^\beta} = 2 \frac{\partial^2 \varphi}{\partial z^\alpha\, \partial \overline{z^\beta}}\, dz^\alpha\, d\overline{z^\beta}.$$

It is clear that, for any two real valued functionals φ, ψ on M, the associated vector fields δ_φ and δ_ψ on $\mathscr{G}_\Omega$ commute; further calculations yield the following identities

$$\delta_\varphi(dV) = \Delta\varphi\, dV = \varphi^{,\alpha}{}_\alpha\, dV, \tag{2.4}$$

$$\delta_\varphi(R) = -\Delta^2\varphi - \varphi^{,\alpha\bar{\beta}} R_{\alpha\bar{\beta}} = -D\varphi + \varphi^{,\alpha} R_{,\alpha} = -\bar{D}\varphi + \varphi_{,\alpha} R^{,\alpha}, \tag{2.5}$$

and hence

$$\begin{aligned}\delta_\varphi(\Phi(g)) &= \int_M (2R\, \delta_\varphi(R) + R^2 \Delta\varphi)\, dV = \int_M (-2R\, D\varphi + (R^2 \varphi^{,\alpha})_{,\alpha})\, dV \\ &= -2(D\varphi, R) = -2(\varphi, DR).\end{aligned} \tag{2.6}$$

This last identity shows that $DR = 0$ is precisely the Euler-Lagrange equation characterizing Kähler metrics (g) that are critical points for the function Φ on $\mathcal{G}_\Omega$. Equation (2.3) specialized to the case $\varphi = \psi = R$, shows that $DR = 0$ is equivalent to the equation $LR = 0$, or to the property that $\uparrow \bar\partial R$ is a holomorphic vector field. We can now proceed to prove the first decomposition theorem.

Proof of Theorem 1. We assume that a certain metric $(g) \in \mathcal{G}_\Omega$ on M has the property that its scalar curvature R satisfies $R^{\cdot\alpha\beta} = 0$. Let $X = X^\alpha \dfrac{\partial}{\partial z^\alpha}$ be any holomorphic, tangent vector field on M, and denote by $\downarrow$ the bijective, **C**-linear vector bundle homomorphism of T'_M onto $A_M^{0,1}$ determined by the metric, and by $\uparrow$ the inverse mapping. Consider the Hodge decomposition of the $(0,1)$-form $\downarrow X = X_{\bar\beta}\, d\overline{z^\beta}$, $X_{\bar\beta} = g_{\alpha\bar\beta} X^\alpha$, consisting of the two parts

$$X_{\bar\beta}\, d\overline{z^\beta} = (HX)_{\bar\beta}\, d\overline{z^\beta} + X'_{\bar\beta}\, d\overline{z^\beta},$$

where $(HX)_{\bar\beta}\, d\overline{z^\beta} = H \downarrow X$ is a harmonic $(0,1)$-form, i.e. a closed, conjugate-holomorphic 1-form, and $X'_{\bar\beta}\, d\overline{z^\beta}$ a $\bar\partial$-exact one: this means that there exists a complex valued function ψ on M, unique up to an additive constant, such that $X'_{\bar\beta} = \partial\psi/\partial\overline{z^\beta}$; applying $\uparrow$ to both sides, we have

$$X = \uparrow HX + \uparrow \bar\partial \psi. \tag{2.7}$$

Since X is annihilated by $\bar\partial$, we can express $D\psi = L^* \bar\partial \uparrow \bar\partial \psi$ as follows:

$$\begin{aligned} D\psi &= -L^* \bar\partial(\uparrow HX) = -g^{\alpha\bar\beta}(HX)_{\bar\beta}{}^{\cdot\gamma}{}_{\gamma\alpha} \\ &= -g^{\alpha\bar\beta}(HX)_{\bar\beta}{}^{\cdot\gamma}{}_{\alpha\gamma} = -g^{\alpha\bar\beta}((HX)_{\bar\beta,\alpha}{}^{\gamma}{}_{\gamma} + ((HX)_{\bar\tau} R^{\bar\tau}{}_{\bar\beta}{}^{\gamma}{}_{\alpha})_{,\gamma}) \end{aligned}$$

where $(HX)_{\bar\beta,\alpha} = 0$ identically, since (HX) is conjugate-holomorphic. Thus

$$D\psi = -((HX)_{\bar\tau} R^{\bar\tau\gamma})_{,\gamma} = -(HX)_{\bar\tau} R^{\cdot\bar\tau}.$$

The last expression $(HX)_{\bar\tau} R^{\cdot\bar\tau}$ is the inner product of a conjugate-holomorphic $(0,1)$-form and a conjugate-holomorphic section in the tangent bundle; therefore $(HX)_{\bar\tau} R^{\cdot\bar\tau}$ is a complex constant; but $D\psi$ can be written as a divergence, so that $\int_M D\psi \, dV = 0$ identically; therefore $D\psi$, being constant, is identically zero. Thus $\uparrow \bar\partial\psi$ is a holomorphic vector field, and so is $\uparrow HX$; the latter statement means that $(HX)_{\bar\beta,\bar\tau} = 0$; however, we have also $(HX)_{\bar\beta,\gamma} = 0$, since the $(0,1)$-form HX is conjugate-holomorphic, so that the complex vector field $\uparrow HX$ is an autoparallel vector field. It is clear that the decomposition (2.7) is unique; therefore (1.4) represents a decomposition of modules into a direct sum. It is easy to verify now that the Lie "bracket" products of the parts (1.4) of the decomposition satisfy the following relations:

$$[\mathfrak{a}(M), \mathfrak{a}(M)] = \{0\}$$
$$[\mathfrak{h}(M), \mathfrak{h}(M)] \subset \mathfrak{h}'(M):$$

the latter identity is verified by considering any two holomorphic vector fields X, Y and their respective decompositions

$$X = \uparrow HX + \uparrow \bar\partial\psi, \qquad Y = \uparrow HX + \uparrow \bar\partial\eta$$

just established; one verifies then that the holomorphic vector field $[X, Y]$ can be expressed by

$$[X, Y] = \uparrow \bar{\partial}(X^\beta \eta_{,\beta} - Y^\beta \psi_{,\beta}).$$

This completes the proof of Theorem 1. This proof follows essentially the same idea as Lichnérowicz's in the special case $R = \text{const}$ [4].

Proof of the Corollary of Theorem 1. We recall that the Albanese torus of a Kähler manifold M has the following definition. Let $2q$ be the first Betti number of M with real coefficients, i.e., $q = \dim_{\mathbf{C}} H^{1,0}(M, \mathbf{C})$; let $(\gamma_1, \gamma_2, \ldots, \gamma_{2q})$ be a set of 1-cycles in M representing a system of generators of $H_1(M, \mathbf{Z})$ modulo the torsion subgroup, and $(\omega_1, \ldots, \omega_q)$ a basis for the holomorphic (necessarily closed) 1-forms in M. Then $\mathfrak{A}_M$, the Albanese torus of M, is the complex torus group manifold consisting of $\mathbf{C}^q$, modulo the discrete, additive subgroup Λ generated by the $2q$ vectors ζ_k $(1 \leqq k \leqq 2q)$, where $\zeta_k = (\int_{\gamma_k} \omega_1, \int_{\gamma_k} \omega_2, \ldots, \int_{\gamma_k} \omega_q)$. Choosing an arbitrary "base" point $p_0 \in M$, one defines the Albanese (or Jacobi) map $J\colon M \to \mathfrak{A}_M$ by setting $J(p) = \left(\int_{p_0}^{p} \omega_1, \ldots, \int_{p_0}^{p} \omega_q\right)$ (modulo Λ). This map is a holomorphic map of M into $\mathfrak{A}_M$, such that the induced homomorphism of $H_1(M, \mathbf{Z})$ into $H_1(\mathfrak{A}_M, \mathbf{Z})$ (the latter is naturally identified with Λ) is surjective, the kernel being the torsion group. Denote by $\mathfrak{H}'(M)$ the open subgroup of the full group $\mathfrak{H}(M)$ of holomorphic automorphisms of M, that has trivial action on the first homology group $H_1(M, \mathbf{Z})$. If $F \in \mathfrak{H}'(M)$, then $J[F(p)] = J(p) + J[F(p_0)]$; thus the map $J_*\colon \mathfrak{H}'(M) \to \mathfrak{A}_M$ defined by $J_*(F) = J[F(p_0)]$ is a holomorphic homomorphism of the first group into the second.

Let us assume now that M has a Kähler metric $(g) \in \mathscr{G}_\Omega$ that is a critical point of Φ, and consider the resulting semidirect sum splitting of the Lie algebra $\mathfrak{h}(M)$ of the holomorphic tangent vector fields into $\mathfrak{a}(M) \oplus \mathfrak{h}'(M)$, as in Theorem 1. Since the elements of $\mathfrak{h}'(M)$ may be characterized by the property that their inner products with each holomorphic 1-form in M are identically zero, the local group generated by $\mathfrak{h}'(M)$ is the local group of the kernel of J_* in the open subgroup $\mathfrak{H}'(M) \subset \mathfrak{H}(M)$ with trivial action of $H_1(M, \mathbf{Z})$; therefore the restriction J_{*0} of J_* to the identity component $\mathfrak{H}_0(M)$ in $\mathfrak{H}(M)$ has the property that its kernel $\mathfrak{H}'_0(M) \subset \mathfrak{H}_0(M)$ is a normal, closed subgroup, containing the commutator subgroup of $\mathfrak{H}_0(M)$, since $\mathfrak{h}'(M)$ contains the derived ideal $[\mathfrak{h}(M), \mathfrak{h}(M)]$ of $\mathfrak{h}(M)$.

As to the other term in the decomposition (1.4), the subalgebra $\mathfrak{a}(M) \subset \mathfrak{h}(M)$ consists of the autoparallel, holomorphic vector fields in M. Considering the underlying Riemannian structure of M, the action of the local group generated by $\mathfrak{a}(M)$ on M is that of the local group generated by all autoparallel, real vector fields. It follows from the deRham decomposition theorem that the connected group generated by the autoparallel vector fields of any closed Riemannian manifold is a closed, abelian subgroup of the group of isometries. Hence $\mathfrak{a}(M)$ generates a complex analytic, toral subgroup of $\mathfrak{H}_0(M)$, which we denote by $\mathfrak{A}'_M$. Since $\mathfrak{A}'_M$ is obviously transversal to $\mathfrak{H}'_0(M)$, it follows that the intersection group $\mathfrak{A}'_M \cap \mathfrak{H}'_0(M)$ is a finite abelian group, namely the kernel of the restriction to $\mathfrak{A}'_M$ of $J_*\colon \mathfrak{H}_0(M) \to \mathfrak{A}_M$. This completes the proof of the corollary.

3. The Second Variational Formula

We shall calculate the second variational formula for Φ at the critical points, as a preliminary to the proof of Theorem 2.

Proposition 3.1. Given any two real valued functions φ, ψ in a compact Kähler manifold M, whose metric (g) is a critical point of Φ, the second variation (or Hessian form) of Φ at (g) in the directions δ_φ, δ_ψ is

$$\delta_\psi \delta_\varphi \Phi(g) = 2(D\bar{D}\psi, \varphi). \tag{3.1}$$

Proof. Recall the remark following Lemma 2.1 to the effect that, for any two real valued functions φ, ψ on M, the associated tangent vector fields δ_φ, δ_ψ on the function space $\mathscr{G}_\Omega$ are mutually commutative. Therefore, we know *a priori* that, for any Kähler metric $(g) \in \mathscr{G}_\Omega$, critical or otherwise, the hessian form $\delta_\psi \delta_\varphi \Phi(g)$ is going to be a *real valued*, symmetric bilinear functional on φ, ψ.

The first derivative $\delta_\varphi \Phi(g)$ is given by (2.6): we write it in the form

$$\delta_\varphi \Phi(g) = -2 \int_M \varphi\, D_g R_g\, d V_g;$$

therefore the derivative of $\delta_\varphi \Phi$ in the direction δ_ψ can be written as a sum of three parts, as follows:

$$\delta_\psi \delta_\varphi \Phi(g) = -2 \int_M \varphi \{D(\delta_\psi R_g)\, dV + (\delta_\psi D_g)(R)\, dV + DR(\delta_\psi dV)\}. \tag{3.2}$$

We then substitute for $\delta_\psi R_g$ in the first part according to the last expression for it in (2.5),

$$\delta_\psi R = -\bar{D}\psi + \psi_{,\lambda} R^{,\lambda} = -\psi_{,\lambda\mu}{}^{\lambda\mu} + \psi_{,\lambda} R^{,\lambda}. \tag{3.3}$$

In order to calculate $\delta_\psi D_g$ in the second part, we express the operator D in the displayed form (2.2), showing the explicit dependence of D on (g)

$$D = g^{\alpha\bar{\nu}} \frac{\partial}{\partial z^\alpha}\left\{g^{\beta\bar{\gamma}} \frac{\partial}{\partial z^\beta}\left[g_{\lambda\bar{\nu}} \frac{\partial}{\partial z^{\bar{\gamma}}}\left(g^{\lambda\bar{\mu}} \frac{\partial}{\partial z^{\bar{\mu}}}\right)\right]\right\}; \tag{3.4}$$

we recall the variational formula for $g_{\alpha\bar{\beta}}$ and $g^{\alpha\bar{\beta}}$, respectively $\delta_\psi(g_{\alpha\bar{\beta}}) = \psi_{,\alpha\bar{\beta}}$, $\delta_\psi(g^{\alpha\bar{\beta}}) = -\psi^{,\alpha\bar{\beta}}$; we then superpose the appropriate variational formula for each explicit occurence of (g) in (3.4) from right to left. Thus the second part of (3.2) can be written as a sum of four terms: using a test function u (independent of (g)), we obtain, using successively two common notations in tensor analysis,

$$\begin{aligned}
\delta_\psi D u &= -\nabla_\alpha \nabla_\beta \nabla^\beta(\psi^{,\alpha\bar{\mu}} \nabla_{\bar{\mu}} u) + \nabla_\alpha \nabla_\beta(\psi^{,\alpha\bar{\mu}} \nabla^\beta \nabla_{\bar{\mu}} u)\\
&\quad - \nabla_\alpha(\psi^{,\beta\bar{\gamma}} \nabla_\beta \nabla_{\bar{\gamma}} \nabla^\alpha u) - \psi^{,\alpha\bar{\nu}} \nabla_\alpha \nabla_\beta \nabla^\beta \nabla_{\bar{\nu}} u\\
&= -(u^{,\lambda} \psi_{,\lambda}{}^{\alpha})^{,\beta}{}_{\beta\alpha} + (u^{,\lambda\alpha} \psi_{,\lambda}{}^{\beta})_{,\beta\alpha}\\
&\quad - (u^{,\alpha\lambda}{}_\beta \psi_{,\lambda}{}^{\beta})_{,\alpha} - u^{,\alpha\beta}{}_{\lambda\alpha} \psi_{,\beta}{}^{\lambda}\\
&= -(u^{,\lambda} \psi_{,\lambda}{}^{\alpha})^{,\beta}{}_{\beta\alpha} + (u^{,\lambda\alpha} \psi_{,\lambda}{}^{\beta}{}_{\beta})_{,\alpha} - u^{,\alpha\beta}{}_{\beta\lambda} \psi_{,\alpha}{}^{\lambda}.
\end{aligned}$$

The third part of (3.2) includes the variational term for dV, namely $\delta_\psi(dV) = \psi_{,\lambda}{}^{\lambda}\, dV$, according to (2.4). We combine these substitutions in the three parts of (3.2), with the following outcome, replacing u by R in (3.5),

$$\frac{1}{2}\delta_\psi \delta_\varphi \Phi(g) = \int_M \varphi \{D\bar{D}\psi - (\psi_{,\lambda} R^{\cdot\lambda})^{\cdot\alpha\beta}{}_{\beta\alpha} + (\psi_{,\lambda}{}^{\alpha} R^{\cdot\lambda})^{\cdot\beta}{}_{\beta\alpha}$$
$$- (\psi_{,\lambda}{}^{\beta}{}_{\beta} R^{\cdot\lambda\alpha})_{,\alpha} + R^{\cdot\alpha\beta}{}_{\beta\lambda}\psi_{,\alpha}{}^{\lambda} - R^{\cdot\alpha\beta}{}_{\beta\alpha}\psi_{,\lambda}{}^{\lambda}\}\, dV$$
$$= (D\bar{D}\psi, \varphi) + \int_M \varphi \{(-\psi_{,\lambda} R^{\cdot\lambda\alpha})^{\cdot\beta}{}_{\beta\alpha} - (\psi_{,\lambda}{}^{\beta}{}_{\beta} R^{\cdot\lambda\alpha})_{,\alpha}$$
$$+ R^{\cdot\alpha\beta}{}_{\beta\lambda}\psi_{,\alpha}{}^{\lambda} - R^{\cdot\alpha\beta}{}_{\beta\alpha}\psi_{,\lambda}{}^{\lambda}\}\, dV$$
$$= \int_M R^{\cdot\alpha\beta} \{\varphi_{,\alpha\lambda}{}^{\lambda}\psi_{,\beta} + \varphi_{,\alpha}\psi_{,\beta}{}^{\lambda}{}_{\lambda} + (\varphi\psi_{,\alpha}{}^{\lambda})_{,\lambda\beta} - (\varphi\psi_{,\lambda}{}^{\lambda})_{,\alpha\beta}\}\, dV$$
$$+ (D\bar{D}\psi, \varphi). \tag{3.6}$$

This last formula for the second derivative of Φ at an arbitrary Kähler metric (g) will be used again in later investigations. For the moment, however, it suffices to show that, at a critical (g), i.e., if $R^{\cdot\alpha\beta}$ vanishes identically, the part in the integral sign is eliminated, and thus the assertion (3.1) is proved.

We shall prove now a simple consequence of Proposition 3.1 that is as peculiar as it is crucial in the sequel.

Corollary. If (g) is a critical Kähler metric in a compact manifold M, then the operators D and $\bar{D}$ commute with one another; their composition $D\bar{D}$, as a result, is a self-adjoint, positive semidefinite operator.

Proof. Recall the preliminary remark in the proof of Proposition 3.1 to the effect that, for any Kähler metric (g), $\delta_\psi \delta_\varphi \Phi(g)$ is a real valued, symmetric bilinear form on the real valued functions φ, ψ. Since, when (g) is a critical Kähler metric, $\delta_\psi \delta_\varphi \Phi$ takes the simple form (3.1), it follows that, in that case, for every pair of real valued functions φ, ψ, the hermitian product $(D\bar{D}\psi, \varphi)$ is real valued; thus $D\bar{D}\psi$ is a real valued functions for every real valued ψ; hence $D\bar{D} = \bar{D}D$ as a differential operator; this establishes the commutativity relation. Since D (and $\bar{D}$) are both self-adjoint, positive semidefinite operators, their commutativity implies that their composition $D\bar{D}$ is, likewise, self-adjoint and positive semidefinite. This proves the corollary. We can complete now the proof of Theorem 2.

Proof of Theorem 2. The assertion of the corollary of Proposition 3.1 just proved establishes the fact that the second variation of Φ at a critical point (g) of the function space $\mathscr{G}_\Omega$ in the direction δ_φ is expressible as

$$(\delta_\varphi)^2\, \Phi(g) = 2(\varphi, D\bar{D}\varphi) \geqq 0. \tag{3.7}$$

Now $D\bar{D}$ is a strongly elliptic operator of order 8 (it can be expressed as Δ^4 plus lower order terms), so that the co-rank of the hessian form, equal to the dimension of the space of functions annihilated by $D\bar{D}$, is finite. Since D and $\bar{D}$ are commuting, self-adjoint, strongly elliptic operators, they can be diagonalized by a simultaneous eigenvalue-eigenspace expansion, so that the annihilator space of $D\bar{D}$ is the sum of the annihilators of D and $\bar{D}$. The next part of the reasoning is somewhat trivial if $R = \text{const}$ (since this is equivalent to saying that D and $\bar{D}$ coincide). The annihilator space of D is the ($\mathbf{C}$-linear) vector space of *complex*-valued functions that are annihilated by $L = \bar{\partial}\uparrow\bar{\partial}$, while the annihilator of $\bar{D}$ is the space of conjugates of the annihilators of D (the intersection of the two spaces contains at least the constants and the function R). In fact, the space of real valued annihilators of $D\bar{D}$ is precisely the space of real parts of annihilators of D, and hence of L. This fact is to be used later, in the proof of Theorem 3.

Consider now any tangent vector δ_φ to the function space $\mathscr{G}_\Omega$ at a critical metric (g), for which the second variation (3.7) of Φ vanishes; this means that φ is in the finite dimensional space of real valued functions annihilated by $D\bar{D} = \bar{D}D$. Therefore there exists a complex valued functions $\psi \in \ker D$ such that $\varphi = \psi + \bar{\psi}$; moreover ψ is uniquely determined by φ modulo a purely imaginary valued function $\chi\sqrt{-1}$ (that is to say, χ is a real valued function) in $\ker D \cap \ker \bar{D}$. We next look at the two one-parameter, real Lie groups generated by the holomorphic vector fields $X = \uparrow\bar{\partial}\varphi$ (respectively, $Y = \uparrow\bar{\partial}(\chi\sqrt{-1})$); naturally, as transformation groups on the real manifold underlying M, they should be regarded as generated by the real tangent vector fields $X + \bar{X}$ (respectively $Y + \bar{Y}$). The effect of the infinitesimal generator on the metric (Lie derivative of the metric with respect to the vector field, or Killing operator on the vector field) is given by

$$L_{(X+\bar{X})}(g) = 2\,\frac{\partial^2(\psi + \bar{\psi})}{\partial z^\alpha\,\partial \overline{z^\beta}}\,dz^\alpha\,d\overline{z^\beta} = \delta_\varphi(g),$$

or respectively

$$L_{(Y+\bar{Y})}(g) = 2\sqrt{-1}\,\frac{\partial^2(\chi - \bar{\chi})}{\partial z^\alpha\,\partial \overline{z^\beta}}\,dz^\alpha\,d\overline{z^\beta} = 0.$$

Thus we see that *the only directions δ_φ at a critical metric (g) in which (3.7) vanishes are the directions tangent to the orbit of (g) under the action of $\mathfrak{H}_\Omega(M)$*. Conversely, for any one-parameter family of metrics $(g)_t$ parametrized by a real variable t, such that $(g)_0$ is a critical metric and the family transversal to $\mathfrak{H}_\Omega(M)\,((g)_0)$ at $(g)_0$, the second derivative of $\Phi((g)_t)$ with respect to t at $t = 0$ is strictly positive. This complete the proof of Theorem 2.

Proof of Theorem 3. We shall now prove that, for any critical Kähler metric (g), the identity component of the holomorphic isometry group $\mathfrak{I}_{H,0}(M,(g))$ coincides with a maximal compact subgroup $\mathfrak{H}_c(M,g)$ of the identity component $\mathfrak{H}_0(M,G)$ of the group of all holomorphic transformations of M.

Let us recall the decomposition of the complex Lie algebra $\mathfrak{h}(M)$ established by Theorem 1, determined by a critical Kähler metric (g),

$$\mathfrak{h}(M) = \mathfrak{a}(M) \oplus \mathfrak{h}'(M),$$

where $\mathfrak{a}(M)$ is the abelian Lie subalgebra consisting of all holomorphic, autoparallel vector fields on M, $\mathfrak{h}'(M) = \uparrow\bar{\partial}(\ker L)$, and $\mathfrak{h}'(M)$ is a Lie algebra ideal of $\mathfrak{h}(M)$ containing the derived ideal. The kernel of the operator L, which coincides with the set of all complex valued functions annihilated by D, is mapped onto $\mathfrak{h}'(M)$ by $\uparrow\bar{\partial}$, with the constants being the only elements going to the zero element. For this reason, for the remainder of this proof, whenever we mention "functions on M", real or complex valued, we shall implicitly understand the qualification "modulo constants"; in addition, we shall usually omit the indication of M in mentioning $\mathfrak{h}(M)$ and its vector subspaces; thus the decomposition asserted in

Theorem 1 will read as $\mathfrak{h} = \mathfrak{a} \oplus \mathfrak{h}'$. The remainder of the proof becomes substantially simpler in the special cases where R is constant, treated by A. Lichnérowicz [4]; nonetheless, it is that proof that motivates what follows.

Assume now that the Kähler metric is a critical point of the functional Φ, i.e., that the scalar curvature R satisfies $R \in \ker D$ (or equivalently, $R \in \ker \bar{D}$, $R \in \ker L$, or $R \in \ker \bar{L}$). We look at $\ker D$ as a **C**-module of complex functions, on which $\bar{D}$ operates as a self-adjoint operator with a finite, non-negative spectrum (since D and $\bar{D}$ commute, $\ker D$ is invariant under $\bar{D}$). Denote by $E_\lambda \subset \ker D$ the eigenspace of $\bar{D}$ in the kernel of D for each λ in the spectrum; thus for instance, constants and R belong to E_0; if R is constant, then D and $\bar{D}$ coincide, whence the whole $\ker D$ is E_0. The space $E_0 = \ker D \cap \ker \bar{D}$ is invariant under complex conjugation; therefore it can be decomposed as an **R**-module into real- and purely imaginary-valued functions; we denote these two subspaces respectively by $E_{0,r}$ and $E_{0,i}$ with $E_{0,i} = E_{0,r}\sqrt{-1}$.

Consider now the following direct sum decomposition of $\ker D$, $\ker D = E_{0,i} \oplus E_{0,r} \oplus \sum_{\lambda>0} E_\lambda$, and examine the effect of the map $\uparrow\bar{\partial}\colon \ker E \to \mathfrak{h}' \subset \mathfrak{h}$ on each direct summand. We obtain the following direct sum decomposition of $\mathfrak{h}$:

$$\mathfrak{h} = \mathfrak{a} \oplus \mathfrak{k}' \oplus \mathfrak{m} \oplus \sum_{\lambda>0} \mathfrak{h}_\lambda, \tag{3.9}$$

where $\mathfrak{a} = \mathfrak{a}(M)$ is as before, $\mathfrak{k}' = \uparrow\bar{\partial}E_{0,i}$ (and $E_{0,i} \cap \ker(\uparrow\bar{\partial}) = \mathbf{R}\sqrt{-1}$), and $\mathfrak{m} = \uparrow\bar{\partial}E_{0,r}$ (here, $\uparrow\bar{\partial}$ annihilates just the real constants); for each $\lambda \in \operatorname{spec}(\bar{D}|_{\ker D})$ with $\lambda > 0$ we set $\mathfrak{h}_\lambda = \uparrow\bar{\partial}E_\lambda$, a bijective mapping; for $\lambda = 0$ we set, exceptionally, $\mathfrak{h}'_0 = \uparrow\bar{\partial}E_0 = \mathfrak{k}' \oplus \mathfrak{m}$, $\mathfrak{h}_0 = \mathfrak{a} \oplus \mathfrak{h}'_0$ and $\mathfrak{k} = \mathfrak{a} \oplus \mathfrak{k}'$. This decomposition is justified by the following lemma, which describes the adjoint action of $X_0 = \uparrow\bar{\partial}R$ on $\mathfrak{h}$.

Lemma 3.2. Let (g) be a critical Kähler metric in M and introduce the decomposition (3.9) of the Lie algebra $\mathfrak{h}$ of holomorphic vector fields in M, and consider the special element $X_0 = \uparrow\bar{\partial}R \in \mathfrak{h}$. Then we have the following relations:

a) For each $\lambda \in \operatorname{spec}(\bar{D}|_{\ker D})$ including $\lambda = 0$, and for each $Y \in \mathfrak{h}_\lambda$,

$$[X_0, Y] = \lambda Y;$$

in other words, its operator ad X on $\mathfrak{h}$ and $\bar{D}$ on $\ker D$ have the same spectrum, and (disregarding constants in E_0 and $\mathfrak{a}$ in $\mathfrak{h}_0$) bijectively corresponding eigenspaces under the map $\uparrow\bar{\partial}$.

b) For each pair of numbers λ, μ in $\operatorname{spec}(\bar{D}|_{\ker D})$ $[\mathfrak{h}_\lambda, \mathfrak{h}_\mu] \subset \mathfrak{h}_{\lambda+\mu}$, with the usual convention that $\mathfrak{h}_{\lambda+\mu} = \{0\}$, if $\lambda + \mu$ is not in the spectrum.

c) The subspaces $\mathfrak{a}$, $\mathfrak{k}$ and $\mathfrak{m}$ of $\mathfrak{h}_0$ satisfy the further relations

(i) $\mathfrak{a}$ is in the center of $\mathfrak{h}_0$

(ii) $[\mathfrak{k}, \mathfrak{k}] \subset \mathfrak{k}$, $[\mathfrak{k}, \mathfrak{m}] \subset \mathfrak{m}$, $[\mathfrak{m}, \mathfrak{m}] \subset \mathfrak{k}$.

Proof of Lemma 3.2. Let w be a complex valued function belonging to E_λ; then [cf. (2.3)]

$$\lambda w = \bar{D}w = (\bar{D} - D)w = R^{,\beta} w_{,\beta} - R_{,\beta} w^{,\beta}.$$

Writing, as usual, $\uparrow \bar{\partial} w = w^{\cdot\alpha} \dfrac{\partial}{\partial z^\alpha}$ and recalling that $w^{\cdot\beta\alpha} = R^{\cdot\beta\alpha} = 0$ (equivalently $Lw = LR = 0$),

$$\begin{aligned}\lambda w^{\cdot\alpha} &= (R^{\cdot\beta} w_{,\beta} - R_{,\beta} w^{\cdot\beta})^{\cdot\alpha} = R^{\cdot\beta} w^{\cdot\alpha}{}_{\beta} - w^{\cdot\beta} R^{\cdot\alpha}{}_{\beta} \\ &= [X_0, \uparrow \bar{\partial} w]^\alpha;\end{aligned}$$

this proves conclusion a) for any $Y \in \mathfrak{h}_\lambda$ except for the case $\lambda = 0$, $Y \in \mathfrak{a}$. This case, however, was already included in the proof of Theorem 1.

Assertion b) follows from a standard argument used in a different context, in the structure theory of Lie algebras. Let $Y_1 \in \mathfrak{h}_\lambda$, $Y_2 \in \mathfrak{h}_\mu$ and $X_0 = \uparrow \bar{\partial} R$; then using part a) just established,

$$[X_0, [Y_1, Y_2]] = [[X_0, Y_1], Y_2] + [Y_1, [X_0, Y_2]] = \lambda[Y_1, Y_2] + \mu[Y_1, Y_2],$$

proving that $[Y_1, Y_2] \in \mathfrak{h}_{\lambda+\mu}$.

Assertion c) is proved also as part of Theorem 1 insofar as the assertion on the abelian algebra $\mathfrak{a}$ is involved. For the other relations, they are proved similarly to each other. For instance, let $Y_1, Y_2 \in \mathfrak{m}$; that amounts to assuming $Y_\nu = \uparrow \bar{\partial} w_\nu$ $(\nu = 1, 2)$ with w_ν real valued and in $\ker D \cap \ker \bar{D}$. Then

$$\begin{aligned}[Y_1, Y_2]^\alpha &= w_1{}^{\cdot\beta} w_2{}^{\cdot\alpha}{}_{\beta} = w_2{}^{\cdot\beta} w_1{}^{\cdot\alpha}{}_{\beta} = (w_1{}^{\cdot\beta} w_{2,\beta} - w_2{}^{\cdot\beta} w_{1,\beta})^{\cdot\alpha} \\ &= 2[\mathrm{Im}\,(g^{\beta\bar{\gamma}} w_{1,\bar{\gamma}} w_{2,\beta}) \sqrt{-1}]^{\cdot\alpha};\end{aligned}$$

this shows that $[Y_1, Y_2]$ is in the image under $\uparrow \bar{\partial}$ of a purely imaginary function, which is necessarily also in $\ker D \cap \ker \bar{D}$. This completes the proof of the lemma.

We shall complete now the proof of Theorem 3. In the proof of Theorems 1 and 2 it was established respectively that the real Lie subalgebras $\mathfrak{a}$ and $\mathfrak{k}'$ of $\mathfrak{h}$ consists of Killing vector fields with respect to a critical (g); it is easy to see that they generate indeed the Lie algebra

$$\mathfrak{k} = \mathfrak{a} \oplus \mathfrak{k}';$$

of the group $\mathfrak{I}_H(M, (g))$ of holomorphic isometries of $(M, (g))$; denote by $\mathfrak{I}_{H,0}(M, (g))$, or more briefly $\mathfrak{I}_{H,0}$, the component of the identity in $\mathfrak{I}_H(M, (g))$, and let us suppose that $\mathfrak{I}_{H,0}$ is not a maximal compact, connected subgroup of $\mathfrak{H}_\Omega(M)$; thus there exists a compact, connected subgroup $\tilde{\mathfrak{K}} \subset \mathfrak{H}_0(M)$ that properly contains $\mathfrak{I}_{H,0}$; let Y be an element of the Lie algebra $\tilde{\mathfrak{k}}$ of $\tilde{\mathfrak{K}}$ that is not in $\mathfrak{k}$; let

$$Y = H + \sum_{\lambda \geqq 0} Y_\lambda \quad \text{and} \quad Y_0 = Y_0' + Y_0''$$

be the decomposition of Y with $H \in \mathfrak{a}$, $Y_\lambda \in \mathfrak{h}_\lambda$ for each $\lambda \in \mathrm{spec}(\mathrm{ad}\, X_0)$, $Y_0' \in \mathfrak{k}'$, $Y_0'' \in \mathfrak{m}$. Since $Z_0 = \uparrow \bar{\partial}(R\sqrt{-1}) \in \mathfrak{k}'$, we can consider the adjoint action of the one-parameter group of isometries generated by Z_0 on Y. We then have

$$\mathrm{ad}\exp(tZ_0)(Y) = H + Y_0' + Y_0'' + \sum_{\lambda > 0} e^{\lambda t \sqrt{-1}}\, Y_\lambda \in \tilde{\mathfrak{k}}$$

therefore, by taking appropriate linear combinations of the resulting elements for sufficiently many values of t, we obtain the result that

$$H + Y_0' + Y_0'' \in \tilde{\mathfrak{k}}$$

as well as

$$Y_\lambda \in \tilde{\mathfrak{k}} \quad \text{for each } \lambda > 0.$$

If, for any $\lambda > 0$ and Y_λ is $\neq 0$, this implies that $\bar{D} \neq D$ and, since R is not constant, $Z_0 = \uparrow \bar{\partial}(R\sqrt{-1}) \neq 0$, whence by Lemma 3.2, Z_0 and Y_λ generate a solvable, non-abelian Lie subalgebra of $\tilde{\mathfrak{k}}$, which is impossible, since $\tilde{\mathfrak{k}}$ generates, as assumed, a compact group. Hence $\sum_{\lambda > 0} Y_\lambda = 0$, and

$$Y = H + Y_0' + Y_0'' \in \tilde{\mathfrak{k}}, \quad \text{with} \quad H + Y' \in \mathfrak{a} + \mathfrak{k}' = \mathfrak{k};$$

therefore, since $\tilde{\mathfrak{k}} \supset \mathfrak{k}$, $\tilde{\mathfrak{k}} \neq \mathfrak{k}$ and $Y \notin \mathfrak{k}$, the $\mathfrak{m}$-component Y_0'' of Y must be a non-trivial element of $\tilde{\mathfrak{k}}$; let $Y_0'' = \uparrow \bar{\partial} u$ for some real valued, non-constant function $u \in \ker D \cap \ker \bar{D}$. Then the one-(real)parameter Lie group $\{\exp t\, Y_0'' \mid t \in \mathbf{R}\}$ generated by Y_0' has the property that, along any of its non-trivial orbits parametrized by t, the function u depends on t in a strictly increasing way; therefore the semigroup cannot be contained in any compact transformation group. This contradiction shows that there exists no compact, connected Lie group of holomorphic transformations of M that properly contains the connected isometry group of (g). This completes the proof of Theorem 3.

The corollary of Theorem 3 follows immediately now from Mal'čev's theorem. Having established that each connected component of the critical set of Φ in $\mathcal{G}_\Omega$ is the orbit of one of its points [a critical Kähler metric (g)] under the action of $\mathfrak{H}_0(M)$, and that a maximal compact, connected subgroup of $\mathfrak{H}_0(M)$ leaves (g) fixed, Mal'čev's theorem states that any maximal compact subgroup $\mathfrak{K}$ of $\mathfrak{H}_0(M)$ is homotopically equivalent to $\mathfrak{H}_0(M)$, and hence automatically connected; the left coset space is a homogeneous space of $\mathfrak{H}_0(M)$, diffeomorphic both to a finite dimensional euclidean space and to the orbit of (g) under $\mathfrak{H}_0(M)$. The problem whether the critical set of Φ in $\mathcal{G}_\Omega$ can have more than one component, for the time being at least, remains unsolved.

4. Consequences of Futaki's Theorem

Earlier this year A. Futaki [3] announced a new obstruction for a compact, complex manifold M to admit an Einstein-Kähler metric in the absence of the primary obstruction, i.e., assuming *a priori* that there exists in M a Kähler metric in the deRham class equal to the first Chern class. His idea consists of introducing a new invariant of Kählerian structures in M, the form of a $\mathbf{C}$-linear functional f_g on the Lie algebra $\mathfrak{h}(M)$ of holomorphic tangent vector fields in M, and proving the surprising fact that this functional is independent of the Kähler metric (g), as long as (g) varies in a fixed Kähler class Ω; he proves also that this functional f_g vanishes on the derived Lie algebra of $\mathfrak{h}(M)$, and therefore constitutes a $\mathbf{C}$-character, or a Lie algebra homomorphism of $\mathfrak{h}(M)$ into $\mathbf{C}$. It is not difficult to extend the definition of f_g to Kähler metrics (g) in any cohomology class, and to prove a similar invariance property; this has been announced informally by this author, as well as by S. Bando [1] and by A. Futaki (manuscript submitted, Proc. Jap. Acad.); the vanishing of f_g for any (g) in any given cohomology class Ω

is necessary for the existence of another Kähler metric in the same class Ω with constant R.

We shall reproduce below a somewhat modified proof of Futaki's theorem, for the sake of completeness; to this end we shall first recall a few facts about the Hodge theory of Kähler manifolds. In order to be consistent with conventions followed in the rest of this paper, we define the Hodge operator Δ for exterior (p,q)-forms to be

$$\Delta = -\bar{\partial}\bar{\partial}^* - \bar{\partial}^*\bar{\partial} = -\partial\partial^* - \partial^*\partial = -\tfrac{1}{2}(d\delta + \delta d),$$

where ∂, $\bar{\partial}$ are the Dolbeault differential operators of bidegree $(1,0)$ and $(0,1)$ respectively and ∂^*, $\bar{\partial}^*$ their respective adjoints. Denote by H the orthogonal projection operator mapping $\Gamma_M A^{p,q}$ [the space of smooth (p,q)-forms in M] onto the space of harmonic (p,q)-forms; the latter are automatically annihilated by all four operators $\partial, \bar{\partial}, \partial^*, \bar{\partial}^*$. We need to use also the Hodge-Green integral operator G on (p,q)-forms, characterized by the identities

a) $G\Delta = \Delta G = (\text{identity}) - H$
b) $HG = GH = 0$.

Furthermore, G is self-adjoint and (together with H, Δ) commutes with each of the four differential operators $\partial, \bar{\partial}, \partial^*, \bar{\partial}^*$.

For each Kähler metric $(g) \in \mathscr{G}_\Omega$ consider the corresponding scalar curvature $R = R_g$ and introduce the real valued scalar function $F = F_g$ defined by

$$F = G(R)$$

and observe that, since the $(1,1)$-form $\partial\bar{\partial}F = \dfrac{\partial^2 F}{\partial z^\alpha\, \partial \overline{z^\beta}}\, dz^\alpha \wedge d\overline{z^\beta}$ is exact, and its contraction is $\Delta F = R - H(R)$, it follows that the closed $(1,1)$-form

$$\left(R_{\alpha\bar{\beta}} - \frac{\partial^2 F}{\partial z^\alpha\, \partial \overline{z^\beta}}\right) dz^\alpha \wedge d\overline{z^\beta}$$

is harmonic, i.e., is the harmonic form with respect to (g) representing the first Chern class multiplied by $(-2\pi\sqrt{-1})$. In other words, the Hodge decomposition of $R_{\alpha\bar{\beta}}\, dz^\alpha \wedge d\overline{z^\beta}$ consists of two parts

$$R_{\alpha\bar{\beta}}\, dz^\alpha \wedge d\overline{z^\beta} = (HR)_{\alpha\bar{\beta}}\, dz^\alpha \wedge d\overline{z^\beta} + F_{,\alpha\bar{\beta}}\, dz^\alpha \wedge d\overline{z^\beta}, \tag{4.1}$$

the first part being harmonic, and the second one exact.

We now define Futaki's functional $f = f_g \colon \mathfrak{h}(M) \to \mathbf{C}$ in terms of any $X = X^\alpha \dfrac{\partial}{\partial z^\alpha} \in \mathfrak{h}(M)$ by the formula

$$f_g(X) = -\int_M X(F)\, dV = -\int_M X^\alpha F_{,\alpha}\, dV. \tag{4.2}$$

Proposition 4.1 (Futaki). The linear mapping $f_g \colon \mathfrak{h}_M \to \mathbf{C}$ is invariant as (g) varies in the function space $\mathscr{G}_\Omega$ defined by a fixed Kähler class Ω. Furthermore it is invariant under adjoint action on $\mathfrak{h}(M)$ of the group $\mathfrak{H}_\Omega(M)$, consisting of all holomorphic transformations preserving the Kähler class Ω.

Proof. The invariance of f_g is proved by showing that, for any smooth function $\varphi\colon M \to \mathbf{R}$, the tangent vector δ_φ that it determines on $\mathscr{G}_\Omega$ has the property that

$$\delta_\varphi(f_g) = 0;$$

for this purpose we must first evaluate $\delta_\varphi(F)$.

Lemma. If $F = F_g = G(R)$ and δ_φ is any tangent vector to the function space $\mathscr{G}_\Omega$ at (g), then, up to an additive constant (immaterial for our purposes),

$$\delta_\varphi(F) = -\Delta\varphi + G(\partial^*\eta), \tag{4.3}$$

where η is the $(1,0)$-form defined by

$$\eta = \eta_\alpha\, dz^\alpha = \varphi_{,\beta}(HR)_\alpha{}^\beta\, dz^\alpha = g^{\beta\bar\mu}\,\varphi_{,\beta}(HR)_{\alpha\bar\mu}\, dz^\alpha, \tag{4.4}$$

and $(HR)_{\alpha\bar\beta}$ is the harmonic tensor appearing in (4.1).

Proof of the Lemma. From the relation defining F (up to an additive constant)

$$\Delta F = R - H(R)$$

we obtain by applying δ_φ to both sides, on the one hand

$$\delta_\varphi(\Delta F) = \Delta(\delta_\varphi F) + (\delta_\varphi\Delta)\, F = \Delta(\delta_\varphi F) - \varphi_{,\beta}{}^\gamma\, F_{,\gamma}{}^\beta,$$

and on the other, from (2.5),

$$\delta_\varphi(R - H(R)) = \delta_\varphi R = -\Delta^2\varphi - \varphi_{,\beta}{}^\gamma\, R_\gamma{}^\beta.$$

Equating the right-hand members of the last two equations we have, using again (4.1),

$$\begin{aligned}\delta_\varphi F &= -\Delta\varphi - G[\varphi_{,\beta}{}^\gamma(R_\gamma{}^\beta - F_{,\gamma}{}^\beta)] + \text{const}\\ &= -\Delta\varphi - G[\varphi_{,\beta}{}^\gamma(HR)_\gamma{}^\beta] \quad (\text{modulo const}).\end{aligned}$$

Furthermore, since the $(1,1)$-form $(HR)_{\alpha\bar\beta}\, dz^\alpha \wedge dz^{\bar\beta}$ is harmonic,

$$(HR)_\gamma{}^{\beta,\gamma} = 0,$$

$$\delta_\varphi F = -\Delta F - G((\varphi_{,\beta}(HR)_\gamma{}^\beta)^{,\gamma}) = -\Delta\varphi + G(\partial^*\eta) \quad (\text{mod. const}).$$

which proves the lemma.

We return to proving Proposition 4.1: we need only to calculate

$$\begin{aligned}\delta_\varphi f_g(X) &= -\delta_\varphi \int_M X^\alpha F_{,\alpha}\, dV = \int_M X^\alpha[(-\delta_\varphi F)_{,\alpha} - \varphi_{,\beta}{}^\beta\, F_{,\alpha}]\, dV\\ &= \int_M X^\alpha\{\varphi_{,\beta}{}^\beta{}_\alpha - [G(\partial^*\eta)]_{,\alpha} - \varphi_{,\beta}{}^\beta\, F_{,\alpha}\}\, dV.\end{aligned}$$

We then apply standard identities in developing $\varphi_{,\beta}{}^\beta{}_\alpha$ as follows:

$$\begin{aligned}\varphi_{,\beta}{}^\beta{}_\alpha &= \varphi_{,\beta\alpha}{}^\beta - \varphi_{,\beta}\, R^\beta{}_\alpha = \varphi_{,\beta\alpha}{}^\beta - \varphi_{,\beta}[F_{,\alpha}{}^\beta + (HR)_\alpha{}^\beta]\\ &= \varphi_{,\beta\alpha}{}^\beta - \varphi_{,\beta}\, F_{,\alpha}{}^\beta - \eta_\alpha,\end{aligned}$$

so that

$$\delta_\varphi f_g(X) = \int_M X^\alpha(\varphi_{,\beta\alpha} - \varphi_{,\beta}\, F_{,\alpha})^{,\beta}\, dV - \int_M X^\alpha[\eta_\alpha + (G\,\partial^*\eta)_{,\alpha}]\, dV, \tag{4.5}$$

where $\eta = \eta_\alpha\, dz^\alpha$ is defined by (4.4). The first integral in (4.5) vanishes because, by Gauss's theorem,

$$\int_M X^\alpha(\varphi_{,\beta\alpha} - \varphi_{,\beta} F_{,\alpha})^\beta\, dV = \int X^{\alpha,\beta}(-\varphi_{,\beta\alpha} + \varphi_{,\beta} F_{,\alpha})\, dV$$

and $X^{\alpha,\beta} = g^{\beta\bar{\mu}} \frac{\partial}{\partial \overline{z^\mu}} X^\alpha = 0$, since X is holomorphic. In order to see that the second integral in (4.5) vanishes as well, we introduce the (1,0)-form $\downarrow \bar{X} = g_{\alpha\bar{\beta}} \overline{X^\beta}\, dz^\alpha$ and observe that $\partial \downarrow \bar{X} = 0$, since X is holomorphic; the second integral in (4.5) then can be written as the following hermitian product (integrated over M) as follows

$$\begin{aligned}\int (\eta_\alpha + (G\partial^* \eta)_{,\alpha}) X^\alpha\, dV &= (\eta + \partial\partial^* G\eta, \downarrow \bar{X})\\ &= (\eta - \Delta G\eta + \partial^* \partial G\eta, \downarrow \bar{X}) = (H\eta, \downarrow \bar{X}) + (\partial G\eta, \partial \downarrow \bar{X}).\end{aligned}$$

Now $H(\eta) = 0$, since $\eta = \bar{\partial}^*(\varphi(HR)_{\alpha\bar{\beta}}\, dz^\alpha \wedge d\overline{z^\beta})$; the vanishing of $\partial \downarrow \bar{X}$ completes the proof that $\delta_\varphi f_g = 0$ identically. Therefore, one is justified in denoting f_g by f_Ω.

The last statement about the invariance of f_Ω under the action of $\mathfrak{H}_\Omega(M)$ follows by the same argument used by Futaki: if $T\colon M \to M$ is a holomorphic transformation, then $f_g(X) = f_{(T^*g)}(T^* X)$; if, in addition, $T \in \mathfrak{H}_\Omega(M)$, i.e., if both (g) and $(T^* g) \in \mathscr{G}_\Omega$, then, by the invariance just proved, we have $f_{(T^*g)}(T^* X) = f_{(g)}(T^* g)$; therefore

$$f_\Omega(X) = f_\Omega(T^* X).$$

This completes the proof of Futaki's theorem. In passing from $T \in \mathfrak{H}_\Omega(M)$ to infinitesimal group elements, represented by a second, holomorphic vector field Y, the "pullback" action of T^* is replaced by the Lie derivation, so that

$$f_\Omega([Y, X]) = 0 \qquad \text{identically.}$$

We propose to refer to the functional $f_\Omega\colon \mathfrak{h}(M) \to \mathbf{C}$ as the *Futaki character* of (M, Ω).

It is now clear that, if there exists in $\mathscr{G}_\Omega$ a Kähler metric (g) with $R = \text{const}$, then $f_g(X)$ must be identically zero for each $X \in \mathfrak{h}(M)$ and each $(g) \in \mathscr{G}_\Omega$. On the other hand, if one could prove that there exists an extremal Kähler metric (or just a critical one) in each $\mathscr{G}_\Omega$, then this would imply that the vanishing of f_Ω is also sufficient for the existence of a (g) with constant R. This follows from Theorem 4, which we shall now prove.

Proof of Theorem 4. Given a Kähler class Ω in M, assume that we can find a critical Kähler metric $(g) \in \mathscr{G}_\Omega$ for the functional Φ. For such a metric the vector field $X_0 = \uparrow \bar{\partial} R$ is holomorphic, as we have seen, so that one can evaluate the Futaki character at X_0. We have

$$\begin{aligned}f(X_0) &= -\int_M X_0(F)\, dV = -\int_M R^{,\alpha} F_{,\alpha}\, dV\\ &= \int_M R\Delta F\, dV = \int_M R(R - HR)\, dV = \int (R - HR)^2\, dV \geqq 0.\end{aligned}$$

This shows that $f_M(X_0)$ is zero or strictly positive, according to whether $R = H(R)$ identically (i.e., $R = \text{const}$) or not. It follows from Futaki's theorem that there cannot be two critical Kähler metrics in $\mathscr{G}_\Omega$, one with constant R and the other not; if a critical Kähler metric is known to exist, then it will satisfy $R = \text{const}$ or not, according to whether the Futaki character is zero or not. This proves the theorem.

The question now arises, how does the Futaki character depend on the cohomology class Ω of the metric (g). It is obvious that some form of dependence must exist, for if we merely multiply a Kähler metric (g) (and hence its cohomology class Ω) by a constant $c > 0$, then on the one hand $F = G_g(R_g)$ is unaffected (modulo additive constants); on the other hand dV is homogeneous of weight n ($n = \dim_{\mathbf{C}} M$) with respect to (g), so that f, under such a change of metric, is replaced by $c^n f$.

A more interesting example on the effect of varying Ω on the Futaki character is the following: let $P_{\mathbf{C}}^2$ denote the complex projective plane and let M be the rational surface obtained by blowing up three non-collinear points of $P_{\mathbf{C}}^2$; since any two ordered, non-collinear triples in $P_{\mathbf{C}}^2$ are equivalent under the complex projective group, we may assume that they correspond to a basis for the vector space on which the homogeneous coordinates of $P_{\mathbf{C}}^2$ are linear functionals. The identity component $\mathfrak{H}_0(M)$ in the group $\mathfrak{H}(M)$ of holomorphic transformations of M maps injectively into a subgroup of the projective group, described by the action of complex diagonal (3×3)-matrix group on the homogeneous coordinates. The total automorphism group $\mathfrak{H}(M)$ of M is then generated by extending $\mathfrak{H}_0(M)$ by means of the permutation group acting on the three homogeneous coordinates selected, as well as by the holomorphic involution of M induced by the birational involution $\{(x, y, z) \to (yz, zx, xy)\}$ of $P_{\mathbf{C}}^2$. Now any Kähler class Ω on M which takes the same value on each of the three exceptional cycles arising from blowing up the three points $(1,0,0)$, $(0,1,0)$ and $(0,0,1)$ must have Futaki character identically zero, because there is no linear functional, other than zero, on the Lie algebra $\mathfrak{h}(M)$ of $\mathfrak{H}_0(M)$, that is invariant under cyclic permutation of the homogeneous coordinates.

On the other hand, consider a family of Kähler classes on M that have fixed, positive values on one non-exceptional cycle and on one of the three exceptional ones mentioned above, let us say on the one obtained from the point $(1,0,0) \in P_{\mathbf{C}}^2$, while the values at the other two exceptional cycles approach zero. In some sense the Kähler class Ω then approaches a degenerate class, pulled back from a Kähler class Ω' on the surface M' obtained by recollapsing the cycles in M obtained from $(0,1,0)$ and $(0,0,1)$ (or by blowing up just $(1,0,0)$ in $P_{\mathbf{C}}^2$). One can prove by a continuity argument that f_Ω in M approaches the character induced by pulling back the Futaki character $f_{\Omega'}$ from M' to M. In M' the existence of a critical Kähler metric (g') with $R_{g'}$ not constant was shown in [2], from which one deduces that f_Ω in M must be $\neq 0$, if Ω is sufficiently close to Ω'.

We will conclude this paper with the question whether (and, if so, how) the Futaki character, whenever it is non-trivial, can be lifted to a complex multiplicative group character of the connected automorphism group $\mathfrak{H}_0(M)$. Here too it would appear that the answer could be facilitated by an existence of extremal Kähler metrics.

References

[1] Bando, S.: An obstruction for Chern class forms to be harmonic. Manuscript received, 1983

[2] Calabi, E.: Extremal Kähler Metrics. Seminars on Differential Geometry (S.T. Yau, ed.). Princeton Univ. Press & Univ. of Tokyo Press, Princeton, New York, 1982, pp. 259–290

[3] Futaki, A.: An obstruction to the existence of Einstein-Kähler metrics. Inv. Math. **73,** Fasc. 3 (1983), 437–443

[4] Lichnérowicz, A.: Sur les transformations analytiques des variétés kählériennes. C.R. Acad. Sci. Paris, 244 (1957), 3011–3014

[5] Matsushima, Y.: Sur la structure du groupe d'homéomorphismes analytiques d'une certaine variété Kählérienne. Nag. Math. J. 11 (1957), 145–150

[6] Levine, M.: A remark on extremal Kähler metrics, manuscript submitted.

On the Characteristic Numbers of Complete Manifolds of Bounded Curvature and Finite Volume

By Jeff Cheeger[1] *and Mikhael Gromov*[2]

0. Introduction

Let M^n be a non-compact complete Riemannian manifold, whose sectional curvature K, and volume $\mathrm{Vol}(M)$ satisfy

$$|K| \leqq 1, \tag{0.1}$$

$$\mathrm{Vol}(M) < \infty. \tag{0.2}$$

Sometimes we will assume that M^n is diffeomorphic to the interior of a compact manifold $\bar{M}^n$ with boundary N^{n-1}.

Example 0.1. The simplest examples of manifolds of the above type are two dimensional. A neighborhood of infinity looks like several copies of $(A, \infty) \times S^1$, with metric

$$dr^2 + f^2(r)\tilde{g}, \tag{0.3}$$

where $\tilde{g}$ is the usual metric on S^1, $f > 0$, and

$$\begin{gathered} \frac{|f''|}{f} = |K| \leqq 1, \\ \int_A^\infty f < \infty. \end{gathered} \tag{0.4}$$

By a standard argument $|f'|/|f|$ is also bounded in this situation.

Let P denote an invariant polynomial of degree k, $(n = 2k)$ and $P(\Omega)$ the corresponding characteristic form in the curvature Ω of M. Here, we will assume that $P(\Omega)$ is either the Euler form $P_\chi(\Omega)$ or some Pontrjagin form, and for the most part we will restrict attention to the Pontrjagin form $P_L(\Omega)$, corresponding to the L-polynomial of the Hirzebruch Signature Theorem. Since $|K| \leqq 1$, $\mathrm{Vol}(M) < \infty$, the integral

$$\int_M P(\Omega) = P(M, g) \tag{0.5}$$

[1] Partially supported by N.S.F. Grant MCS 8102758
[2] Partially supported by N.S.F. Grant MCS 8203300

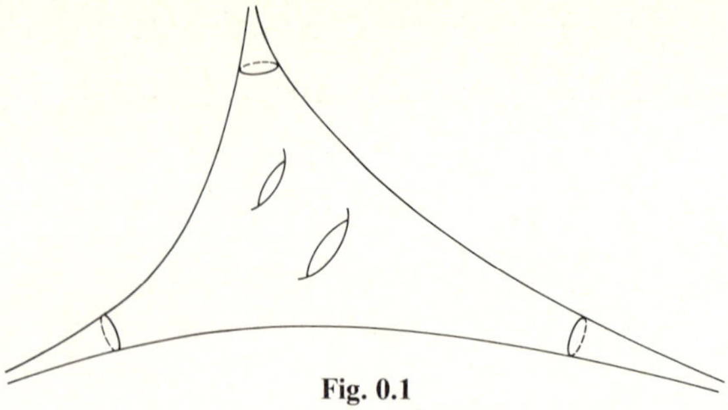

Fig. 0.1

defining the *geometric characteristic number* $P(M,g)$ is absolutely convergent (for the case of Pontrjagin forms, we assume M^{4l} is oriented). The numbers $P_\chi(M,g)$ and $P_L(M,g)$ will simply be denoted by $\chi(M,g)$ and $\sigma(M,g)$ respectively. We ask:

A) What values can $P(M,g)$ assume?
B) To what extent is $P(M,g)$ independent of the particular metric satisfying (0.1), (0.2)?
C) What is the purely topological significance of $P(M,g)$?

These questions were first considered for $\chi(M,g)$ in [CV], [Hu] and [Har], in the 2-dimensional and locally symmetric cases (see also [Ros]). They were also considered for $\chi(M,g)$ in [G_3] under the assumption that for some *profinite* covering space $\tilde{M}$ of M, the pulled back metric has *bounded geometry* (the definitions are given below). Our main concerns in this paper are to provide the details of a basic technical result (Theorem 2.1) which were not given in [G_3], to extend the discussion to the case of $\sigma(M,g)$ and to the case of normal coverings which are not necessarily profinite.

Observe that since $P(M,g)$ is a locally computable invariant, and thus behaves multiplicatively under coverings, it is natural to consider the effect of placing geometric hypotheses on various coverings $\tilde{M}$ of M. A covering $\tilde{M}$ is said to be *profinite* if there exists a decreasing sequence of subgroups of finite index, $\Gamma_j \subset \pi_1(M)$, such that $\cap \Gamma_j = \pi_1(\tilde{M})$.

Before describing answers to questions A)–C), we recall the situation for M^n closed. In this case, $P(M,g)$ is independent of g and equal to the *topological characteristic number*, $P(M)$, corresponding to P under the Chern-Weil homomorphism. Thus $P(M,g)$ is an integer if P comes from an integral class. Moreover, by the Gauss-Bonnet-Theorem and Hirzebruch-Signature-Theorem,

$$\chi(M,g) = \chi(M) \tag{0.6}$$

$$\sigma(M,g) = \sigma(M); \tag{0.7}$$

(since P_L corresponds to a rational class under the Chern-Weil homomorphism, (0.7) entails an integrality statement).

Since $\chi(M,g)$, $\sigma(M,g)$ are multiplicative under coverings, by (0.6), (0.7), the same holds for $\chi(M)$, $\sigma(M)$. Of course, since there is a local combinatorial formula for the Euler characteristic, $\chi(X)$ actually behaves multiplicatively for any space X. But at present, there is no *elementary* proof of the existence a local formula for

$\sigma(M)$, if M^n is closed. Moreover, for manifolds with boundary, $\sigma(M)$ does *not*, behave multiplicatively. Thus, there is no local formula in that case.

The generalizations of (0.6), (0.7) to manifolds with boundary are

$$\chi(M,g) + \mathrm{II}_\chi(N,g) = \chi(M), \tag{0.8}$$

$$\sigma(M,g) + \eta(N,g) + \mathrm{II}_\sigma(N,g) = \sigma(M). \tag{0.9}$$

Here, $\mathrm{II}_\chi(N,g)$, $\mathrm{II}_\sigma(N,g)$ are certain *locally computable* expressions involving the second fundamental form of N, and $\eta(N,g)$ is the η-invariant of Atiyah-Patodi-Singer, a *global* (spectral) invariant of N; see [APS_1] and Sect. 4. Formula (0.9) easily implies a crucial property of the η-invariant. If g_t is a 1-parameter family of metrics, the derivative, $\dot{\eta} = \frac{d}{dt}\eta(N,g_t)$, is in fact given by a locally computable formula involving $g, \dot{g}$. Similarly, the η-invariant $\eta_{E^k}(N,g)$ can be defined with coefficients in a flat orthogonal bundle E^k and

$$\dot{\eta}_{E^k} = k\dot{\eta}. \tag{0.10}$$

Thus

$$\frac{1}{k}\eta_{E^k}(N,g) - \eta(N,g) = \rho_{E^k}(N) \tag{0.11}$$

is independent of g. This invariant was introduced in [APS_2]. We will study its significance in our context.

We can now give some answers to questions A)–C).

A) The values of $P(M,g)$, for P an integral class, are discussed in [CGY]. The number $\chi(M,g)$ is always an *integer* but the geometric Pontrjagin numbers $P(M,g)$ can be irrational; see Example 1.8. The relation between the rationality of $P(M,g)$ and the geometry of M is studied in [CG_3].

B) Essentially, the standard argument for closed manifolds shows that $P(M,g_t)$ is independent of t, provided the family of metrics g_t satisfies (0.1), (0.2) and a growth property at infinity. But even the Euclidean spaces R^n, $(n \geqq 3)$, admit metrics g_0, g_1 satisfying (0.1) and (0.2), which can not be connected by such a deformation, and for which $\chi(R^n,g_0) \neq \chi(R^n,g_1)$, $\sigma(R^n,g_0) \neq \sigma(R^n,g_1)$ in appropriate dimensions; see Sect. 1. However $\chi(M,g)$, $\sigma(M,g)$ *are independent of* g *for metrics satisfying* (0.1), (0.2) and the following

Additional Hypothesis. For some neighborhood of infinity $U \subset M$, some profinite or normal covering space $\tilde{U}$ has injectivity radius at least (say) 1 for the pulled back metric,

$$i(\tilde{U}) \geqq 1. \tag{0.12}$$

Since also $|K| \leqq 1$ on U we say that U has *bounded geometry*, $\mathrm{geo}_{\tilde{\infty}}(M) \leqq 1$. If $U = M$ we write $\mathrm{geo}(\tilde{M}) \leqq 1$.[3] In this paper the notation $\mathrm{geo}_{\tilde{\infty}}(M) \leqq 1$, $\mathrm{geo}(\tilde{M}) \leqq 1$ will indicate that in addition $\tilde{U}$, $\tilde{M}$ are assumed to be profinite or

[3] To simplify the exposition, most statements and all proofs will be given only for the case $\mathrm{geo}(\tilde{M}) \leqq 1$

normal. When the distinction between the two cases is important it will be mentioned explicitly.

Even for metrics with $\operatorname{geo}_{\tilde{\infty}}(M) \leqq 1$, $P(M,g)$ may *not* be independent of g for arbitrary Pontrjagin numbers; see Example 1.9. Nevertheless, in certain *special* situations, one can show that *$P(M\,g)$ is independent of g and even prove analogous results for Pontrjagin classes*, by bringing in ideas related to the Novikov Conjecture; see [CG_4].

C) If $\operatorname{geo}_{\tilde{\infty}}(M) \leqq 1$, then $\chi(M,g)$ is a homotopy invariant and $\sigma(M,g)$ is a *proper homotopy invariant* of M; see Theorems 3.1, 5.1, 6.1, 6.2. The topological significance of these invariants is most easily explained if one adds further assumptions. If M has *finite topological type*, i.e. M is diffeomorphic to the interior of a compact manifold with boundary $\bar{M}$, then (0.6) holds, $\chi(M,g) = \chi(M)$. Now suppose in addition, that the (not necessarily normal) covering space $\tilde{M}$, is profinite with $\operatorname{ind}(\Gamma_j) = d_j$. Then for the corresponding covering spaces p_j: $\tilde{M}_j \to M$, we have

$$\sigma(M,g) = \lim_{j\to\infty} \frac{1}{d_j}\,\sigma(\tilde{M}_j); \tag{0.13}$$

see Theorem 5.1. The existence of the limit on the right hand side of (0.13) is not obvious a priori. Although the limit can be shown to exist under more general circumstances (see Theorem 7.3) whether it exists for arbitrary compact manifolds with boundary seems difficult to decide.

If one continues to assume that M is profinite but drops the assumption of finite topological type, there are still expressions for $\chi(M,g)$, $\sigma(M,g)$ which generalize (0.13).

Finally, suppose $\tilde{M}$ is normal but not necessarily profinite. We begin by observing that the L^2-Index-Theorem for normal coverings of compact manifolds (see [A], [S]) can be extended to our situation. Thus we have

$$\begin{aligned}\chi(M,g) &= \chi_{(2)}(M),\\ \sigma(M,g) &= \sigma_{(2)}(M)\end{aligned} \tag{0.14}$$

where $\chi_{(2)}(M)$, $\sigma_{(2)}(M)$ are the L^2-Euler characteristic and signature; see Sect. 6. If M is compact, Dodziuk has shown that $\chi_{(2)}(M)$, $\sigma_{(2)}(M)$, as well as the corresponding L^2-Betti numbers $\bar{b}^i_{(2)}(M)$, are homotopy invariants of M; see [D_1]. Here and in [CG_1] we show that these numbers are *homotopy invariants* in our context.[4]

Parts of the general picture presented so far can be easily grasped on the basis of the following (simply stated but difficult to establish) generalization of the situation described in Example 0.1.

Assertion 0.1. If M^n is complete with $|K| \leqq 1$, and $\operatorname{Vol}(M^n) < \infty$ then M^n admits an exhaustion by compact manifolds with smooth boundary, M^n_k, such that $\operatorname{Vol}(\partial M^n_k) \to 0$ and for which the second fundamental forms $\mathrm{II}(\partial M^n_k)$ are uniformly bounded.

[4] As above, $\sigma_{(2)}(M)$ is only a proper homotopy invariant

If we grant the above assertion, it follows immediately from (0.8) that

$$\chi(M^n, g) = \chi(M_k^n) \in \mathbb{Z}, \tag{0.15}$$

for k sufficiently large. The point is

$$\lim_{k\to\infty} \mathrm{II}_\chi(\partial M_k^n, g) = 0. \tag{0.16}$$

However, according to the discussion of B) above, different metrics satisfying (0.1), (0.2) can give rise to *topologically distinct exhaustions*, if we omit the assumption $\mathrm{geo}_{\tilde\infty}(M) \leqq 1$.

Assume now that $\mathrm{geo}_{\tilde\infty}(M) \leqq 1$, and also that M^n has finite topological type. We can then explain (0.13) (which implies that $\sigma(M^n, g)$ is independent of g); the analogous result for $\chi(M^n, g)$ follows similarly. Recall that the signature of an (oriented) manifold with boundary X^{4l} is defined as the signature of the cup product pairing restricted to the group.

$$j(H^{2l}(X^{4l}, \partial X^{4l})) \subset H^{2l}(X^{4l}), \tag{0.17}$$

where j is the natural inclusion. In general, if we set

$$\mathbf{b}^i(A) = \dim\{j(H^i(A, \partial A) \subset H^i(A)\} \tag{0.18}$$

(where $H^i(A, \partial A)$ denotes cohomology with compact supports) then $A_1 \subset A_2$ is easily seen to imply

$$\mathbf{b}^i(A_1) \leqq \mathbf{b}^i(A_2). \tag{0.19}$$

It follows that if M^{4l} has finite topological type and M_k^{4l} is *any* exhaustion, for all sufficiently large k,

$$\mathbf{b}^i(p_j^{-1}(M_k^{4l})) = \mathbf{b}^i(\tilde M_j). \tag{0.20}$$

Similarly,

$$\sigma(p_j^{-1}(M_k^{4l})) = \sigma(\tilde M_j). \tag{0.21}$$

Thus, if we use the exhaustion supplied by Assertion 0.1, together with (0.9), it suffices to establish that for all $\varepsilon > 0$, there exists $k_0, N(k)$ such that for $k > k_0$, $j > N(k)$,

$$\left|\frac{1}{d_j}\eta(p_j^{-1}(\partial M_k^{4l}))\right| < \varepsilon. \tag{0.22}$$

This is a direct consequence of the following basic estimate for the η-invariant; see Sect. 4.

Theorem 0.1. There exists a constant[5] $c(4l-1)$ such that if N^{4l-1} is compact and satisfies $\mathrm{geo}(N) \leqq 1$, then

$$|\eta(N^{4l-1})| \leqq c(4l-1)\,\mathrm{Vol}(N^{4l-1}). \tag{0.23}$$

---

[5] Throughout the paper we make the following convention. We indicate the dependence of constants appearing in estimates on parameters by writing e.g. $c(n)$ for any constant depending only on n. Thus if any parameter does not appear, it means that the constant can be estimated independent of this parameter

As we mentioned, the simple picture provided by Assertion 0.1 is actually technically difficult to establish. The proof depends on a generalization of the arguments of [G_1] and will not be attempted here. But for our present purposes, a much less delicate result will suffice. This is the analog of Assertion 0.1 for the covering space $\tilde{M}$; see Theorem 2.1.

The rationality or irrationality of $P(M, g)$ is related to the properties of a generalized torus action (f-structure) which can be shown to exist outside of a compact subset of M; see Sect. 1 for examples, and [CG_2] and [CGY] for details.

The remainder of this paper will consist of seven sections as follows.

1. Examples
2. Approximation Theorems
3. The Euler Characteristic and Stable Acyclicity of the Boundary
4. An Estimate for the η-Invariant
5. The η-Invariant and Signature
6. L^2 Theory for Normal Coverings
7. L^2 Theory for Profinite Normal Coverings

During parts of the preparation of this paper, the first author enjoyed the hospitality of the I.H.E.S. He wishes to thank Prof. N. Kuiper.

We are also grateful to Dusa McDuff for helpful conversations concerning the concept of von Neumann dimension used in Sect. 6.

1. Examples

An indication of richness of the class of complete Riemannian manifolds with $|K| \leqq 1$, $\mathrm{Vol}(M) < \infty$, is provided by examples such as the following, which are constructed "by hand". These examples also give some feeling for the geometry of manifolds in this class. Of course, certain classical examples such as locally symmetric spaces have been studied in enormous detail.

Example 1.1 (R^2, g). By forming the surface of revolution generated by a suitable curve as in Fig. 1.1, we obtain a metric g with $|K| \leqq 1$, $\mathrm{Vol}(R^2) < \infty$ on R^2.

For this metric, clearly $\chi(R^2, g) = 1$.

Example 1.2 (R^{2m}, g^m). If g is as in Example 1.1, the metric $g_0 = g x \ldots g$ (m factors) on R^{2m} satisfies

$$\chi(R^{2m}, g_0) = \chi(R^{2m}) = 1. \tag{1.1}$$

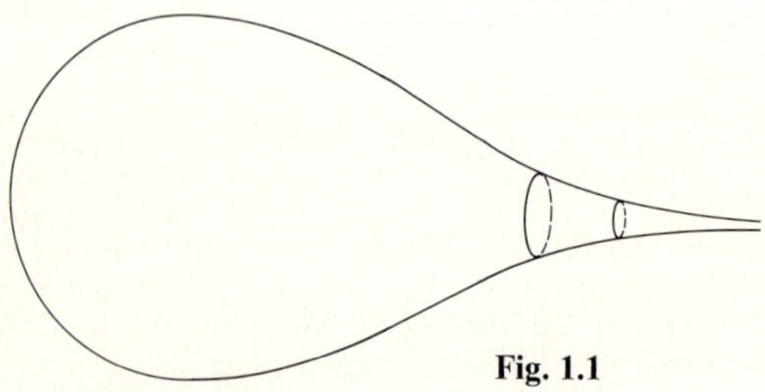

Fig. 1.1

We now recall a construction from $[G_3]$ for producing metrics with $|K| \leqq 1$, $\mathrm{Vol}(M^3) < \infty$ on a large class of 3-manifolds called *graph manifolds*. We then show how this can be applied in a simple fashion to $\mathbb{R}^3$. Finally we generalize to $\mathbb{R}^n$, yielding in particular, a metric g_1 with $\chi(\mathbb{R}^4, g_1) = 0$.

Example 1.3 (graph manifolds). Let Σ_i^2, $i = 1, 2, \ldots$ be a sequence of compact 2-manifolds whose boundaries are unions of circles, S_{ij}^1, $j = 1, \ldots, j(i)$. Topologically, the graph manifolds in question are obtained as follows. Take an infinite sequence of circles S_i^1 and form $\Sigma_i^2 \times S_i^1$. Then form a non-compact manifold without boundary, M^3, by identifying the boundary components $S_{ij}^1 \times S_i^1$, $S_{i'j'}^1 \times S_{i'}^1$ in pairs, preserving the product structure but interchanging the roles of the factors.[6]

The metric on M^3 is obtained by gluing together metrics on the pieces $\Sigma_i^2 \times S_i^1$ by isometries of their boundaries. The metric on $\Sigma_i^2 \times S_i^1$ is a product metric where the S^1 factor has length ε_i. Given any sequence $(\delta_i) = \delta(i, l), \ldots, \delta(i, j(i))$ we can find a metric $g_{(\delta_i)}$ on Σ_i^2 with

$$\mathrm{Vol}(\Sigma_i^2, g_{(\delta_i)}) < c(\Sigma_i^2), \tag{1.3}$$

$$\mathrm{Length}(S_{ij}^1) = \delta(i, j), \tag{1.4}$$

such that $g_{(\delta_i)}$ splits isometrically as a product near the boundary $\cup S_{ij}^1$. This is done by a slight modification of the construction of Example 0.1. By taking $\delta(i, j) = \varepsilon_{j'}$ where i, j, i', j' are as above and choosing ε_i such that

$$\Sigma \varepsilon_i \times c(\Sigma_i^2) < \varepsilon < \infty, \tag{1.5}$$

we get the required metric.

Remark 1.1. If all Σ_i^2 have non-positive Euler characteristic, the above metric can be chosen to have non-positive curvature.

Example 1.4 $(\mathbb{R}^3, h)$. Write $\mathbb{R}^3$ as an increasing union of solid tori, $D_i^2 \times S^1$ (each contractible in the next) as in Fig. 1.2.

If we set $\Sigma_1^2 \times S^1 = D_1^2 \times S^1$, it suffices to decompose the region between each pair $D_i^2 \times S^1$, $D_{i+1}^2 \times S^1$ into two pieces $\Sigma_{2i}^2 \times S^1 \cup \Sigma_{2i+1}^2 \times S^1$. To do this, view $D_{i+1}^2 \times S^1$ as a solid cylinder C about the x-axis, with ends identified. Let A denote the axis of C and S a circle which links A. Identify $D_i^2 \times S_i^1$ with a small tubular neighborhood $T_\varepsilon(S)$ of S, and put $\Sigma_{2i+1}^2 \times S^1 = D_{2i+1}^2 \times S^1 = T_\varepsilon(A)$.

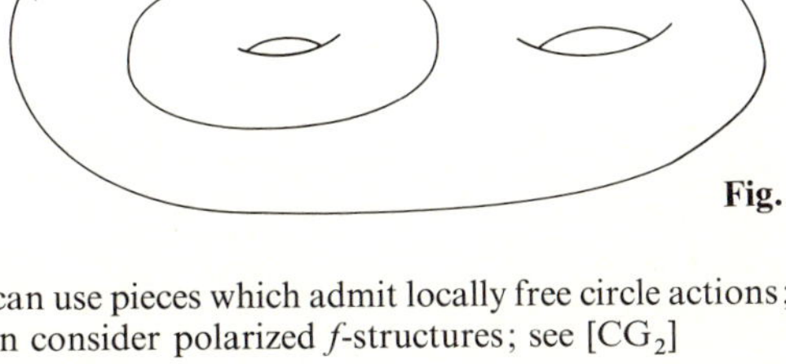

Fig. 1.2

[6] More generally one can use pieces which admit locally free circle actions; see Example 1.7. Still more generally one can consider polarized f-structures; see $[CG_2]$

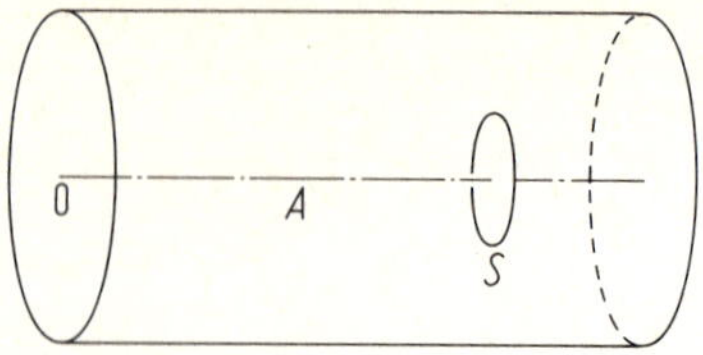

Fig. 1.3

Then $C\backslash T_\varepsilon(A)\backslash T_\varepsilon(S)$ split as a product $\Sigma_{2i}^2 \times S^1$. Here the S^1 factors are circles linking A. Each such circle intersects the positive quadrant of the $x-z$ plane in a unique point. It follows that Σ_{2i}^2 is a rectangle with a disc deleted and ends identified (i.e., a band F^2 with a disc deleted).[7]

Example 1.5 ($R^{2m+3k}, g^m \times h^k$). As a consequence of the local product structure, it follows that for k positive and even, any characteristic from vanishes identically. In particular for n even, $n \geqq 6$, we obtain metrics $\underline{g}$ on R^n with

$$\chi(R^n, \underline{g}) = 0 \neq \chi(R^n). \tag{1.6}$$

Example 1.6 (R^n, g_1). The construction of Example 1.4 generalizes to give a family of metrics on R^n, $n \geqq 3$. Thus for n even, $n \geqq 4$, we get metrics satisfying

$$\chi(R^n, g_1) = 0. \tag{1.7}$$

To obtain g_1, write R^n as a union of solid tori $D^2 \times T^{n-2}$ where $T^{n-2} = S^1 \times \ldots \times S^1$ ($j-2$ factors). Replace A of Example 1.4 by T^{n-2}. Let T^{n-3} be contractibly imbedded in T^{n-2} and replace C by the product of T^{n-3} and a circle linking T^{n-2}. The rest of the construction proceeds as before yielding

$$\Sigma_{2i+1}^2 \times T^{n-2} = D^2 \times T^{n-2}, \qquad \Sigma_{2i}^2 \times T^{n-2} = F^2 \times T^{n-2}.$$

Example 1.7[8] (2-plane bundles, $\sigma(\mathbb{R}^4, g_f) = \frac{2}{3}$). Let $E^2 \to X^{n-2}$ be a 2-plane bundle with connection θ and let $S^1 \to N^{n-1} \xrightarrow{\pi} X^{n-2}$ be the associated circle bundle. We will construct a metric g_f with $|K| \leqq 1$, $\mathrm{Vol}(M^n) < \infty$ on the total space M^n of E^2, for suitable $f\colon \mathbb{R}^+ \to \mathbb{R}^+$.

Let X have metric h and let H denote the horizontal subbundle for θ. Let z be the infinitesimal generator of the generator of the S^1 action and assume $\theta(z) = 1$. We consider the metric

$$\rho_f = \pi^* h + f^2 \theta^2 \tag{1.7}$$

on N and the metric

$$g_f = dr^2 + \rho_{f(r)} \tag{1.8}$$

on M^n.

If u is a vector field on X, let $\underline{u}$ denote its horizontal lift. Define the skew symmetric transformation $S\colon H \to H$ by

$$-\Omega(u,v) = \langle S(\underline{u}), \underline{v}\rangle = \langle [\underline{u}, \underline{v}], z\rangle. \tag{1.9}$$

[7] The fact that the region between two solid tori decomposes as above is used in [So] for example, to show that the connected sum of 3-dimensional graph manifolds is again a graph manifold. More generally, as observed in [G_3], this argument works in odd dimensions.
[8] See [CGY] for a simplification and generalization of Examples 1.7 and 1.8

Then the Euler form of E^2 is

$$P_\chi(\Omega) = \frac{1}{2\pi}\,\Omega. \tag{1.10}$$

Let $\tilde{R}_f, \mathscr{R}$ denote the curvature tensors of N, and X respectively. Let $\bar{\nabla}$ be the pullback of the Riemannian connection on X. Then by a straightforward calculation [based, for example, on formula (2.66) of Sect. 2]

$$\begin{aligned}\tilde{R}_f(u,v)\,w = \underline{\mathscr{R}(u,v)\,w} + \frac{f^2}{4}\,\{&\langle S(\underline{u}),\underline{w}\rangle\, S(\underline{v}) - \langle S(\underline{v}),\underline{w}\rangle\, S(\underline{u})\\ &+ \langle S(\underline{u}),\underline{v}\rangle\, S(\underline{w}) - \langle S(\underline{v}),\underline{u}\rangle\, S(\underline{w})\}\\ &+ \langle \bar{\nabla}_{\underline{u}} S(\underline{v}),\underline{w}\rangle\, z_f - \langle \bar{\nabla}_{\underline{v}} S(\underline{u}),\underline{w}\rangle\, z_f,\end{aligned} \tag{1.11}$$

$$\tilde{R}_f(\underline{u},z_f)\,z_f = -\frac{f^2}{4}\,S^2(\underline{u}), \tag{1.12}$$

where $z_f = z/f$. In particular, as $f\to 0$, $\mathrm{Vol}(N)\to 0$ but $|K_f|$ remains bounded. This is essentially the Berger example; see e.g. [CE].

A similar calculation shows that the curvature R of g_f satisfies

$$R(u,v)\,w = \tilde{R}_f(u,v)\,w, \tag{1.13}$$

$$R(u,z_f)\,v = \tilde{R}_f(u,z_f)\,v + f'\langle S(u),v\rangle\, T, \tag{1.14}$$

$$R(u,z_f)\,z_f = \tilde{R}_f(u,z_f)\,z_f, \tag{1.15}$$

$$R(u,T)\,T = 0, \tag{1.16}$$

$$R(z_f,T)\,T = -\frac{f''}{f}\,z_f \tag{1.17}$$

where we have put $T = \partial/\partial r$. In particular, we have $|K| < 1$, $\mathrm{Vol}([A,\infty)\times N) < \infty$, for suitable f; e.g. $f = e^{-r}$ or $f = r^{-c}$, $c > 1$.

Formulas (1.13)–(1.17) together with (0.9) can be used to calculate $\sigma(Y^4, g)$ if Y^4 is isometric to $([1,\infty)\times N, g)$ near infinity. Recall that in dim 4,

$$P_L(R) = \frac{1}{3}\,p_1(R) = \frac{-1}{24\pi^2}\,\mathrm{tr}(R\wedge R). \tag{1.18}$$

Assume now for simplicity that $\bar{\nabla} S = 0$ where S is as in (1.8) and put

$$\Omega = -s\cdot\omega \tag{1.19}$$

where ω is the volume form on X^2. If $\mathscr{K}$ denotes the curvature of X^2 a routine computation gives

$$P_L(R) = \frac{1}{6\pi^2}\,\{f^3 f' s^3 - \mathscr{K} f f' s + f'' f' s\}\, dr\wedge\omega\wedge\theta. \tag{1.20}$$

By choosing $f = r$ near $r = 0$, we obtain a metric g_f on M^4 for which

$$\sigma(M^4, g_f) = \tfrac{1}{3}\chi(E^2). \tag{1.21}$$

By (0.9), we get

$$\lim_{f \to 0} \eta(N^3, \rho_f) = \sigma(M^4) - \sigma(M^4, g) = -\operatorname{sign}\chi(E^2) + \tfrac{1}{3}\chi(E^2), \tag{1.22}$$

where

$$\operatorname{sign}\chi(E^2) = \begin{cases} \chi(E)^2/|\chi(E^2)|, & \chi(E^2) \neq 0 \\ 0, & \chi(E^2) = 0. \end{cases} \tag{1.23}$$

Thus if Y^4 is as above

$$\sigma(Y^4, g_f) = \sigma(Y^4) + \operatorname{sign}\chi(E^2) - \tfrac{1}{3}\chi(E^2). \tag{1.24}$$

In particular by considering the Hopf fibration $S^1 \to S^3 \to S^2$, we get

$$\sigma(R^4, g_f) = \tfrac{2}{3}. \tag{1.25}$$

Example 1.8 $\left(\sigma(R^4, g_\gamma) = \dfrac{1}{3}\left(\gamma + \dfrac{1}{\gamma}\right), 0 < \gamma < \infty\right)$. We now construct a family of metrics g_γ on $\mathbb{R}^4$, $0 < \gamma < \infty$, with bounded curvature and finite volume, such that $\sigma(M, g) = \dfrac{1}{3}\left(\gamma + \dfrac{1}{\gamma}\right)$ ($\gamma = 1$ corresponds to the metric in Example 1.7).

First consider a local orthonormal frame field $e_1, \ldots, e_m$ on a Riemannian manifold N^m. Recall that if

$$w_i = e_i^* \tag{1.26}$$

$$w_{ij}(x) = \langle \nabla_x e_j, e_i \rangle \tag{1.27}$$

$$\Omega_{ij}(x, y) = \langle R(x, y)\, e_j, e_i \rangle, \tag{1.28}$$

then we have the structural equations

$$d w_i = -\sum_j w_{ij} w_j \tag{1.29}$$

$$d w_{ij} = -\sum_k w_{ik} w_{kj} + \Omega_{ij}. \tag{1.30}$$

(Here and below the wedge product symbol is omitted.) Consider a 1-parameter family of metrics h_t for which $e_1, \ldots, e_{m-1}, \dfrac{1}{t} e_m$ is orthonormal. Since the connection forms are the unique forms satisfying (1.29) (for h_t) which are antisymmetric in i, j, we easily obtain

$$w_{ij}^t = w_{ij} + (1 - t^2)\, b_{ij} w_m, \qquad 1 \leqq i \leqq m - 1 \tag{1.31}$$

$$w_{im}^t = \frac{1}{t}\left(w_{im} + \sum_1^n (1 - t^2)\, b_{ij} w_j\right). \tag{1.32}$$

Here b_{ij} are the unique functions for which

$$d w_m = \sum_{i,j=1}^m b_{ij} w_i w_j \tag{1.33}$$

and

$$b_{ij} = -b_{ji}. \tag{1.34}$$

If however, $e_m = f \cdot v$ for some smooth function f and (non-vanishing) Killing field v, then using (1.27) and

$$\langle \nabla_x v, y\rangle + \langle \nabla_y v, x\rangle = 0, \tag{1.35}$$

it follows that

$$w_{im} = -\sum_{i=1}^{m} b_{ij} w_j. \tag{1.36}$$

Thus, (1.32) is replaced by

$$w^t_{i,m} = t w_{i,m} \tag{1.37}$$

in this case. By (1.30) (for h_t)

$$\Omega^t_{ij} = \Omega_{ij} + (1 + t^2)\left[d(b_{ij}) w_m + \sum_{k=1}^{m-1} b_{jk} w_{ki} w_m - b_{ik} w_{kj} w_m - w_{im} w_{mj}\right], \tag{1.38}$$

$$\Omega^t_{im} = t\Omega_{im} - t(1 - t^2) \sum b_{ij} w_{jm} w_m. \tag{1.39}$$

Note that (1.37)–(1.39) exhibit the basic fact that as $t \to 0$, h_t converges to a metric which is the warpped product of a *smooth* metric on some U^{m-1} and an interval (whose length approaches zero).

Now suppose N^{4l-1} is compact, oriented and that v (non-vanishing) is globally defined. Then (1.37)–(1.39) can be used to calculate the derivative with respect to t of the secondary invariant corresponding to P_L, and hence of the η-invariant, η_t (see [APS$_1$], [APS$_2$] and [CS]). In particular, in dim 3, we have

$$\lim_{t\to 0} \eta_t = \eta_1 - \frac{1}{12\pi^2} \int_0^1 \int_{N^3} \operatorname{tr}(\Omega^t \wedge (w^t)')\, dt, \tag{1.40}$$

where $(w^t)'$ denotes the derivative of the connection form with respect to t. For the case in which h_1 is the standard metric on S^3, we have $\eta_1 = 0$, $\Omega_{ij} = w_i w_j$,

$$(w_{12})' = -2t b_{12} w_3, \tag{1.41}$$

$$(w_{13})' = w_{13} = -b_{12} w_2 - b_{13} w_3, \tag{1.42}$$

$$(w_{23})' = w_{23} = -b_{21} w_1 - b_{23} w_3, \tag{1.43}$$

$$\Omega^t_{12} = w_1 w_2 + (1 - t^2)[d(b_{12} w_3) - w_{13} w_{32}] \tag{1.44}$$

$$\Omega^t_{13} = t w_1 w_2 - t(1 - t^2) b_{12} w_{23} w_3 \tag{1.45}$$

$$\Omega^t_{23} = t w_2 w_3 - t(1 - t^2) b_{21} w_{13} w_3. \tag{1.46}$$

Using

$$d w_3 = 2 b_{12} w_1 w_2 \tag{1.47}$$

in (1.44), and (1.43), (1.44) in (1.45), (1.46) one checks that

$$-\frac{1}{12\pi^2}\operatorname{tr}(\Omega^t \wedge w') = \frac{1}{12\pi^2}[\Omega^t_{12} w'_{12} + \Omega^t_{13} w'_{13} + \Omega^t_{23} w'_{23}]$$
$$= -\frac{2}{3\pi^2} t(1-t^2)\, b_{12}^3 w_1 w_2 w_3. \tag{1.48}$$

Hence by (1.40),

$$\lim_{t\to 0} \eta_t = -\frac{1}{3\pi^2}\int_{S^3} b_{12}^3. \tag{1.49}$$

Now let $(r_1, \theta_1, r_2, \theta_2)$ be polar coordinates on $\mathbb{R}^2 \times \mathbb{R}^2 = \mathbb{R}^4$, and introduce coordinates (s, θ_1, θ_2) on the unit sphere S^3 by putting

$$\tan s = r_1/r_2, \quad 0 \leqq s \leqq \tfrac{\pi}{2}. \tag{1.50}$$

Then the standard metric on S^3 is

$$h_1 = ds^2 + \cos^2 s\, d\theta_1^2 + \sin^2 s\, d\theta_2^2. \tag{1.51}$$

Up to isometry any Killing field v on S^3 is given by

$$v = \alpha \frac{\partial}{\partial\theta_1} + \beta \frac{\partial}{\partial\theta_2}, \tag{1.52}$$

where α, β are constants. Take

$$e_3 = \frac{1}{(\alpha^2\cos^2 s + \beta^2\sin^2 s)^{1/2}}\left(\beta\tan s\frac{\partial}{\partial\theta_1} - \alpha\cot s\frac{\partial}{\partial\theta_2}\right). \tag{1.53}$$

Then

$$b_{12} = \tfrac{1}{2} dw_3(e_1, e_2) = \tfrac{1}{2}\langle [e_1, e_2], e_3\rangle = \frac{\alpha\beta}{(\alpha^2\cos^2 s + \beta^2\sin^2 s)}. \tag{1.54}$$

Since

$$\operatorname{area}(S^1 \times S^1) = 4\pi^2 \sin s \cos s, \tag{1.55}$$

we get

$$\int_{S^3} b_{12}^3 = 4\pi^2\alpha^4\beta^4\int_0^{\pi}\frac{\sin s\cos s\, ds}{(\alpha^2\cos^2 s + \beta^2\sin^2 s)^3}$$
$$= \frac{2\pi^2\alpha^3\beta^3}{(\beta^2 - \alpha^2)}\int_{\beta^2}^{\alpha^2}\frac{du}{u^3} = \pi^2\left(\frac{\alpha}{\beta} + \frac{\beta}{\alpha}\right). \tag{1.56}$$

Thus if $\alpha/\beta = \gamma$, (1.49) gives

$$\lim_{t\to 0}\eta_t = -\tfrac{1}{3}\left(\gamma + \frac{1}{\gamma}\right). \tag{1.57}$$

Finally, for fixed γ, consider a metric on R^4 which, near infinity, looks like

$$g_\gamma = dr^2 + h_{e^{-r}}. \tag{1.58}$$

Then (0.9) and (1.57) give

$$\sigma(R^4, g_\gamma) = \tfrac{1}{3}\left(\gamma + \frac{1}{\gamma}\right). \tag{1.59}$$

Example 1.9 [Non-invariance of $P(M^{4l}, g)$]. Let N^{4l-1} be compact and oriented. Suppose (M^{4l}, g) is isometric to $([0,\infty) \times N^{4l-1}, g_0)$ near infinity, with $\mathrm{Vol}([0,\infty) \times N, g_0) < \infty$, $\mathrm{geo}([0,\infty) \times \tilde{N}) \leqq 1$. After changing g_0 on a compact set, an operation which preserves $P(M,g)$, we can assume that on $[0,1] \times N$,

$$g_0 = dt^2 + \bar{g}, \tag{1.60}$$

for some metric on $\bar{g}$ on N.

Construct a second metric g, as follows. Let $\phi\colon N \to N$ be an orientation preserving diffeomorphism (which might not be isotopic to the identity). Let

$$g_1 = \begin{cases} g_0 & [0,\frac{1}{3}] \times N \\ h & [\frac{1}{3},\frac{2}{3}] \times N \\ (1 \times \phi)^*(g_0) & [\frac{2}{3},\infty) \times N \end{cases} \tag{1.61}$$

where h is any smooth interpolation between g_0 and $(1 \times \phi)^*(g_0)$. Since for any P we have $P([0,1] \times N, g_0) = 0$, it follows that

$$P([0,\infty) \times N, g_1) - P([0,\infty) \times N, g_0) = P([0,1] \times N, g_1). \tag{1.62}$$

Form a closed manifold X^{4k} by identifying $0 \times N$ with $1 \times \phi(N)$. Clearly $g_1 | [0,1] \times N$ pushes down to a metric on X^{4k}. Thus if P corresponds to an integral class, the difference in (1.62) is an integer. But if $P \neq P_L$, in general

$$P([0,1] \times N, g_1) = P(X^{4k}, g_1) \neq 0. \tag{1.63}$$

Thus, $P(M,g)$ may depend on g even if $\mathrm{geo}_{\tilde{\infty}}(M) \leqq 1$.

For further examples and related constructions the reader is referred to [G_3].

2. Approximation Theorems

We begin this section with a theorem which asserts that any subset of a manifold of bounded geometry is contained in a (top dimensional) submanifold the geometry of whose boundary is controlled. Although this suffices for the application to $\chi(M^n, g)$, a second result (Theorem 2.5) concerning the regularization of metrics of bounded geometry is required in order to treat $\sigma(M^n, g)$.

Theorem 2.1 (Neighborhoods of bounded geometry). Let V^n be a complete Riemannian manifold and $W_0 \subset V$, an arbitrary subset. Assume that on the 1-tubular neighborhood $T_1(W_0)$, we have $\mathrm{geo}[T_1(W_0)] \leqq 1$. Then given $\varepsilon > 0$, there exists a submanifold with boundary $W_\varepsilon^n \subset V^n$ such that

1) $W_0 \subset W_\varepsilon^n$.
2) W_ε^n is contained in the ε-tubular neighborhood $T_\varepsilon(W_0)$ of W_0.

3) There are constants $c(n)$, $c(n, i, \varepsilon)$ such that

$$\operatorname{Vol}(\partial W_\varepsilon^n) \leqq c(n) \operatorname{Vol}[T_\varepsilon(\partial W_0)], \tag{2.1}$$

$$\| \nabla^i \operatorname{II}(\partial W_\varepsilon^n) \| \leqq c(n, i, \varepsilon). \tag{2.2}$$

If $V = \mathbb{R}^n$, then W_ε^n can be obtained as follows. Divide $\mathbb{R}^n$ into closed cubes of side ε, with disjoint interiors. Let $\tilde{W}_\varepsilon$ consist of those cubes whose intersection with W_0 is non-empty, and smooth the corners of $\tilde{W}_\varepsilon$ appropriately to obtain W_ε. Although this approach can be made to work in general (by using the triangulation lemma of [CMS], Sect. 7 or related unpublished results of Calabi) it is more efficient to proceed by combining the following three lemmas.

Let Ric denote the Ricci curvature of M^n.

Lemma 2.2 (Covering lemma). Let M^n be complete with $\operatorname{Ric} \geqq -1$. Fix $\rho_0 > 0$ and $\lambda > 1$. Then for all $0 < \rho \leqq \rho_0$, there is a covering of M^n by sets $U_1, \ldots, U_N$, such that

1) Each U_i is a union of (possibly infinitely many) disjoint metric balls of radius ρ, and the distance between the centers of each pair of balls is at least $2\lambda\rho$.
2) $N \leqq c(n, \rho_0, \lambda)$.

To state the next lemma we need a definition. Let $X^k \subset M^n$ be a submanifold with empty boundary, and let $N_x(X^k)$ denote the normal space to X^k at x. A metric ball $B_\rho(p)$ is called *ε-transversal* to X^k if the following holds. If $x \in X^k$ and γ is a minimal geodesic from x to p whose length $L[\gamma]$ satisfies,

$$\rho - \varepsilon \leqq L[\gamma] \leqq \rho + \varepsilon,$$

then the angle between $\gamma'(0)$ and $N_x(X^k)$ is at least ε.

Lemma 2.3 (Transversality lemma). Let $\operatorname{geo}[T_{2\rho}(X^k)] \leqq 1$ and $\| \operatorname{II}(X^k) \| \leqq \Lambda$. Then for all $\delta > 0$, $B_\delta(q)$ contains a point p such that $B_\rho(p)$ is ε-transverse to X^k with

$$\varepsilon = \frac{c(n, \Lambda)\, \delta^n e^{-n\rho}}{\operatorname{Vol}(W^k)}. \tag{2.3}$$

Lemma 2.4 (Smoothing corners). Let $V_1^n, V_2^n \subset M^n$ be compact manifolds with smooth boundary. Assume $\operatorname{geo}(V_j) \leqq 1$, $\| \operatorname{II}(\partial V_j) \| \leqq \Lambda$, and for all $x \in \partial V_1^n \cap \partial V_2^n$

$$\measuredangle\, (N_x(\partial V_1^n), N_x(\partial V_2^n)) \geqq \varepsilon. \tag{2.4}$$

Then for all $\varepsilon' > 0$, there exists a smooth manifold X^n such that

$$X^n \subset V_1^n \cup V_2^n \subset T_{\varepsilon'}(X^n), \tag{2.5}$$

$$\operatorname{Vol}(\partial X^n) \leqq c(n, \varepsilon, \Lambda)\, [\operatorname{Vol}(V_1) + \operatorname{Vol}(V_2)]^2 \tag{2.6}$$

$$\| \operatorname{II}(\partial X^n) \| \leqq c(n, \varepsilon, \varepsilon', \Lambda). \tag{2.7}$$

Proof of Theorem 2.1. Take $\rho = \varepsilon/4$, $\lambda = 10$ and let $U_1, \ldots, U_N$ be as in Lemma 2.2 with

$$N \leqq c(n, \varepsilon/4, 10). \tag{2.8}$$

Let $S_i = \bigcup_j B_{\varepsilon/4}(\tilde{p}_{i,j})$ consist of those balls of U_i whose intersection with W_0 is non-empty, and let $\tilde{V}_i = \bigcup_j B_{3\varepsilon/4}(\tilde{p}_{i,j})$. Let $\tilde{V}_1 = V_1$. By Lemma 2.3, we can find points $p_{2,j}$ with $\operatorname{dist}(\tilde{p}_{2,j}, p_{2,j}) \leqq \varepsilon/4$, and such that $V_2 = \bigcup_j B_{3\varepsilon/4}(p_{2,j})$ is ε-transverse to V_1 with ε as in Lemma 2.3. Since in particular

$$\| \mathrm{II}(\partial V_j) \| \leqq c(n)\, \varepsilon^{-1}, \tag{2.9}$$

applying Lemma 2.4 with $\varepsilon' = \varepsilon/4N$ gives

$$S_1 \cup S_2 \subset W_2 \subset T_\varepsilon(W_0). \tag{2.10}$$

Now replace $\tilde{V}_1, \tilde{V}_2$ by $W_2, \tilde{V}_3$ and repeat the construction to get W_3. By proceeding in this fashion, after N steps we obtain required manifold $W_\varepsilon^n = W_N^n \supset W_0$.

Proof of Lemma 2.2. Take a maximal set of balls of radius ρ such that 1) is satisfied; i.e. the centers of each pair of balls are at distance $\geqq 2\lambda\rho$. Let U_1 be the union of these balls. Then for all $p \in V$,

$$\operatorname{dist}(p, U_1) < 2\lambda\rho - \rho. \tag{2.11}$$

Now choose a set U_2 of balls of radius ρ such that 1) is satisfied, the centers of all balls lie in the complement U_1' of U_1, and the set is maximal with respect to these properties. Then if $p \in U_1'$

$$\operatorname{dist}(p, U_2) < 2\lambda\rho - \rho. \tag{2.13}$$

By repeating the process with U_1 replaced by $U_1 \cup U_2$ we construct U_3 such that if $p \in (U_1 \cup U_2)'$ then

$$\operatorname{dist}(p, U_3) < 2\lambda\rho - \rho. \tag{2.14}$$

We can proceed in this fashion to construct *non-empty* sets $U_1, \ldots, U_{N+1}$ provided $M^n \neq U_1 \cup \ldots \cup U_N$. But if $p \in (U_1 \cup \ldots \cup U_N)'$, by induction, for $j \leqq N$,

$$\operatorname{dist}(p, U_j) < 2\lambda\rho - \rho. \tag{2.15}$$

Let $B_\rho(q_j)$ be a ball from U_j such that $\operatorname{dist}(p, q_j) \leqq 2\lambda\rho$. Note that the condition $q_j \in (U_1 \cup \ldots \cup U_{j-1})'$ for all j, implies that the balls $B_{\rho/2}(q_j)$ are all disjoint. Then since $\operatorname{dist}(p, q_j) \leqq 2\lambda\rho$ implies

$$B_{2\lambda\rho+\rho/2}(p) \supset \bigcup_1^N B_{\rho/2}(q_j), \tag{2.16}$$

we have

$$\operatorname{Vol}(B_{2\lambda\rho+\rho/2}(p)) \geqq \sum_{j=1}^N \operatorname{Vol}(B_{\rho/2}(q_j)). \tag{2.17}$$

By the relative volume estimate (see [G$_2$] or [CGT])

$$c((2\lambda + \tfrac{1}{2})\,\rho_0, n)\, \operatorname{Vol}(B_{\rho/2}(q_j)) \geqq \operatorname{Vol}(B_{2\lambda\rho+\rho/2}(p)), \tag{2.18}$$

from which it follows that

$$N \leqq c((2\lambda + \tfrac{1}{2})\,\rho_0, n) = c(\rho_0, \lambda, N). \tag{2.19}$$

Proof of Lemma 2.3. Let $V_{\rho,\varepsilon}(X^k)$ denote the set of points m, such that $B_\rho(m)$ is not ε-transversal to X^k. We must show that for ε as above,

$$B_\delta(q) \not\subset V_{\rho,\varepsilon}(X^k). \tag{2.20}$$

For this it suffices to have

$$\mathrm{Vol}(V_{\rho,\varepsilon}(X^k)) < \mathrm{Vol}(B_\delta(q)). \tag{2.21}$$

Let $m \in V_{\rho,\varepsilon}(X^k)$. By definition, there is a minimal geodesic γ from some $x \in X^k$ to m that $\rho - \varepsilon \leqq L[\gamma] \leqq \rho + \varepsilon$, and $\measuredangle [N, \gamma'(0)] \leqq \varepsilon$, for some $N \in N_x(X^k)$, $\| N \| = 1$. A standard Rauch Comparison argument shows

$$\mathrm{dist}(\exp_x \rho N, m) \leqq 2 e^\rho \varepsilon. \tag{2.22}$$

In other words, if

$$X(\rho) = \{\exp_x \rho N \mid N \in N_x(X^k)\}, \tag{2.23}$$

then

$$V_{\rho,\varepsilon}(X^k) \subset T_{2e^\rho\varepsilon}(X(\rho)). \tag{2.24}$$

Suppose we can show

$$\mathrm{Vol}(T_{2e^\rho\varepsilon}(X(\rho)) \leqq \underline{c}(n, \Lambda)\, \mathrm{Vol}(X^k)\, e^{n\rho} \varepsilon. \tag{2.25}$$

Then since we can assume $\delta < 1$, we have

$$c(n)\, \delta^n \leqq \mathrm{Vol}(B_\delta(q)), \tag{2.26}$$

and we obtain (2.21) with

$$\varepsilon = \frac{c(n)\, \delta^n}{\underline{c}(n, \Lambda)\, \mathrm{Vol}(W^k)\, e^{n\rho}} = \frac{c(n, \Lambda)\, \delta^n e^{-n\rho}}{\mathrm{Vol}(W^k)} \tag{2.27}$$

as claimed.

To prove (2.25), we observe that if $y_1, \ldots, y_N$ is an $e^\rho \varepsilon$ dense in $X(\rho)$, then

$$T_{2e^\rho\varepsilon}(X(\rho)) \subset \bigcup_1^N B_{3e^\rho\varepsilon}(y_i), \tag{2.28}$$

which implies

$$\mathrm{Vol}(T_{2e^\rho\varepsilon}(X(\rho))) \leqq c(n)\,(e^\rho \varepsilon)^n N. \tag{2.29}$$

Choose $y_1, \ldots, y_N$ as follows. Let $x_1, \ldots, x_{N_1}$ be a maximal set of points of X^k which are at mutual distance at least ε. Then $x_1, \ldots, x_{N_1}$ is ε-dense and

$$N_1 = \frac{\mathrm{Vol}(X^k)}{\underline{c}(n, \Lambda)\, \varepsilon^k}. \tag{2.30}$$

For each x_i, let $z_{i,1}, \ldots, z_{i,N_2}$ be an ε-dense set of points in the unit sphere of the fibre $N_{x_i}(X^k)$, with

$$N_2 = \frac{c(n)}{\varepsilon^{n-k-1}}. \tag{2.31}$$

If we take

$$\{y_1, \ldots, y_N\} = \{\exp_{x_i} \rho z_{i,j}\}, \tag{2.32}$$

by a standard Rauch Comparison, $y_1, \ldots, y_N$ is $e^\rho\,\varepsilon$-dense in $X(\rho)$. Since

$$N = N_1 \cdot N_2 = \frac{c(n)}{\underline{c}(n, \Lambda)} \frac{\operatorname{Vol}(X^k)}{\varepsilon^{(n-1)}}, \tag{2.33}$$

(2.25) follows from (2.29). This suffices to complete the proof.

Proof of Lemma 2.4. Let $\partial V_1 \cap \partial V_2 = Y^{n-2}$.

Claim:

$$\operatorname{Vol}(Y^{n-2}) \leqq c(n, \varepsilon^{-1}, \Lambda) \operatorname{Vol}(\partial V_1) \cdot \operatorname{Vol}(\partial V_2), \tag{2.34}$$

$$\| \operatorname{II}(Y^{n-2}) \| \leqq c(n, \varepsilon^{-1}, \Lambda). \tag{2.35}$$

Granting this for the moment, a standard Rauch Comparison shows that if $\hat{W}_\varepsilon \subset V_1 \cup V_2$ denotes the set of points at distance $\geqq \varepsilon$ from $(V_1 \cup V_2)$ (ε small) then

$$\operatorname{Vol}(\partial \hat{W}_\varepsilon) \leqq c(n, \Lambda) [\operatorname{Vol}(\partial V_1) + \operatorname{Vol}(\partial V_2)]^2. \tag{2.36}$$

Moreover, ∂W_ε is C^1 and $\operatorname{II}(\partial \hat{W}_\varepsilon)$ is well defined except along the set $\exp_Y \varepsilon N_j$, where N_j is the inward normal to ∂V_j, $j = 1, 2$. Off this set, a standard Rauch Comparison argument shows

$$\| \operatorname{II}(\partial \hat{W}_\varepsilon) \| \leqq c(n, \varepsilon^{-1}, \Lambda). \tag{2.37}$$

Now, by an elementary argument (the details of which will be omitted) we can approximate $\partial \hat{W}_\varepsilon$ by a manifold ∂W such that the conditions of Lemma 2.4 are satisfied for $i = 0$. The case $i > 0$ can then be handled using the argument of Theorem 2.5 below.

Proof of (2.35). Let T_j denote unit normal fields to Y^{n-2}, which are tangent to ∂V_j. If ∇ is the ambient connection and y is tangent to Y, $\|y\| = 1$, we have

$$(\nabla_y y)^\perp = \alpha_1 T_1 + \beta_1 N_1 = \alpha_2 T_2 + \beta_2 N_2, \tag{2.38}$$

where $|\beta_j| \leqq \Lambda$. Taking the inner product of (2.38) with N_2 yields

$$\alpha_1 = \frac{-\beta_1 \langle N_1, N_2 \rangle + \beta_2}{\langle T_1, N_2 \rangle}. \tag{2.39}$$

Thus

$$\alpha_1^2 + \beta_1^2 = \frac{\beta_1^2 - 2\beta_1 \beta_2 \langle N_1, N_2 \rangle + \beta_2^2}{\langle T_1, N_2 \rangle^2} \tag{2.40}$$

which gives (2.35).

Proof of (2.34). Since $\operatorname{geo}(M) \leqq 1$, $\| \operatorname{II}(\partial V_j) \| \leqq \Lambda$, a standard argument shows that there exists $r = r(n, \varepsilon^{-1}, \Lambda)$ with the following property. Let Z_j^{n-1} be a connected open submanifold of ∂V_j which is a relatively closed subset of some $B_{2r}(p) \subset M$, $j = 1, 2$. Then if $Z_1 \cap Z_2 \cap B_r(p)$ is non-empty, there exists a diffeomorphism $\psi: B_{2r}(p) \to B_{2r}(p)$ carrying Z_1, Z_2 onto a pair of transversally intersecting hyperplanes (in normal coordinates). Moreover, ψ can be chosen so that

$$\|\psi\|_{C^1} \leqq c(n, \varepsilon^{-1}, \Lambda). \tag{2.41}$$

Let $Z_{2,1} Z_{2,2} \ldots$ denote the components of $\partial V_2 \cap B_{2r}(p)$ whose intersection with $Z_1 \cap B_r(p)$ is non-empty. It follows in particular that $Z_1 \cap Z_{2,i} \cap B_r(p)$ is connected. Thus by (2.41),

$$\mathrm{Vol}(\partial V_2) \geqq \mathrm{Vol}(\cup Z_{2,i}) \geqq c(n, \varepsilon^{-1}, \Lambda) \sum_i \mathrm{Vol}(Z_1 \cap Z_{2,i} \cap B_r(p)). \tag{2.42}$$

Since $\mathrm{geo}(M) \leqq 1$, $\|(\partial V_j)\| \leqq \Lambda$, we have $\mathrm{geo}(\partial V_j) \leqq c(n, \Lambda)$ and there exists a covering of ∂V_1 by $c(n, \varepsilon^{-1}, \Lambda)\ \mathrm{Vol}(\partial V_1)$ balls of radius r (in the metric of ∂V_1). Then for some ball, say $\tilde{B}_r(p) \subset \partial V_1$,

$$\mathrm{Vol}(Y^{n-2} \cap B_r(p)) \geqq \mathrm{Vol}(Y^{n-2} \cap \tilde{B}_r(p)) \geqq \frac{\mathrm{Vol}(Y^{n-2})}{c(n, \varepsilon^{-1}, \Lambda)\ \mathrm{Vol}(\partial V_1)}. \tag{2.43}$$

If we take Z_1 to be the component of $\partial V_1 \cap B_{2r}(p)$ containing $\tilde{B}_r(p)$, combining (2.42), (2.43) gives (2.34).

We now give a result concerning the regularization of metrics of bounded geometry. Let g_1, g_2 be Riemannian metrics on M^n. Put

$$B = g_2 - g_1, \tag{2.44}$$

$$D(x, y) = {}_2\nabla_x y - {}_1\nabla_x y \tag{2.45}$$

where ${}_j\nabla$ is the Riemannian connection of g_j. Note that

$$g_2(D(x, y), z) = \tfrac{1}{2}\{{}_1\nabla_x B(y, z) + {}_1\nabla_y B(x, z) - {}_1\nabla_z B(x, y)\} \tag{2.46}$$

$${}_2\nabla_x B(Y, z) = g_1(D(x, y), z) + g_1(y, D(x, z)). \tag{2.47}$$

The proof of the following theorem is closely related to (and easily yields) the theorem concerning finiteness up to *diffeomorphism* discussed in [C_1], [G_1], [GLP], [P].

Theorem 2.5. Let g be a metric on M^n with $\mathrm{geo}(M, g) \leqq 1$.[9] Then for all $\varepsilon > 0$, there exists a metric g_ε on M^n such that if $B_\varepsilon = g_\varepsilon - g$, $D_\varepsilon = {}_\varepsilon\nabla - \nabla$, we have

1) $\|B_\varepsilon\| \leqq \varepsilon$.
2) $\|D_\varepsilon\| \leqq c(n, \varepsilon^{-1})$.
3) For all $i \geqq 0$.

$$\|{}_\varepsilon\nabla^i R_\varepsilon\| \leqq c(n, i, \varepsilon^{-1}). \tag{2.48}$$

4) There is a constant $c(n) > 0$ such that

$$i(M^n, g_\varepsilon) \geqq c(n). \tag{2.49}$$

Proof: Step 1: Let the positive number ρ be determined as follows. If p, q_1, q_2 are points on the unit 2-sphere such that $\mathrm{dist}(p, q_1) = \frac{1}{4} - \rho$, $\mathrm{dist}(q_1, q_2) \leqq \rho$, then the

---

[9] See [BMR] for a deeper result concerning manifolds with $|K| \leqq |$

angle between the minimal geodesics γ_1, γ_2 from p to q_1, q_2 is at most say $\frac{\pi}{4}$. Apply the Covering Lemma 2.1 with $2\lambda\rho = \frac{1}{2}$ to construct $U_1, \ldots, U_N$, where $U_i = \bigcup_j B_\rho(p_{ij})$ and $N = c(n, \rho, \lambda) = c(n)$.

Step 2: Let ϕ: $[0, \frac{1}{2}] \to [0, 1]$ be a smooth non-increasing function with $|\phi'| \leqq 12$ such that $\phi \mid [0, \frac{1}{4}] \equiv 1$ and $\phi \mid [\frac{3}{8}, \frac{1}{2}] \equiv 0$. If

$$\rho_{ij}(z) = \operatorname{dist}(z, p_{ij}), \qquad f_i = \sum_j \rho_{ij},$$

then f: $z \to (f_1, \ldots, f_N)$ is an immersion of M^n into $\mathbb{R}^N$. Clearly, if g_1 is the induced metric,

$$\tfrac{1}{2} g \leqq g_1 \leqq c(n)\, g \tag{2.50}$$

where the first inequality follows from the choice of ρ and Rauch's Comparison Theorem. Let II denote the second fundamental form of f, and ${}_1\nabla$ the Riemannian connection of g_1.

If γ is a geodesic with tangent vector T, then

$$\left.\begin{matrix} \| \mathrm{II}(T, T) \| \\ \| {}_1\nabla_T T \| \end{matrix}\right\} \leqq \left(\sum_1^N (f_i''(t)^2) \right)^{1/2}. \tag{2.51}$$

Using $|K| \leqq 1$, each term on the right hand side of (2.51) can be estimated by a standard Rauch Comparison argument based on the second variation formula. Thus, for g, g_1 we have

$$\left.\begin{matrix} \| D \| \\ \| \mathrm{II} \| \end{matrix}\right\} \leqq c(n). \tag{2.52}$$

Step 3: Let Z^n denote the zero section of the normal bundle, $v = v(f(M^n))$. In view of the definition of f and the bound (2.52), there exists $r = r(n)$ such that the restriction of the exponential map of v to a ball $B_r(x)$, $x \in Z^n$ is a diffeomorphism. We can equip the r-tubular neighborhood $T_r(Z^n)$ with the flat metric pulled back from R^N via exp. Moreover, the tangent bundle of $T_r(Z^n)$ is the pull back $\exp^*(T(R^N))$, and thus is canonically trivial. In particular, let B be the subbundle whose fibres F_x are the tangent spaces to the fibres of v. The orthogonal projections P_x onto the F_x can be represented by a field of matrices $A(x)$, with $A = A^*$, $A^2 = I$. The estimate (2.52) easily implies a bound

$$\| A \| + \| dA \| \leqq c(n) \tag{2.53}$$

on the C^1-norm of $A(x)$, measured with respect to the flat structure on $T_r(Z^n)$. Similarly, the field $r\dfrac{\partial}{\partial r}$ along the fibres of v induces a section s of B, and

$$\| s \|_1 + \| ds \|_1 \leqq c(n). \tag{2.54}$$

Step 4: If we identify Z^n with M^n, then the induced metric on Z^n coincides with g_1. Moreover, Z^n is canonically identified with the transversal intersection of s and the zero section θ of B. The angle between s and θ along Z^n is $\frac{\pi}{4}$.

Let $\phi_\delta = \delta^{-n}\phi((x-y)/\delta)$ be an C^∞ approximate identity, where ϕ is supported on a ball of radius 1. For $\delta < r/2$ the convolution

$$\phi_\delta * A = A_\delta \tag{2.55}$$

is well defined at points of $T_{r/2}(Z^n)$. For δ small, the sum of the dimensions of the eigenspaces of A_δ corresponding to the eigenvalues $\geqq \frac{1}{2}$ equals $N-n$. A simple argument based on the finite dimensional Spectral Theorem (Cauchy Integral Formula) shows that the matrix $C_\delta(x)$ representing orthogonal projection onto the direct sum of these eigenspaces satisfies

$$\| C_\delta \|_{C^i} \leqq c(n,i) \tag{2.56}$$

for all i. Similarly,

$$\| C_\delta(\phi_\delta * s) \|_{C^i} \leqq c(n,i), \tag{2.57}$$

and for $\delta < \delta(n)$, $C_\delta(\phi_\delta * s)$ makes an angle $> \frac{\pi}{4} - \psi(\delta)$, where $\psi(\delta) \to 0$ as $\delta \to 0$. Thus, $C_\delta(\phi_\delta * s) \cap \theta$ is a submanifold Z^n. It follows from (2.56) and (2.57) that the curvature R_δ of the metric h_δ induced on Z^n satisfies

$$\| {}_\delta\nabla^i R_\delta \|_\delta \leqq c(n,i,\delta^{-1}). \tag{2.58}$$

Moreover, by using the normal projection of $T_r(Z^n)$ onto Z^n we see that for $\delta < \delta(n)$, Z^n_δ is diffeomorphic to Z^n and

$$\| h_\delta - g_1 \|_1 + \| h_\delta - g_1 \|_\delta \to 0 \tag{2.59}$$

as $\delta \to 0$. Finally,

$$\| {}_\delta\nabla - {}_1\nabla \|_1 \leqq c(n,\delta^{-1}). \tag{2.60}$$

Step 5: As in Step 3, identify Z^n_δ with M^n and put

$$g(x,y) = h_\delta(E_\delta x, y). \tag{2.61}$$

Extend E_δ to the orthogonal complement bundle $B^\perp$ of B, by parallel translation. If we choose $\delta = \delta(\varepsilon)$ sufficiently small and set

$$g_\varepsilon(x,y) = h_\delta((I - C_\delta)(\phi_\delta * E)(I - C_\delta)\,x, y), \tag{2.62}$$

then g_ε has the properties claimed in the statement of the theorem.

For the application in Sect. 5, we will also require the following rather standard result (the notation is as in (2.44), (2.45) and we put $\| \ \|_{1+2} = \| \ \|_1 + \| \ \|_2$).

Lemma 2.6. Let g_1, g_2 be Riemannian metrics on M^n. Let h be the metric

$$h = dt^2 + t g_1 + (1-t) g_2 \tag{2.63}$$

on $[0,1] \times M^n$. Then there is a constant c such that the ambient curvature $\bar{R}_t$ and second fundamental form II_t of (t, M) satisfy

$$\mathrm{II}_t(x,y) = D(x,y)\frac{\partial}{\partial t} \tag{2.64}$$

$$\| \bar{R}_t \|_t = \| R_1 \|_1 + \| R_2 \|_2 + c(\| B \|^2_{1+2} + \| D \|_{1+2} + \| D \|^2_{1+2}). \tag{2.65}$$

Proof: Let $\nabla, \tilde{\nabla}$ be connections on the tangent bundle of a manifold Y, with ∇ torsion free. If

$$\nabla_u v - \tilde{\nabla}_u v = \mathscr{D}(u,v) \tag{2.66}$$

denotes the difference tensor, then by a standard calculation, the difference of the curvature tensors is given by

$$\begin{aligned} R(u,v)w = \tilde{R}(u,v)w &+ \mathscr{D}(u,\mathscr{D}(v,w)) - \mathscr{D}(v,\mathscr{D}(u,w)) \\ &- \mathscr{D}(\mathscr{D}(u,v),w) + \mathscr{D}(\mathscr{D}(v,u),w) \\ &+ \tilde{\nabla}_u \mathscr{D}(v,w) - \tilde{\nabla}_v \mathscr{D}(u,w). \end{aligned} \tag{2.67}$$

Let ∇ be the Riemannian connection on $Y = (0,1) \times M^n$ with metric h. Let $\tilde{\nabla}$ be the Whitney sum of the connection for which $\frac{\partial}{\partial t}$ is parallel and the Riemannian connection ${}_t\nabla$ of $tg_1 + (1-t)g_2$ on the subbundle tangent to the factors (t, M^n). A computation based on (2.67) shows that

$$\| \bar{R}_t \|_t \leqq \| R_t \|_t + c\{\| B \|_{1+2}^2 + \| D \|_{1+2}\}, \tag{2.68}$$

where R_t is the curvature of g_t.

In order to calculate $\| R_t \|_t$ we observe that if $M^n \times M^n$ is equipped with the product metric $t\pi_1^* g_1 + (1-t)\pi_2^* g_2$, then the metric g_t is the metric induced on the diagonal. A simple computation with the Gauss equation gives

$$\| R_t \|_t \leqq \| R_1 \|_1 + \| R_2 \|_2 + \| D \|_{1+2}^2 \tag{2.69}$$

which, together with (2.68) yields (2.65).

3. The Euler Characteristic and the Stable Acyclicity of the Boundary

In this section we state our main result on the geometric Euler characteristic $\chi(M^n, g)$ for coverings which are either profinite or normal. The proof and explicit interpretation will only be given for the case in which $\tilde{M}$ is profinite. In Sect. 6, we give a second (L^2) interpretation assuming M^n is normal. However, the proper homotopy invariance of this interpretation will only be proved if M^n is *both* profinite and normal (see Sect. 7). The proof for general normal coverings will be given in [CG_1].

Let $A_1 \subset A_2$ and set

$$\mathbf{b}^i(A_1, A_2) = \dim\{j(H^i(A_2)) \subset H^i(A_1)\} \tag{3.1}$$

where $j\colon A_1 \to A_2$ is the inclusion map (and real coefficients are understood); compare (0.18). If $A_1 \subset A_2 \subset A_3 \subset A_4$, one easily checks that

$$\mathbf{b}^i(A_1) \leqq \mathbf{b}^i(A_2) \leqq \mathbf{b}^i(A_2, A_4) \leqq \mathbf{b}^i(A_3, A_4). \tag{3.2}$$

Moreover, let $A \subset Y$, be a finite complex and let $f\colon Y \to Z$, $g\colon Z \to Y$ be simplicial and determine a homotopy equivalence. Then

$$\mathbf{b}^i(A, Y) \leqq \mathbf{b}^i(f(A), Z) \leqq \mathbf{b}^i(g \circ f(A), Y). \tag{3.3}$$

Now let $p: \tilde{Y}^n \to Y^n$ be profinite. Put

$$\sup \tilde{\chi}(Y^n) = \overline{\lim_{A\to\infty}}\ \overline{\lim_{j\to\infty}} \sum_{i=1}^{n} (-1)^i \frac{1}{d_j} \mathbf{b}^i(p_j^{-1}(A), \tilde{Y}_j^n) \leqq \infty, \tag{3.4}$$

and define $\inf \tilde{\chi}(Y^n)$ similarly.[10] These are not, a priori, homotopy invariants in general. But by (3.2) and a diagonal argument, there are subsequences, $S = \{\tilde{Y}^n_{j(l)}\}$, such that

$$\infty \geqq \bar{\mathfrak{b}}^i(Y^n, S) \overset{\text{def}}{=} \lim_{A\to\infty}\ \overline{\lim_{l\to\infty}} \frac{1}{d_{j(l)}} \mathbf{b}^i(p_{j(l)}^{-1}(A), \tilde{Y}^n_{j(l)}),$$

$$= \lim_{A\to\infty}\ \lim_{l\to\infty} \frac{1}{d_{j(l)}} \mathbf{b}^i(p_{j(l)}^{-1}(A), \tilde{Y}^n_{j(l)}), \tag{3.5}$$

exists. Using (3.3), $\bar{\mathfrak{b}}^i(Y^n, S)$ is a homotopy invariant. Thus, if

$$\bar{\mathfrak{b}}^i(Y^n, S) < \infty, \qquad i = 0, \dots n, \tag{3.6}$$

and $\sup \tilde{\chi}(Y^n) = \inf \tilde{\chi}(Y^n)$, this number is also a homotopy invariant. (In the proof of Theorem 3.1 below, (3.6), for $Y^n = M^n$, follows from (3.10) and the analog of (3.13) with $\overline{B_{jk} - A_{jk}}$ replaced by B_{jk}).

Theorem 3.1. Let M be complete, $\mathrm{Vol}(M^n) < \infty$. Suppose $\tilde{M}$ is either profinite or normal, and that $\mathrm{geo}(\tilde{M}) \leqq 1$.

1) Then $\chi(M^n, g)$ is a proper homotopy invariant of M.
2) In case $\tilde{M}$ is profinite,

$$\chi(M, g) = \sup \tilde{\chi}(M) = \inf \tilde{\chi}(M) \tag{3.7}$$

3) If, in addition, M has finite topological type,

$$\chi(M, g) = \chi(M). \tag{3.8}$$

Remark 3.1. As we indicated in the introduction Theorem 3.1 has a simple generalization to the case $\mathrm{geo}_\infty(\tilde{M}) \leqq 1$; the details will be omitted.

Remark 3.2. Note that for $\tilde{M}$ profinite (but not normal) we can view Theorem 3.1 as providing asymptotic information about the sequence of finite coverings M_j, in terms of $\chi(M, g)$. However, in contrast to the situation in which $\tilde{M}$ is normal, we do not obtain information about $\tilde{M}$ itself; compare Sect. 6.

Proof of Theorem 3.1. Let $\tilde{M}$ be profinite and let $\cup M_k = M$ be an exhaustion of M by compact submanifolds with boundary. Let $M_k - R$ denote the set of points of M_k at distance R from the boundary. For j sufficiently large, we can apply the approximation theorem (Theorem 2.1), to $p_j^{-1}(M_k) - 1$, $p_j^{-1}(M_k)$, with $\varepsilon = \frac{1}{2}$, to obtain submanifolds $A_{jk} \subset p_j^{-1}(M_k) \subset B_{jk}$. It follows from (0.8), (2.1) and (2.2) that

[10] The notation $A \to \infty$ refers to the partial ordering on finite subcomplexes induced by inclusion

for all $\varepsilon > 0$, k there exists k_0, $N(k)$ such that for $k > k_0$, $j > N(k)$,

$$\left|\chi(M^n, g) - \frac{1}{d_j}\chi(B_{jk})\right|$$
$$\leqq \left|\chi(M^n, g) - \frac{1}{d_j}\int_{B_{jk}} P_\chi(\Omega)\right| + \left|\frac{1}{d_j}\int_{B_{jk}} P_\chi(\Omega) - \frac{1}{d_j}\chi(B_{jk})\right| < \varepsilon. \tag{3.9}$$

By (3.2),

$$\mathbf{b}^i(A_{jk}) \leqq \mathbf{b}^i(p_j^{-1}(M_k)) \leqq \mathbf{b}^i(p_j^{-1}(M_k), \tilde{M}_j) \leqq b^i(B_{jk}). \tag{3.10}$$

However, the exact sequence of the pair $(B_{jk}, \overline{B_{jk} - A_{jk}})$ together with excision shows

$$|\mathbf{b}^i(A_{jk}) - b^i(B_{jk})| \leqq b^{i-1}(\overline{B_{jk} - A_{jk}}) + b^i(\overline{B_{jk} - A_{jk}}). \tag{3.11}$$

The manifold with boundary $\overline{B_{jk} - A_{jk}}$ has bounded geometry, for $j > N(k)$. Moreover, for k sufficiently large,

$$\mathrm{Vol}(\overline{B_{jk} - A_{jk}}) \leqq d_j \varepsilon. \tag{3.12}$$

By a standard argument, it follows that

$$\sum_i b^i(\overline{B_{jk} - A_{jk}}) \leqq c(n)\,\mathrm{Vol}(\overline{B_{jk} - A_{jk}}), \tag{3.13}$$

which together with (3.10)–(3.12), allows us to replace $\chi(B_{jk})$ in (3.9) by $\boldsymbol{\chi}(p_j^{-1}(M_k), M_j)$. This suffices to prove 1) and 2) in case M is profinite.

3) In case M has finite topological type, we note that for k sufficiently large, ∂M_k will be contained in the image of a tubular neighborhood of $\partial \bar{M}$. Then

$$\mathbf{b}^i(p_j^{-1}(M_k), \tilde{M}_k) = b^i(\tilde{M}_j) \tag{3.14}$$

and we can replace $\boldsymbol{\chi}(p_j^{-1}(M_k), \tilde{M}_j)$ by $\chi(\tilde{M}_j)$. Since

$$\frac{1}{d_j}\chi(\tilde{M}_j) = \chi(M_j), \tag{3.15}$$

(3.8) follows.

By a similar argument, we have the following result on the stable Betti numbers of the boundary for the case in which M has finite topological type, $\partial M = N$ and $\tilde{N}$ is profinite.

Theorem 3.2. Let N be compact and suppose $\tilde{N} \to N$ is profinite. If $[0, \infty) \times N$ admits a complete metric with $\mathrm{Vol}([0, \infty) \times N) < \infty$ and $\mathrm{geo}([0, \infty) \times \tilde{N}) < 1$, then for all i,

$$\lim_{j \to \infty} \frac{1}{d_j} b^i(\tilde{N}_j) = 0. \tag{3.16}$$

Proof: Take $M_k = [0, R] \times N$ in (3.10). Note that

$$\mathbf{b}^i(p_j^{-1}(M_k)) = 0, \tag{3.17}$$

$$\mathbf{b}^i(p_j^{-1}(M_k), p_j^{-1}(M_{k+1})) = b^i(N). \tag{3.18}$$

But as in the proof of Theorem 3.1,

$$\lim_{j\to\infty} \frac{1}{d_j} \mathbf{b}^i(M_k)) = \lim_{j\to\infty} \frac{1}{d_j} \mathbf{b}^i(p_j^{-1}(M_k), p_j^{-1}(M_{k+1})), \tag{3.19}$$

which together with (3.17), (3.18) completes the proof.

See Theorem 7.2 and $[\mathrm{CG}_1]$ for an L^2 version of Theorem 3.2 in case N is normal but not necessarily profinite.

As noted in $[\mathrm{G}_3]$ the argument given in the proof of Theorem 3.1 also applies to certain situations in which M^n has infinite volume. For example, suppose that M^n is *stable at infinity* in the sense that there exists an exhaustion by compact submanifolds with boundary M_k, such that for some fixed $\rho > 0$,

$$\mathrm{Vol}(M_k)/\mathrm{Vol}(T_\rho(M_k)) \to 1. \tag{3.20}$$

In this case M_k is called a *stable sequence*. Note that if M has subexponential growth

$$\underline{\lim}_{r\to\infty} \log \mathrm{Vol}(B_r(p))/r = 0, \tag{3.21}$$

then M is stable at infinity.

Theorem 3.3. Let $\mathrm{geo}(V) \leqq 1$ and let V_k^n be a stable sequence for V^n. Then

$$\lim_{k\to\infty} \frac{1}{\mathrm{Vol}(V_k)} |\chi(V_k, V) - \chi(V_k, g)| = 0. \tag{3.22}$$

Proof: The argument is completely analogous to the proof of Theorem 3.1.

In the same way we obtain.

Corollary 3.4. Let $\tilde{M}$ be profinite and satisfy $\mathrm{geo}(\tilde{M}) \leqq 1$. If M_k is a stable sequence for M,

$$\lim_{k\to\infty} \frac{1}{\mathrm{Vol}(M_k)} |\chi(M_k, g) - \sup \tilde{\chi}(M_k)|$$

$$= \lim_{k\to\infty} \frac{1}{\mathrm{Vol}(M_k)} |\chi(M_k, g) - \inf \tilde{\chi}(M_k)| = 0. \tag{3.23}$$

Corollary 3.5. Let M^n be as in Corollary 3.4 and assume that for some constant $k > 0$, one of the following pointwise relations holds (where ω denotes the volume form)

$$P_\chi(\Omega) > k\omega, \tag{3.24}$$

$$P_\chi(\Omega) < -k\omega. \tag{3.25}$$

1) If M has finite topological type then $\mathrm{Vol}(M^n) < \infty$.
2) Suppose $n = 4$ and (3.24) holds. If one only assumes that M^4 admits a *CW* decomposition with finitely many 2-cells, it follows that M^4 has finite volume.

Example 3.1. Recall that if M^4 *has pinched negative curvature*, $-1 \leqq K \leqq c < 0$, then

$$P(\Omega) > k(c)\,\omega. \tag{3.26}$$

Also, if for example, M^{2m} *has constant negative curvature*, then (3.24) holds for n even and (3.25) holds for n odd. Thus, Corollary 3.25 applies in these cases. Conversely, Jørgensen has constructed an example of a 3-dimensional manifold having constant negative curvature, finite topological type, linear growth and infinite volume; see [J]. (In fact his manifold is an infinite cyclic covering of a compact manifold of constant negative curvature.) One suspects that such examples exist in all odd dimensions, but not in even dimensions (see Example 5.1 for the continuation of this discussion).

4. An Estimate for the η-Invariant

Recall that the η-invariant can be defined as follows. Let N^{4l-1} be an oriented Riemannian manifold and consider the self adjoint operator $*\,d$, which sends the space of coexact $(2l-1)$-forms to itself. On this subspace $*\,d$ is a certain square root of the Laplacian, $\triangle$. Thus, if $\{\lambda_j\}$ are the eigenvalues of $\triangle$, the eigenvalues μ_j of $*\,d$ satisfy $\mu_j^2 = \lambda_j$.

One defines the zeta functions $\zeta_\pm(s)$ by

$$\zeta_\pm(s) = \sum_{\pm\mu_j > 0} |\mu_j|^{-2s} \tag{4.1}$$

where the individual series converge for $\operatorname{Re} s > (4l-1)/2$. If we put

$$\eta(s) = \zeta_+(s) - \zeta_-(s), \tag{4.2}$$

then $\eta(s)$ extends by analytic continuation to a meromorphic function in the whole complex plane; see [APS$_1$]. A more refined analysis shows that $\eta(s)$ is holomorphic for $\operatorname{Re} s > -\frac{1}{2}$; see [Gil]. The value $\eta(0)$ is by definition the η-invariant $\eta(N^{4l-1})$ and the Atiyah-Singer-Patodi formula, (0.9), for the signature of a manifold with boundary holds.

Let $\Gamma(s)$ be the gamma function, defined by

$$\Gamma(s) = \int_0^\infty t^{s-1} e^{-t}\,dt, \tag{4.3}$$

for $s > 0$. If $e^{-\Delta t} = E(x, y, t)$ denotes the heat kernel on $(2l-1)$-forms, we have the function

$$\operatorname{tr}(*\,d e^{-\Delta t}) = \Sigma\,\mu_j e^{-\lambda_j t}, \tag{4.4}$$

which is smooth for $t > 0$, and exponentially decreasing as $t \to \infty$. The analysis mentioned above shows that

$$\operatorname{tr}(*\,d e^{-\Delta t}) \sim c_0 + c_1 t + \ldots + \tag{4.5}$$

as $t \to 0$. Hence, by a simple change of variables, we obtain the integral formula

$$\eta(s) = \frac{1}{\Gamma(s+\frac{1}{2})} \int_0^\infty t^{s-1/2} \operatorname{tr}(* d e^{-\Delta t})\, dt, \tag{4.6}$$

valid for $s > -\frac{1}{2}$. The assertion of Theorem 0.1,

$$|\eta(N^{4l-1})| \leqq c(4l-1) \operatorname{Vol}(N^{4l-1}) \tag{4.7}$$

if $\operatorname{geo}(N) \leqq 1$, is based on (4.6).

Proof of Theorem 0.1. Set $s=0$, in (4.6) and break the integral into $\int_0^1 + \int_1^\infty$. We estimate these pieces separately.

Estimate for $\int_0^1$: By combining (0.9) with the regularization theorem (Theorem 2.5) and Lemma 2.6, it suffices to assume that $\| \nabla^i R \| \leqq c(i, 4l-1)$, $i = 0, \ldots$. The argument is now very close to that of [C₂], [CGT], so we will be brief.

Let P be a parametrix for $e^{-\Delta t}$, which is compactly supported in space and time. Set

$$\left(\Delta_x + \frac{\partial}{\partial t}\right) P(x,y,t) = Q(x,y,t). \tag{4.8}$$

If we choose P sufficiently accurately, we will have

$$\| \Delta_x^i \Delta_y^j * dQ(x,y,t) \| \leqq c(4l-1) \tag{4.9}$$

for $i, j \leqq l$ and all $t > 0$. Here $\| * dQ \|$ and $c(4l-1)$ depend on $c(i, 4l-1)$ $i = 0, \ldots, 2l$. As in [C_2], Sect. 5, we can now employ Duhamel's principle

$$\begin{aligned} &\Delta_x^i \Delta_y^j (* dE(x,y,t) - * dP(x,y,t)) \\ &\quad = \int_0^t e^{-\Delta(t-s)} \Delta_x^i \Delta_y^j * dQ(s)\, ds, \end{aligned} \tag{4.10}$$

and the elliptic estimate

$$\| f \| \leqq c(4l-1) \sum_{i=0}^{l} \| \Delta^i f \|, \tag{4.11}$$

to bound the pointwise norm of $(* dE - * dP)$, for $0 < t \leqq 1$ (the constant (4.11) is controlled by $\| R \|$; see [CGT]). If we write

$$\operatorname{tr}(* dE(t)) = \operatorname{tr}(* dE - * dP) + \operatorname{tr}(* dP) \tag{4.12}$$

(where the fact $\operatorname{tr}(* dP) \sim 0$ as $t \to 0$ plays no essential role) the estimate for $\int_0^1$ follows easily.

Estimate for $\int\limits_1^\infty$: We have

$$\left|\int\limits_1^\infty t^{-1/2}\operatorname{tr}(*de^{-\Delta t})\,dt\right| \leqq \sum_i \int\limits_1^\infty t^{-1/2}\lambda_i^{1/2}e^{-\lambda_i t})\,dt$$

$$= \sum_i e^{-\lambda_i}\int\limits_1^\infty e^{-\lambda_i(t-1)}\lambda_i^{1/2}t^{-1/2}\,dt$$

$$= \sum_i e^{-\lambda_i}\int\limits_0^\infty e^{-u}(u+\lambda_i)^{-1/2}\,du$$

$$\leqq \sum_i e^{-\lambda_i}\int\limits_0^\infty e^{-u}u^{-1/2}\,du$$

$$= \sqrt{\pi}\operatorname{tr}(P_{ce}e^{-\Delta}), \tag{4.13}$$

where P_{ce} denotes orthogonal projection on coexact forms. But by the same techniques as were employed above,

$$\operatorname{tr}(e^{-\Delta}) \leqq c(4l-1)\operatorname{Vol}(N^{4l-1}), \tag{4.14}$$

which suffices to complete the proof.

Note that the proof of Theorem 0.1 immediately generalizes to give the bound

$$|\eta_{E^k}(N)| \leqq c(4l-1)k. \tag{4.15}$$

5. The η-Invariant and Signature

Let M^{4l} be complete and $\tilde{M}^{4l}$ profinite. If $M_k^{4l} \subset M^{4l}$ is a compact submanifold with boundary set

$$\begin{aligned} \sup\tilde{\sigma}(M_k) &= \limsup_j \frac{1}{d_j}\sigma(p_j^{-1}(M_k)) \\ \sup\tilde{\sigma}(M) &= \limsup_{M_k}\sup\tilde{\sigma}(M_k). \end{aligned} \tag{5.1}$$

Similarly, we have $\inf\tilde{\sigma}(M_k)$, $\inf\sigma(M)$. Recall that $\sigma(M_k)$ can be defined as the signature of the cup product pairing on

$$j(H^{2l}(M_k^{4l}, M_k^{4l})) \subset H^{2l}(M_k^{4l}).$$

Thus we could also write $\boldsymbol{\tilde{\sigma}}(M_k)$, etc.

As in Sect. 3, $\sup\tilde{\sigma}(M)$, $\inf\tilde{\sigma}(M)$ are proper homotopy invariants. Moreover, we have the following generalization of (0.13) of the introduction (and analog of Theorem 3.1).

Theorem 5.1. Let M^{4l} be complete, Vol $M^n) < \infty$. Suppose $\tilde{M}$ is either profinite or normal and that $\operatorname{geo}(\tilde{M}) \leqq 1$.

1) Then $\sigma(M,g)$ is a proper homotopy invariant of M.
2) In case $\tilde{M}$ is profinite, for any exhaustion by compact subsets, $\cup M_k = M$,

$$\sigma(M,g) = \sup \tilde{\sigma}(M) = \inf \tilde{\sigma}(M). \tag{5.3}$$

3) If, in addition, M has finite topological type,

$$\sigma(M,g) = \lim_{j\to\infty} \frac{1}{d_j} \sigma(\tilde{M}_j). \tag{5.4}$$

Proof: 1) See Sect. 6 and 7 and [CG_1].

2) If $\tilde{M}$ is profinite, in view of (0.9) and Theorem 0.1, the proof follows by an argument analogous to that of Theorem 3.1.

3) The case in which M has finite topological type follows similarly.

Remark 5.1. There is also an easy generalization of Theorem 5.1 to the case $\mathrm{geo}_{\infty}(M) \leqq 1$.

Now recall the invariants $\rho_{E^k}(N^{4l-1})$ defined in (0.11). Note that these include as a special case invariants of finite coverings $\tilde{N}_j \to N$ of order $d_j < \infty$. To every such covering there corresponds a bundle $E^{d_j}(\tilde{N}_j)$ whose holonomy representation is the representation of $\pi_1(N)$ induced from the trivial representation of $\pi_1(\tilde{N}_j) \subset \pi_1(N)$. Analysis on $\tilde{N}^j$ is canonically identified with analysis on N_j with coefficients in $E^{d_j}(\tilde{N}_j)$.

We now observe that for certain degenerating sequences of metrics g_i which might exist on N, we have

$$\lim_{i\to\infty} \eta_{E^k}(N,g_i) = \rho_{E^k}(N); \tag{5.5}$$

compare Example 1.7.

Theorem 5.2. Let N^{4l-1} admit a sequence of metrics g_i such that $\mathrm{geo}(\tilde{N},g_i) \leqq 1$, for some covering space $\tilde{N}$, and such that

$$\mathrm{Vol}(N,g_i) \to 0. \tag{5.6}$$

Then for all E^k we have

$$\lim_{i\to 0} \frac{1}{k} \eta_{E^k}(N,g_i) = \rho_{E^k}(N). \tag{5.7}$$

Proof: If $\tilde{N}$ is profinite the claim follows immediately by applying (4.14) to a sequence of finite covering spaces $\tilde{N}_{j(i)}$, with say $\mathrm{geo}(\tilde{N}_{j(i)}) \leqq 2$.

Note that if there exists a manifold with boundary X^{4l} with $\partial X^{4l} = N^{4l-1}$, such that E^k extends to X^{4l} as a flat bundle and $\pi_1(\tilde{N})$ injects into $\pi_1(X)$, then ρ_{E^k} is a homotopy invariant of (X,N).

We also have the following analogs of the results of Sect. 3 for manifolds of infinite volume which are stable at infinity.

Theorem 5.3. Let $\mathrm{geo}(V) \leqq 1$ and let V_k^n be a stable sequence of V^n. Then

$$\lim_{k\to\infty} \frac{1}{\mathrm{Vol}(V_k)} |\sigma(V_k, g) - \sigma(V_k)| = 0. \tag{5.8}$$

Corollary 5.4. Let $\tilde{M}$ be profinite and satisfy $\mathrm{geo}(\tilde{M}) \leqq 1$. If M_k is a stable sequence for M,

$$\lim_{k\to\infty} \frac{1}{\mathrm{Vol}(M_k)} |\sigma(M_k, g) - \sup \tilde{\sigma}(M_k)|$$
$$= \lim_{k\to\infty} \frac{1}{\mathrm{Vol}(M_k)} |\sigma(M_k, g) - \inf \tilde{\sigma}(M_k)| = 0. \tag{5.9}$$

Corollary 5.5. Let M^{4l} be as in Corollary 5.3 and assume that for some constant $k > 0$, one of the following pointwise relations holds (where ω denotes the volume form)

$$P_L(\Omega) > k\omega, \tag{5.10}$$

$$P_L(\Omega) < -k. \tag{5.11}$$

Then if in addition M^{4l} admits a CW decomposition with finitely many cells in dimension $2l$, it follows that $\mathrm{Vol}(M) < \infty$.

Remark 5.2. If G is a semisimple group without $SO(k, 1)$ or $SU(n, 1)$ factors, then the following stronger assertion was pointed out to the authors by D. Kazhdan.

If G/Γ has subexponential growth, then $\mathrm{Vol}(G/\Gamma) < \infty$ for an *arbitrary* discrete subgroup $\Gamma \subset G$. This follows immediately from Kazhdan's T-property for G (see $[\mathrm{K}_1]$).

Example 5.1. Corollary 5.5 is similar to Corollary 3.5 in dimension 4, but unlike the latter, it does not yield non-trivial information if M^{4l} has constant negative curvature. However, for spaces covered by the complex ball (the dual of complex projective space) it is stronger than Corollary 3.5.

6. L^2-Theory for Normal Coverings

In this section we assume only that $\tilde{M}$ is normal.[11] We begin by observing that the L^2-Index Theorem for coverings of compact manifolds (see [A], [S]) has an easy generalization to our situation. The proper homotopy invariance of $\chi(M, g)$, $\sigma(M, g)$ is then a consequence of the proper homotopy invariance of the corresponding L^2-Betti numbers, $\tilde{b}^i_{(2)}(M)$. The latter is proved in Sect. 7, under the additional hypothesis that $\tilde{M}$ profinite. The general case will be treated in $[\mathrm{CG}_1]$.

Before discussing the L^2-Index Theorem, we will briefly recall the relevant concept von Neumann dimension; for further details see [A], [Co], [Gui], [Nai]. Let Γ be a discrete countable group and let $L^2(\Gamma)$ be regarded as a Γ-module via the left regular representation $\{L_g\}$. If W is a Hilbert space with trivial Γ-action,

[11] We continue to assume $\mathrm{geo}(\tilde{M}) \leqq 1$, but drop the assumption that $\tilde{M}$ is profinite

$L^2(\Gamma) \otimes_\Gamma W$ splits naturally as a direct sum of copies of W, one for each element of Γ. Relative to this decomposition a bounded operator A can be written as a matrix (A_{g_1, g_2}) where $A_{g_1, g_2}\colon W_{g_2} \to W_{g_1}$. If A commutes with all $\{L_g\}$, it follows immediately that

$$A_{g_1, g_2} = A_{g_2^{-1} g_1} = A_{g_2^{-1} g_1, e} \tag{6.1}$$

for some $A_g\colon W \to W$. The operators R_g of the right regular representation satisfy

$$(R_g)_g = \begin{cases} 0 & g \neq g \\ I & g = g \end{cases}. \tag{6.2}$$

It follows that any A as above can be written as

$$A = \sum R_g \otimes A_g. \tag{6.3}$$

If A_e is trace class, define

$$\operatorname{tr}_\Gamma(A) = \operatorname{tr}(A_e). \tag{6.4}$$

Let $\mathcal{N}$ consist of all T commuting with $\{L_g\}$ such that $(T^* T)_e$ is trace class. Let $\mathcal{M} = \mathcal{N}^2$ be the set of all A of the form

$$A = \sum_{i=1}^{N} T_i S_i \tag{6.5}$$

where $T_i, S_i \in \mathcal{N}$. Then it is not difficult to see that if $A \in \mathcal{M}$ and B is a bounded operator commuting with $\{L_g\}$

$$\operatorname{tr}(AB) = \sum_g \operatorname{tr}(A_g B_{g^{-1}}) = \sum_g \operatorname{tr}(B_{g^{-1}} A_g) = \operatorname{tr}(BA). \tag{6.6}$$

In particular, if U is unitary and commutes with $\{L_g\}$,

$$\operatorname{tr}(UAU^{-1}) = \operatorname{tr}(A). \tag{6.7}$$

Let H be a Γ-module, i.e. Γ acts on the Hilbert space H by unitary operators. Let $f_j\colon H \to L^2(\Gamma) \otimes W_j$, $j = 1, 2$ be isometric Γ-imbeddings and put

$$L^2(\Gamma) \otimes W_j = f_j(H) \oplus f_j(H)^\perp. \tag{6.8}$$

Then since

$$\begin{array}{ccccccc} f_1(H) & \oplus & f_1(H)^\perp & \oplus & f_2(H)^\perp & \oplus & f_2(H) \\ \Big\downarrow {\scriptstyle f_2 f_1^{-1}} & & \searrow & \times & \swarrow & & \Big\downarrow {\scriptstyle f_1 f_2^{-1}} \\ f_2(H) & \oplus & f_2(H)^\perp & \oplus & f_1(H)^\perp & \oplus & f_1(H). \end{array} \tag{6.9}$$

It follows that a Γ-isomorphism $f_2 f_1^{-1}\colon f_1(H) \to f_2(H)$ extends stably to Γ-automorphism of

$$L^2(\Gamma) \otimes W_1 \oplus L^2(\Gamma) \otimes W_2 \simeq L^2(\Gamma) \otimes (W_1 \oplus W_2). \tag{6.10}$$

In view of (6.7), this immediately implies that if $\pi_{f_j}(H)$ denotes orthogonal projection on $f_j(H)$,

$$\dim_\Gamma H \overset{\text{def}}{=} \operatorname{tr}_\Gamma(\pi_{f_j(H)}) \tag{6.11}$$

is well defined independent of f_j.

If $H \cong H_1 \oplus H_2$ splits as an orthogonal direct sum,

$$\dim_\Gamma H = \dim_\Gamma H_1 \oplus \dim_\Gamma H_2. \tag{6.12}$$

Moreover, if $|\operatorname{tr} A_i| \leqq \text{const}$ and $A_i \to A$ weakly,

$$\operatorname{tr}(A_i) \to A. \tag{6.13}$$

Finally, if $A\colon H_1 \to H_2$ is a bounded injective map of Γ-modules with dense range,

$$A(A^* A)^{-1/2}\colon H_1 \to H_2 \tag{6.14}$$

is a Γ-isometry.

Now suppose that $\tilde{M} \to M$ is a normal covering, $M = \tilde{M}/\Gamma$, $\operatorname{Vol}(M) < \infty$, $\operatorname{geo}(\tilde{M}) \leqq 1$. Any choice of fundamental domain F determines an isomorphism

$$L^2(\tilde{M}) \simeq L^2(\Gamma) \otimes_\Gamma L^2(F). \tag{6.15}$$

Define the reduced L^2-cohomology of $\tilde{M}$ by

$$\bar{H}^i_{(2)}(\tilde{M}) = \ker \bar{d}_i / \overline{\operatorname{im} d_{i-1}} \tag{6.16}$$

where $\alpha \in \operatorname{dom} d$, if $\alpha, d\alpha \in L^2$. Since $\tilde{M}$ is complete, we have the Γ-isomorphism

$$\bar{H}^i_{(2)}(\tilde{M}) \simeq \tilde{\mathscr{H}}^i \subset L^2(\tilde{M}) \tag{6.17}$$

where $\tilde{\mathscr{H}}^i$ is the space of (necessarily closed and coclosed) L^2-harmonic forms. It follows from the above discussion that the L^2-Betti numbers,

$$\tilde{b}^i_{(2)}(M) \overset{\text{def}}{=} \dim_\Gamma \tilde{\mathscr{H}}^i, \tag{6.18}$$

depend only on the quasi-isometry class of g, as does the isomorphism class of the Γ-module $\tilde{\mathscr{H}}^i$ itself. Note that if $\Gamma_1 \subset \Gamma$, and $\operatorname{ind} \Gamma_1 = d < \infty$, then

$$\tilde{b}^i_{(2)}(\tilde{M}/\Gamma_1) = d \cdot \tilde{b}^i_{(2)}(\tilde{M}/\Gamma). \tag{6.19}$$

Thus, the $\tilde{b}^i_{(2)}$ behave multiplicatively under coverings, even though they are *not* locally computable.

If $\prod$ denotes orthogonal projection on $\tilde{\mathscr{H}}^i$, then

$$\prod(\omega) = \int_{\tilde{M}} \tilde{h}^i(x,y)\, \omega(y)\, dy \tag{6.20}$$

where $\tilde{h}^i(x,y)$ is a symmetric C^∞ kernel which for each fixed x, satisfies

$$\tilde{h}^i(x,y) \in L^2(V). \tag{6.21}$$

The pointwise norm of $\tilde{h}^i(x,y)$ can be bounded in terms of the constant in the elliptic estimate near the points x, y (see [CGT]). Hence, if we assume

$$\operatorname{geo}(\tilde{M}) \leqq 1, \tag{6.22}$$

it follows that

$$\sup \| \tilde{h}^i(x,y) \| \leqq c(n). \tag{6.23}$$

Since $\tilde{h}^i(x,y)$ is invariant under isometries, the pointwise trace, $\operatorname{tr}(\tilde{h}^i(x,x))$, is invariant under Γ and thus can be regarded as a function on M. It is not difficult to verify that

$$\tilde{b}^i_{(2)}(M) = \int_M \operatorname{tr}(\tilde{h}^i(x,x))\, dx. \tag{6.24}$$

Example 6.1. Let M/Γ be a compact manifold admitting a sequence of metrics g_i with $\operatorname{geo}(\tilde{M},\tilde{g}_i) \leqq 1$, $\operatorname{Vol}(M,g_i) \to 0$. Since (6.24) is independent of metric, (6.23) implies $\dim \mathscr{H}^i = 0$ for all i.

Set

$$\begin{aligned} \tilde{\chi}_{(2)}(M) &= \sum (-1)^i\, \tilde{b}^i_{(2)}(M) \\ \tilde{\sigma}_{(2)}(M^{4l}) &= \int_M \operatorname{tr}(*\, \tilde{h}^{2l}(x,x))\, dx. \end{aligned} \tag{6.25}$$

Then we have:

Theorem 6.1 (L^2-Index Theorem).[12]

$$\sigma(M,g) = \tilde{\chi}_{(2)}(M) \tag{6.26}$$

$$\sigma(M,g) = \tilde{\sigma}_{(2)}(M). \tag{6.27}$$

In case M is compact, Dodziuk [D] showed that the $\tilde{b}^i_{(2)}(M)$ are *homotopy invariants*, thus answering a question of Atiyah, [A]. Dodziuk's argument extends in a straightforward manner to manifolds with boundary and either relative or absolute boundary conditions. Then the homotopy invariants $\tilde{\mathbf{b}}^i_{(2)}(M)$, $\tilde{\mathbf{b}}^i_{(2)}(M_k, M_l)$ are defined in the obvious way.

Theorem 6.2. If M_k is any exhaustion of M by compact submanifolds with boundary, we have

$$\lim_{k\to\infty} \mathbf{b}^i_{(2)}(M_k) = \lim_{k\to\infty} \lim_{l\to\infty} \tilde{\mathbf{b}}^i_{(2)}(M_k, M_l) = \tilde{b}^i_{(2)}(M). \tag{6.28}$$

Theorems 6.1 and 6.2 formally imply Theorem 0.1 and 1) of Theorem 3.1. These assert the homotopy invariance (respectively proper homotopy invariance) of $\chi(M,g)$, $\sigma(M,g)$ in our situation. We now prove Theorem 6.1. The proof of Theorem 6.2 will be given in Sect. 7 under extra the assumption that $\tilde{M}$ is profinite. The general case will be dealt with in [CG_1].

Proof of Theorem 6.1. 1) $\chi(M,g) = \tilde{\chi}_{(2)}(M)$. Let $\tilde{E}^i(t)$ denote the heat kernel of $\tilde{M}$ on i-forms. The constructions and estimates of [CLY], [CGT] show that the

---

[12] Clearly, this theorem generalizes to other operators which are invariantly attached to the geometry e.g. the Dirac operator (compare also [CM])

pointwise trace $\operatorname{tr}(\tilde{E}^i(t))$ is uniformly bounded for $t > t_0 > 0$. Since the covering is normal, $\operatorname{tr}(\tilde{E}^i(t))$ is the pull back of a function on M, which we also denote by $\operatorname{tr}(\tilde{E}^i(t))$. Since $\operatorname{geo}(\tilde{M}) \leqq 1$, the estimates of [CLY], [CGT] show that for t small,

$$|\operatorname{tr} \tilde{E}^i(t) - t^{-n/2}(a_0^i + a_1^i t \ldots a_n^i t^n)| \leqq c(n) t^{n+1} \tag{6.29}$$

pointwise. Hence as $t \to 0$, we have the uniform pointwise estimate

$$\left| \sum_{i=0}^{n} (-1)^i \operatorname{tr} \tilde{E}^i(t) - P_\chi(\Omega) \right| \leqq c(n) t. \tag{6.30}$$

Next, we claim that

$$\frac{d}{dt}[\Sigma(-1)^i \int_M \operatorname{tr} \tilde{E}^i(t)] = 0, \tag{6.31}$$

or equivalently,

$$\Sigma(-1)^i \int_M \operatorname{tr}(\triangle \tilde{E}^i(t)) = 0. \tag{6.32}$$

To see this formally, let ϕ be a coexact eigenform, $\|\phi\| = 1$, with eigenvalue $\lambda > 0$. Then by Stokes' Theorem,

$$\begin{aligned} \int_M e^{-\lambda t} \lambda \phi \wedge * \phi &= \int_M e^{-\lambda t} \delta d \phi \wedge * \phi \\ &= \pm \int_M e^{-\lambda t} d(* d\phi \wedge \phi) + \int_M e^{-\lambda t} d\phi \wedge * d\phi \\ &= \int e^{-\lambda t} \lambda \frac{d\phi}{\sqrt{\lambda}} \wedge * \frac{d\phi}{\sqrt{\lambda}}. \end{aligned} \tag{6.33}$$

In actuality, by the Spectral Theorem, we have the pointwise relation

$$d(\wedge *_y *_x d_x \tilde{E}^i(t)) = \operatorname{tr}(\delta d \tilde{E}^i(t)) - \operatorname{tr}(d \delta \tilde{E}^{i+1}(t)). \tag{6.34}$$

If M is complete and the forms in (6.34) as well as the form

$$\wedge *_y *_x d_x \tilde{E}^i(t) \tag{6.35}$$

are integrable over M, by [G] we obtain

$$\int_M \operatorname{tr}(\delta d \tilde{E}^i(t)) = \int_M \operatorname{tr}(d \delta \tilde{E}^i(t)) \tag{6.36}$$

which gives (6.26). In our case the forms in question are pointwise bounded and M has finite volume so integrability is obvious, q.e.d.

Suppose we attempt to show by a similar argument that

$$\int_M \operatorname{tr}(P_{ce} \tilde{E}^i(t)) = \int_M \operatorname{tr}(P_e \tilde{E}^{i+1}(t)), \tag{6.37}$$

where P_{ce}, P_e denote orthogonal projection on coexact and exact forms respectively. The form in (6.35) is now replaced by

$$\wedge *_y *_x d_x \tilde{G}_x \tilde{E}^i(t), \tag{6.38}$$

where $\tilde{G}$ denotes the Greens operator. Due to the possible unboundedness of G we can not control the pointwise norm of this form without further information. However, for any complete manifold V we have the following result.

Lemma 6.3. We have pointwise converge of kernels

$$\lim_{t\to\infty} E(x,y,t) \to h(x,y). \tag{6.39}$$

The convergence is uniform in the C^∞ topology on compact subsets K of $V \times V$.

If we grant Lemma 6.3, the proof of Theorem 6.1 is easily completed. If $\cup M_k = M$ is an exhaustion and $\pi_1(\tilde{M}) \subset \pi_1(M)$ is normal, then for each k, $\pi_1(M)/\pi_1(\tilde{M}) = \Gamma$ operates uniformly on $p^{-1}(M_k)$. Thus the convergence

$$\tilde{E}^i(t) \to \tilde{h}^i \tag{6.40}$$

is uniform on $p^{-1}(M_k)$. The assumption $\operatorname{geo}(\tilde{M}) \leqq 1$ implies pointwise bounds, independent of $t \geqq 1$, on

$$\operatorname{tr}(\tilde{E}^i(x,x,t)), \tag{6.41}$$

and on

$$\operatorname{tr}(\tilde{h}^i(x,x)). \tag{6.42}$$

Since M has finite volume, it follows that

$$\lim_{t\to\infty} \int_M \operatorname{tr} \tilde{E}^i(t) = \int_M \operatorname{tr} \tilde{h}^i, \tag{6.43}$$

which suffices to complete the proof.

Proof of Lemma 6.3. By Duhamel's principle we can write

$$E(x,y,t) = P(x,y,t) + \int_0^t e^{-\Delta(t-s)}\, Q(s)\, ds, \tag{6.44}$$

where

$$Q(z,y,s) = \left(\Delta_z + \frac{\partial}{\partial s}\right) P(z,y,s). \tag{6.45}$$

As y varies in a compact subset K the functions $Q(z,y,s)$ (viewed, for each s, as functions of z) vary in a compact subset of $L^2(V)$. Thus, using the existence of A such that $P(t)\,|\,[A,\infty) \equiv 0$, and the Spectral Theorem, we have pointwise convergence as $t \to \infty$,

$$E(x,y,t) \to \int_0^\infty \int_V h^i(x,z)\, Q(z,y,s)\, dz\, ds. \tag{6.46}$$

The convergence is uniformly C^k as y varies over K and x varies over any set on which the local C^k geometry is uniformly bounded. The right hand side of (6.46) can be rewritten as

$$\lim_{\varepsilon\to 0} \int_{\varepsilon}^{\infty} \int_{V} h^i(x,z)\left(\triangle_z + \frac{\partial}{\partial s}\right) P(z,y,s)$$

$$= \lim_{\varepsilon\to 0} \int_{\varepsilon}^{\infty} \int_{V} h^i(x,z)\frac{\partial}{\partial s} P(z,y,s) = \lim_{\varepsilon\to 0} \int_{V}^{\infty} h^i(x,z)\, P(z,y,\varepsilon)$$

$$= h^i(x,y). \tag{6.47}$$

We now observe that Theorem 6.2 is a direct consequence of Assertion 0.1. Essentially the same argument with Assertion 0.1 replaced by Theorem 2.1 is used in Sect. 7 to prove Theorem 6.2 if in addition M is profinite. In [CG_1], it is shown that this argument also applied to small balls of suitable radius. It can then be globalized to obtain Theorem 6.2 without the benefit of Assertion 0.1.

Let $A\colon H_1 \to H_2$ be a bounded map of Γ-modules. It is convenient to define

$$\operatorname{im} A = \overline{\operatorname{range} A}. \tag{6.48}$$

With this proviso, concepts such as a cochain complex C^* of Γ-modules, the cohomology $\bar{H}^i(C^*)$ and the cohomology sequence associated to an exact sequence of chain complexes have their usual meaning. Even though $\bar{H}^i(C^*)$ are *reduced* cohomology groups, one can see using (6.12), (6.13) and *the cohomology sequence*

$$\to \bar{H}^i(C_3) \to \bar{H}^i(C_2) \to \bar{H}^i(C_1) \to \bar{H}^i(C_3) \to \dots \tag{6.49}$$

is exact. It follows without difficulty that there is an exact sequence of Γ-modules

$$\dots \to \bar{H}^i_{(2)}(M, M_k) \to \bar{H}^i_{(2)}(M) \to \bar{H}^i_{(2)}(\overline{M\backslash M_k}) \to \dots \tag{6.50}$$

The analog for manifolds with controlled boundary geometry of the pointwise bound (6.23), implies

$$\lim_{k\to\infty} \tilde{b}^i_{(2)}(M\backslash M_k) = 0. \tag{6.51}$$

Together with (6.50), this gives (6.28) of Theorem 6.2.

We close this section by noting a proportionality principle which holds for invariants obtained by integrating Γ-invariant functions on $\tilde{M}$.

Proposition 6.4 (Proportionality Principle). Let Γ_1, Γ_2 be discrete groups of isometries of (V, g) such that $\operatorname{Vol}(V/\Gamma_j) < \infty$. If $\tilde{f}$ is a bounded continuous function which is invariant under Γ_1, Γ_2, then

$$\frac{\int_{V/\Gamma_1} \tilde{f}}{\int_{V/\Gamma_2} \tilde{f}} = \operatorname{Vol}(V/\Gamma_1)/\operatorname{Vol}(V/\Gamma_2). \tag{6.52}$$

Moreover, the quantity in (6.52) is the same for all Γ_1, Γ_2-invariant metrics which are quasi-isometric to g.

Proof: Let G be the group of isometries generated by $\Gamma_1 \cup \Gamma_2$. Note that $\tilde{f}$ is invariant under G. If G is discrete (6.52) is clear. Otherwise we restrict attention to $\hat{V}$ the open dense subset of V which is the union of orbits of principal type. Let $Y = \hat{V}/G$ carry the induced Riemannian metric. Note that $\tilde{f}$ is constant on the orbits $K \backslash G$

$$\int_{V/\Gamma_j} f \tilde{d} y = \int_Y \tilde{f}(K \backslash G) \operatorname{Vol}(K \backslash G/\Gamma_j)\, d y. \tag{6.53}$$

Note that $K \backslash G$ is homogeneous and all principal orbits are equivalent as G spaces. Thus

$$\operatorname{Vol}(K \backslash G/\Gamma_1)/\operatorname{Vol}(K \backslash G/\Gamma_2) \tag{6.54}$$

is independent of the particular left invariant metric and of the particular orbit. It follows that for all $\tilde{f}$, the value of the left hand side of (6.52) equals the quantity in (6.54). Taking $\tilde{f} \equiv 1$ we get the right hand side of (6.52).

Corollary 6.5. Suppose $\operatorname{geo}(\tilde{M}) \leqq 1$, and $M_j = \tilde{M}/\Gamma_j$, $\operatorname{Vol}(M_j) < \infty$. If $H^i_{(2)}(\tilde{M}) \neq 0$ for some i, then $\operatorname{Vol}(M_1)/\operatorname{Vol}(M_2)$ is a homotopy invariant.

Observe that the conclusion of Corollary 6.5 fails for $\tilde{M}^n = \mathbb{R}^n$.

7. L^2-Theory for Profinite Normal Coverings

Let the covering $\tilde{M} \to M$ be profinite finite and normal. Thus, there exist finite coverings $\tilde{M}_j \to M$ and

$$\tilde{M} \to \ldots \tilde{M}_j \to \ldots \tilde{M}_1 \to M. \tag{7.1}$$

In this situation it is somewhat easier to discuss analysis on $\tilde{M}$.

Proof of Theorem 6.2 (for $\tilde{M}$ profinite). Let M_k be an exhaustion. Pick k so large that

$$\operatorname{Vol}(M \backslash (M_k - 1)) < \varepsilon. \tag{7.2}$$

For $j > N(k)$, there exists $A_{jk} \subset p_j^{-1}(M_k)$ with

$$\operatorname{Vol}(\partial A_{jk}) \leqq c(n) \cdot d_j \cdot \varepsilon, \tag{7.3}$$

$$\| \mathrm{II}(\partial A_{jk}) \| \leqq c(n). \tag{7.4}$$

As in (6.51), this gives

$$0 \leqq \tilde{b}^i_{(2)}(\tilde{M}_j) - \mathbf{b}^i_{(2)}(A_{jk}) \leqq c(n) \cdot d_j \cdot \varepsilon. \tag{7.5}$$

If we use

$$\tilde{b}^i_{(2)}(M) = \frac{1}{d_j} \tilde{b}^i_{(2)}(\tilde{M}_j), \quad \tilde{b}^i_{(2)}(M_k) = \frac{1}{d_j} \tilde{b}^i_{(2)}(p_j^{-1}(M_k)), \tag{7.6}$$

$$\frac{1}{d_j} \mathbf{b}^i_{(2)}(A_{jk}) \leqq \frac{1}{d_j} \mathbf{b}^i_{(2)}(p_j^{-1}(M_k)) \leqq \frac{1}{d_j} \tilde{b}^i_{(2)}(\tilde{M}_j) \tag{7.7}$$

for $A_{jk} \subset p_j^{-1}(M_k)$, Theorem 6.2 follows in this case.

We also have the following analog of Theorem 3.2 (by Remark 7.1 below it is a generalization Theorem 3.2 in the profinite case).

Theorem 7.1. Let N be compact, and $\tilde{N} \to \tilde{N}$ normal. If $[0, \infty) \times N$ admits a complete metric with $\mathrm{Vol}([0, \infty) \times N) < \infty$, and $\mathrm{geo}([0, \infty) \times \tilde{N}) \leqq 1$, then for all i,

$$\tilde{b}^i_{(2)}(N) = 0. \tag{7.8}$$

For the general case of Theorem 7.1, see [CG_1]. The profinite case is easily obtained by combining the idea of proof of Theorem 3.2 with that of the profinite version of Theorem 6.2.

In view of Theorem 7.1, the following result is a generalization of (5.4) of Theorem 5.1.

Theorem 7.2. Let M^{4l} be compact oriented, $\partial M^{4l} = N^{4l-1}$. Suppose that for some profinite normal covering $\tilde{M}^{4l}$, the induced covering $\tilde{N}^{4l-1}$ satisfies

$$\tilde{b}^{2l-1}_{(2)}(\tilde{N}^{4l-1}) = \tilde{b}^{2l}_{(2)}(\tilde{N}^{4l-1}) = 0. \tag{7.9}$$

Then the following limits exist.

$$\lim_{j\to\infty} \frac{1}{d_j} \sigma(M^{4l}) = \sigma(M^{4l}, g) + \lim_{j\to\infty} \frac{1}{d_j} \eta(\tilde{N}_j). \tag{7.10}$$

Proof: Observe that since $\tilde{N}$ is the limit of the $\{\tilde{N}_j\}$ we have the following: Let $\rho_j\colon \tilde{N} \to \tilde{N}_j$. For all R there exists $j(R)$ such that if $B_R(p) \subset \tilde{N}_j$), then ρ_j is a homeomorphism from each component of $\rho_j^{-1}(B_k(p))$ to $B_k(p)$ whenever $j \leqq j(R)$.

Now consider the integral for $\eta(\tilde{N}_j)$ given in (4.6). Since $\tilde{N}$ is a normal covering of N, we also have the periodic function $\mathrm{tr}(*de^{-\tilde{\Delta}t})$ on $\tilde{N}$ corresponding to the integrand of (4.6). The estimates of [CGT], together with the fact mentioned above imply that if we identify $B_R(p_j)$ with some component of $B_R(\rho_j^{-1}(p_j))$ (j large) then we have uniform convergence

$$\mathrm{tr}(*de^{-\tilde{\Delta}_j t}) \to \mathrm{tr}(*de^{-\tilde{\Delta}t}), \tag{7.11}$$

$$\mathrm{tr}(e^{-\tilde{\Delta}_j t}) \to \mathrm{tr}(e^{-\tilde{\Delta}t}), \tag{7.12}$$

and any fixed interval $[0, A]$. Thus,

$$\lim_{j\to\infty} \frac{1}{d_j} \left[\frac{1}{\Gamma(1/2)} \int_0^A \int_{\tilde{N}_j} t^{-1/2}\, \mathrm{tr}(*de^{-\tilde{\Delta}_j t})\, d\tilde{x}_j\, dt \right],$$

$$= \frac{1}{\Gamma(1/2)} \int_0^A \int_{\tilde{N}} t^{-1/2}\, \mathrm{tr}(*de^{-\tilde{\Delta}t})\, d\tilde{x}\, dt \tag{7.13}$$

(this can also be seen by the arguments of [Don]).

In view of (7.9), we have uniform pointwise convergence

$$\lim_{A\to\infty} \mathrm{tr}(e^{-\tilde{\Delta}A}) = 0. \tag{7.14}$$

It now follows as in (4.13) (by use of the Spectral Theorem) that

$$\int_A^\infty \int_{\tilde{N}} t^{-1/2} \operatorname{tr}(* d e^{-\tilde{\Delta} t}) \tag{7.15}$$

exists and thus that

$$\lim_{A\to\infty} \int_A^\infty \int_{\tilde{N}} t^{-1/2} \operatorname{tr}(* d^{-\tilde{\Delta} t}) = 0. \tag{7.16}$$

Using (7.12) and (7.14) we also get

$$\lim_{A\to\infty} \overline{\lim} \frac{1}{d_j} \int_A^\infty t^{-1/2} \operatorname{tr}(* d e^{-\tilde{\Delta}_j t})$$

$$= \lim_{A\to\infty} \underline{\lim} \frac{1}{d_j} \int_A^\infty t^{-1/2} \operatorname{tr}(* d e^{-\tilde{\Delta}_j t}) = 0. \tag{7.17}$$

If we now put

$$\tilde{\eta}_{(2)}(N) \stackrel{\text{def}}{=} \frac{1}{\Gamma(1/2)} \int_0^\infty \int_N t^{-1/2} \operatorname{tr}(* d e^{-\tilde{\Delta} t}), \tag{7.18}$$

it follows from (7.13), (7.16), (7.17) that

$$\lim_{j\to\infty} \frac{1}{d_j} \tilde{\eta}(N_j) \to \tilde{\eta}_{(2)}(N). \tag{7.19}$$

This suffices to complete the proof.

Remark 7.1. If N is compact and $\tilde{N}$ is profinite and normal, then Lemma 6.3 and (7.12) (for forms of arbitrary degree) imply

$$\overline{\lim} \frac{1}{d_j} b^i(\tilde{N}_j) \leqq \tilde{b}^i_{(2)}(N). \tag{7.20}$$

If $\tilde{b}^i_2(N) > 0$, it seems difficult to decide under what circumstances the inequality in (7.20) is an equality. A similar point occurs in connection with the hypothesis (7.9) of Theorem 7.2 (compare also [K_2]).

Example 7.1. If $\tilde{N}^{2k}$ is a symmetric space of rank 1 of the non-compact type, then $\tilde{b}^i_{(2)}(N^{2k}) = 0$ for $i \neq k$ but $\tilde{b}^k_{(2)}(N^{2k}) \neq 0$. However, by applying the L^2-Index Theorem for the Euler characteristic it follows that for all i,

$$\lim_{j\to\infty} \frac{1}{d_j} b^i(\tilde{N}_j) = \tilde{b}^i_{(2)}(N). \tag{7.21}$$

Remark 7.2. If $\tilde{N}$ is profinite but *not* necessarily normal, as in (7.12) one can see that for all finite t, we have uniform pointwise convergence

$$\lim_{j\to\infty} \operatorname{tr}(e^{-\tilde{\Delta}_j t}) \to \operatorname{tr}(e^{-\tilde{\Delta} t}). \tag{7.22}$$

However, in the absence of a group action on $\tilde{N}$ one can not use Lemma 6.3 to let $t \to \infty$ and obtain a definition of $\tilde{b}^i_{(2)}(N)$. Similarly, analogs of Theorem 6.1 and of (7.20) are lacking if $\tilde{N}$ is not assumed normal (compare [D_2]).

References

[A] Atiyah, M. F.: Elliptic operators, discrete groups and von Neumann algebras. Société Mathématique de France, Astérisque 32, 33 (1976), 43–72

[APS_1] Atiyah, M. F.; Patodi, V. K.; Singer, I. M.: Spectral asymmetry and Riemannian geometry I. Math. Proc. Comb. Phil. Soc. 77 (1975), 43–69

[APS_2] Atiyah, M. F.; Patodi, V. K.; Singer, I. M.: Spectral asymmetry and Riemannian geometry. Bull. London Math. Soc. 5 (1973), 229–234

[BMR] Bemelmans, J.; Min-Oo; Ruh, E.: Smoothing Riemannian metrics (preprint no. 653, Univ. Bonn)

[C_1] Cheeger, J.: Finiteness theorems for Riemannian manifolds. Am. J. Math. 92 (1970), 61–75

[C_2] Cheeger, J.: Analytic torsion and the heat equation. Ann. Math. 109 (1979), 259–322

[CE] Cheeger, J.; Ebin, D.: Comparison theorems in Riemannian geometry. North Holland, 1975

[CG_1] Cheeger, J.; Gromov, M.: Bounds on the von Neumann dimension of L^2-cohomology and the Gauss-Bonnet-Theorem for open manifolds. (Preprint)

[CG_2] Cheeger, J.; Gromov, M.: Collapsing Riemannian manifolds while keeping their curvature bounded. (To appear)

[CG_3] Cheeger, J.; Gromov, M.: On the rationality and irrationality of integrals of characteristic forms over open manifolds. (To appear)

[CG_4] Cheeger, J.; Gromov, M.: Pontrjagin classes of complete Riemannian manifolds and the Novikov conjecture. (To appear)

[CGT] Cheeger, J.; Gromov, M.; Taylor, M.: Finite propagation speed, kernel estimates for functions of the Laplace Operator and the geometry of complete Riemannian manifolds. J. Diff. Geom 17 (1982), 15–55

[CGY] Cheeger, J.; Gromov, M.; Yang, D. G.: Residue formulas for secondary invariants of collapsed Riemannian manifolds (to appear)

[CMS] Cheeger, J.; Müller, W.; Schrader, R.: On the curvature of piecewise flat spaces. Commun. Math. Phys. 92 (1984), 405–454

[CS] Chern, S. S.; Simons, J.: Characteristic forms and geometric invariants. Ann. Math. 99 (1974), 48–69

[CYL] Cheng, S. Y.; Li, P.; Yau, S. T.: On the upper estimate of the heat kernel of a complete Riemannian manifold. Amer. J. Math. 103 (1981), 1021–1063

[Co] Cohen, J.: von Neumann dimension and the homology of covering spaces. Quart. J. Math. Oxford 30 (1979), 133–142

[CV] Cohn-Vossen, S.: Kürzeste Wege und totale Krümmung auf Flächen. Composito Math. 2 (1935), 69–133

[CM] Connes, A.; Moscovicci, H.: The L^2-index theorem for homogeneous spaces of Lie groups. Ann. Math. 115 (1982), 291–330

[D_1] Dodziuk, J.: deRham-Hodge theory for L^2-cohomology of infinite coverings. Topology 16 (1977), 157–165

[D_2] Dodziuk, J.: Every covering of a compact Riemannian surface of genus greater than one carries a non-trivial L^2-harmonic differential. Preprint

[Don_1] Donnelly, H.: On the spectrum of towers. Proc. Amer. Math. Soc. 82, No. 2, (1983), 322–329

[Don_2] Donnelly, H.: On L^2-Betti numbers for abelian groups. Canad. Math. Bull. 24 (1), (1981), 91–95

[G] Gaffney, M.: A special Stokes theorem for Riemannian manifolds. Ann. Math. 60, No. 1, (1954), 140–145

[Gil] Gilkey, P.: The Index theorem and the heat equation. Math. Lect. Series 4, Publish or Perish Inc., Berkeley, Ca., 1974
[G_1] Gromov, M.: Almost flat manifolds. J. Diff. Geom. 13 (1978), 231–241
[G_2] Gromov, M.: Curvature diameter and Betti numbers. Comment. Math. Helv. 56 (1981), 179–195
[G_3] Gromov, M.: Volume and Bounded Cohomology. I.H.E.S. Pub. Math. 56 (1983), 213–307
[GPL] Gromov, M.; Lafontaine, J.; Pansu, P.: Structures métriques pour les variétés riemanniennes, Cédic-Fernand Nathan Paris (1981)
[Gui] Guichardet, A.: Special topics in topological algebras. Gordon and Breach, New York
[Ha] Harder, G.: A Gauss-Bonnet formula for discrete arithmetically defined groups. Ann. Sci. École Normale Sup. 4 (1971), 409–455
[Hu] Huber, A.: On subharmonic functions and differential geometry in the large. Comment. Math. Helv. 32 (1957), 12–72
[J] Jørgensen, T.: Compact 3-manifolds of constant negative curvature fibering over the circle. Ann. of Math. 106 (1977), 61–72
[K_1] Kazhdan, D.: On the connection of the dual space of a group with the structure of its closed subgroups. Funct. Anal. and Appl. 1 (1967), 71–74
[K_2] Kazdhan, D.: On arithmetic varieties, Lie groups and their representations (I. M. Gelfand ed.). Adam Helger LTD, London (1975)
[Nai] Naimark, M. A.: Normed rings. Wolters-Noordoff, Netherlands, 1970
[P] Peters, P.: Cheeger's finiteness theorem for diffeomorphism classes of Riemannian manifolds. Crelle's Journal, Band 349 (1984), 77–82
[Ros] Rosenberg, S.: Ph.D. Thesis, University of California at Berkeley (1981)
[S] Singer, I. M.: Some remarks on operator theory and index theory. Lecture Notes in Math. No. 575, Springer, New York (1977), 128–137
[So] Soma, T.: The Gromov invariant for links. Inv. Math. 64 (1981), 445–454

Deformation of Surfaces Preserving Principal Curvatures

By Shiing-shen Chern [1]

1. Introduction and Statement of Results

The isometric deformation of surfaces preserving the principal curvatures was first studied by O. Bonnet in 1867. Bonnet restricted himself to the complex case, so that his surfaces are analytic, and the results are different from the real case. After the works of a number of mathematicians, W. C. Graustein took up the real case in 1924 –, without completely settling the problem. An authoritative study of this problem was carried out by Elie Cartan in [2], using moving frames. Based on this work, we wish to prove the following:

Theorem: The non-trivial families of isometric surfaces having the same principal curvatures are the following:

1) a family of surfaces of constant mean curvature;
2) a family of surfaces of non-constant mean curvature. Such surfaces depend on six arbitrary constants, and have the properties:
   a) they are W-surfaces;
   b) the metric

$$d\hat{s}^2 = (\text{grad } H)^2\, ds^2/(H^2 - K),$$

   where ds^2 is the metric of the surface and H and K are its mean curvature and Gaussian curvature respectively, has Gaussian curvature equal to -1.

By a non-trivial family of surfaces we mean surfaces which do not differ by rigid motions. The theorem is a local one and deals only with pieces of surfaces. We suppose that they do not contain umbilics and that they are C^5.

The analytic formulation of the problem leads to an over-determined system of partial differential equations. It must be the simple geometrical nature of the problem that the integrability conditions give the clear-cut conclusion stated in the theorem. The surfaces in class 2) are clearly of interest. An analogous problem is concerned with non-trivial families of isometric surfaces with lines of curvature preserved. They also have a simple description and are given by the molding surfaces; cf. [1, pp. 269–284].

I wish to thank Konrad Voss for calling my attention to this problem.

---

[1] Work done under partial support of NSF grant MCS 77-23579

2. Formulation of Problem

We consider in the euclidean space E^3 a piece of oriented surface M, of sufficient smoothness and containing no umbilics. Over M there is then a well-defined field of orthonormal frames $xe_1e_2e_3$, such that $x \in M$, e_3 is the unit normal vector at x, and e_1, e_2 are along the principal directions. We have then

$$\begin{aligned} dx &= \omega_1 e_1 + \omega_2 e_2 \\ de_1 &= \omega_{12} e_2 + \omega_{13} e_3, \\ de_2 &= -\omega_{12} e_1 + \omega_{23} e_3, \\ de_3 &= -\omega_{13} e_1 - \omega_{23} e_3, \end{aligned} \tag{1}$$

the ω's are one-forms on M. Our choice of the frames allows us to set

$$\begin{aligned} \omega_{12} &= h\omega_1 + k\omega_2 \\ \omega_{13} &= a\omega_1, \quad \omega_{23} = c\omega_2, \qquad a > c. \end{aligned} \tag{2}$$

Then a and c are the two principal curvatures at x. As usual we denote the mean curvature and the Gaussian curvatures by

$$H = \tfrac{1}{2}(a + c), \quad K = ac. \tag{3}$$

The functions and forms satisfy the structure equations obtained by exterior differentiation of (1). They give

$$\begin{aligned} d\omega_1 &= \omega_{12} \wedge \omega_2, \quad d\omega_2 = \omega_1 \wedge \omega_{12}, \\ d\omega_{12} &= -K\omega_1 \wedge \omega_2, \\ d\omega_{13} &= \omega_{12} \wedge \omega_{23}, \quad d\omega_{23} = \omega_{13} \wedge \omega_{12}. \end{aligned} \tag{4}$$

The equation in the second line of (4) is called the Gauss equation and the equations in the last line of (4) are called the Codazzi equations.

Using (2), the Codazzi equations give

$$\begin{aligned} \{da - (a - c)h\omega_2\} \wedge \omega_1 &= 0, \\ \{dc - (a - c)k\omega_1\} \wedge \omega_2 &= 0. \end{aligned} \tag{5}$$

We introduce the functions u, v by

$$2dH = d(a + c) = (a - c)(u\omega_1 + v\omega_2). \tag{6}$$

Then we have

$$\begin{aligned} \frac{1}{a - c} da &= (u - k)\omega_1 + h\omega_2, \\ \frac{1}{a - c} dc &= k\omega_1 + (v - h)\omega_2, \end{aligned} \tag{7}$$

and

$$d\log(a - c) = (u - 2k)\omega_1 - (v - 2h)\omega_2. \tag{8}$$

We note also the relation

$$4(\text{grad } H)^2 = (a - c)^2 (u^2 + v^2). \tag{9}$$

For our treatment we introduce the forms

$$\theta_1 = u\omega_1 + v\omega_2, \quad \theta_2 = -v\omega_1 + u\omega_2, \tag{10}$$

$$\alpha_1 = u\omega_1 - v\omega_2, \quad \alpha_2 = v\omega_1 + u\omega_2. \tag{11}$$

Thus $\theta_1 = 0$ is tangent to the level curves $H = \text{const}$ and $\alpha_1 = 0$ is its symmetry with respect to the principal directions. If $H \neq \text{const}$, the quadratic differential form

$$\begin{aligned} d\hat{s}^2 = \theta_1^2 + \theta_2^2 = \alpha_1^2 + \alpha_2^2 &= (u^2 + v^2)(\omega_1^2 + \omega_2^2) \\ &= \frac{(\text{grad } H)^2}{H^2 - K} ds^2 \end{aligned} \tag{12}$$

defines a conformal metric on M.

We find it convenient to make use of the Hodge $*$-operator, such that

$$\begin{aligned} *\omega_1 = \omega_2, \quad & *\omega_2 = -\omega_1, \\ *^2 = -1 \quad & \text{on one-forms.} \end{aligned} \tag{13}$$

Then we have

$$*\theta_1 = \theta_2, \quad *\theta_2 = -\theta_1, \tag{14}$$

$$*\alpha_1 = \alpha_2, \quad *\alpha_2 = -\alpha_1. \tag{15}$$

Using these notations Eq. (6) and (8) can be written

$$2dH = d(a + c) = (a - c)\theta_1, \tag{6a}$$

$$d\log(a - c) = \alpha_1 + 2*\omega_{12}. \tag{8a}$$

Suppose M^* is a surface which is isometric to M with preservation of the principal curvatures. We shall denote the quantities pertaining to M^* by the same symbols with asterisks, so that

$$a^* = a, \quad c^* = c. \tag{16}$$

As M and M^* are isometric, we have

$$\begin{aligned} \omega_1^* &= \cos\tau\,\omega_1 - \sin\tau\,\omega_2, \\ \omega_2^* &= \sin\tau\,\omega_1 + \cos\tau\,\omega_2. \end{aligned} \tag{17}$$

Exterior differentiation gives

$$\begin{aligned} d\omega_1^* &= (-d\tau + \omega_{12}) \wedge \omega_2^*, \\ d\omega_2^* &= \omega_1^* \wedge (-d\tau + \omega_{12}), \end{aligned}$$

so that

$$\omega_{12}^* = -d\tau + \omega_{12}. \tag{18}$$

By (8a) we get

$$\alpha_1 + 2*\omega_{12} = \alpha_1^* + 2*\omega_{12}^*.$$

Applying the $*$-operator to this equation, we find

$$\omega_{12}^* - \omega_{12} = \tfrac{1}{2}(\alpha_2^* - \alpha_2).$$

This gives

$$d\tau = \tfrac{1}{2}(\alpha_2 - \alpha_2^*). \tag{19}$$

We wish to simplify the last expression.
From (6a) we have

$$\theta_1^* = \theta_1,$$

i.e.

$$u^* \omega_1^* + v^* \omega_2^* = u\omega_1 + v\omega_2,$$

which gives, in view of (17),

$$\begin{aligned} u^* &= \cos\tau u - \sin\tau v \\ v^* &= \sin\tau u + \cos\tau v. \end{aligned} \tag{20}$$

It follows that

$$\alpha_2^* = \sin 2\tau \cdot \alpha_1 + \cos 2\tau \cdot \alpha_2.$$

Putting

$$t = \cot\tau, \tag{21}$$

we get from (19),

$$dt = t\alpha_1 - \alpha_2. \tag{22}$$

This is the total differential equation satisfied by the angle τ of rotation of the principal directions during the isometric deformation. In order that the deformation be non-trivial it is necessary and sufficient that the Eq. (22) be completely integrable. This is expressed by the conditions

$$\begin{aligned} d\alpha_1 &= 0, \\ d\alpha_2 &= \alpha_1 \wedge \alpha_2. \end{aligned} \tag{23}$$

When the mean curvature H is constant, we have

$$u = v = 0$$

and $t =$ const. This gives the theorem of Bonnet (cf. [3]):

Theorem (Bonnet): A surface of constant mean curvature can be isometrically deformed preserving the principal curvatures. During the deformation the principal directions rotate by a fixed angle.

3. Connection Form Associated to a Coframe

Given the linearly independent one-forms ω_1, ω_2, the first two equations in (4) uniquely determine the form ω_{12}. We call ω_1, ω_2 the (orthonormal) coframe of the metric

$$ds^2 = \omega_1^2 + \omega_2^2 \tag{24}$$

and ω_{12} the connection form associated to it. The discussions leading to (18) give the following lemma:

Lemma 1. When the coframe undergoes the transformation (17), the associated connection forms are related by (18).

We now consider a conformal transformation of the metric

$$d\hat{s}^2 = A^2\, ds^2 = A^2(\omega_1^2 + \omega_2^2), \tag{25}$$

where $A > 0$ is a function on M. Let

$$\omega_1^* = A\omega_1, \quad \omega_2^* = A\omega_2. \tag{26}$$

Then we have:

Lemma 2. Under the changes of coframe (26) the associated connection forms are related by

$$\omega_{12}^* = \omega_{12} - i(\partial - \bar{\partial}) \log A. \tag{27}$$

Here $\partial, \bar{\partial}$ are the differentiation operators relative to the complex structure $\omega = \omega_1 + i\omega_2$ of M. The proof is by straightforward calculation and will be omitted. We note, however, the useful formula

$$*(\partial - \bar{\partial}) f = -i df \tag{28}$$

where f is a function on M.

4. Surfaces of Non-Constant Mean Curvature

Suppose $H \neq$ const. Then

$$A = +(u^2 + v^2)^{1/2} > 0, \tag{29}$$

and we write

$$u + iv = A \exp(i\psi). \tag{30}$$

Let

$$\begin{aligned} \omega &= \omega_1 + i\omega_2, \\ \theta &= \theta_1 + i\theta_2, \\ \alpha &= \alpha_1 + i\alpha_2. \end{aligned} \tag{31}$$

Then

$$\begin{aligned} \theta &= A \exp(-i\psi)\omega, \\ \alpha &= A \exp(i\psi)\omega, \end{aligned} \tag{32}$$

so that

$$\alpha = \exp(2i\psi)\theta. \tag{33}$$

The forms ω, θ, α define the same complex structure on M and the operators $*, \partial, \bar{\partial}$ can be used without ambiguity.

Let $\omega_{12}, \theta_{12}, \alpha_{12}$ be the connection forms associated to the coframes ω_1, ω_2; θ_1, θ_2; α_1, α_2 respectively. By Lemmas 1 and 2, Sect. 3, we have the fundamental relation

$$\theta_{12} = \omega_{12} + d\psi - i(\partial - \bar{\partial}) \log A = 2d\psi + \alpha_{12}. \tag{34}$$

In addition, from (23) we have

$$\alpha_{12} = \alpha_2. \tag{35}$$

The second equation of (23) then implies that the metric $d\hat{s}^2$ on M has Gaussian curvature equal to -1. Moreover, the Eq. (35) shows that the curves $\alpha_2 = 0$ are geodesics and the curves $\alpha_1 = 0$ have geodesic curvatures equal to 1, i.e., are horocycles relative to the metric $d\hat{s}^2$.

From (8a) and (23) we get

$$d * \omega_{12} = 0. \tag{36}$$

Applying $*$ to (34), we get, by using (28),

$$* \theta_{12} = * \omega_{12} + * d\psi - d \log A = 2 * d\psi - \alpha_1. \tag{37}$$

Exterior differentiation of the last equation gives, in view of (23), (36),

$$d * d\psi = 0, \tag{38}$$

which says that ψ *is a harmonic function*. Differentiation of (37) then gives

$$d * \theta_{12} = 0. \tag{39}$$

By differentiating (6a) and using (8a), we get

$$d\theta_1 + (\alpha_1 + 2 * \omega_{12}) \wedge \theta_1 = 0.$$

But

$$d\theta_1 = \theta_{12} \wedge \theta_2 = - * \theta_{12} \wedge \theta_1. \tag{40}$$

From (37) we find

$$- * \theta_{12} + \alpha_1 + 2 * \omega_{12} = 2d \log A.$$

It follows that

$$d \log A \wedge \theta_1 = 0, \tag{41}$$

and we set

$$d \log A = B\theta_1. \tag{42}$$

This is a differential equation in $\log A$. But $\partial\bar{\partial} \log A$ is related to the Gaussian curvature K of M. We wish to combine these facts to draw the remarkable conclusion that M is a W-surface.

This involves further computation of the integrability conditions. The simplest way is to make use of the coframe α_1, α_2, because their exterior derivatives satisfy the simple Eq. (23). For a function f on M we define

$$df = f_1 \alpha_1 + f_2 \alpha_2. \tag{43}$$

Its cross covariant derivatives satisfy the commutation formula

$$f_{21} - f_{12} + f_2 = 0. \tag{44}$$

Moreover, the condition for ψ to be a harmonic function is

$$\psi_{11} + \psi_{22} + \psi_1 = 0. \tag{45}$$

Note also that, by (37),

$$*\theta_{12} = -(2\psi_2 + 1)\alpha_1 + 2\psi_1\alpha_2. \tag{46}$$

By (6a) and (8a), the condition for M to be a W-surface is

$$(\alpha_1 + 2*\omega_{12}) \wedge \theta_1 = 0.$$

Using (37) and (42), this can be written

$$2\psi_1 \cos 2\psi + (2\psi_2 + 1)\sin 2\psi = 0. \tag{47}$$

From (42) we have

$$(\log A)_1 = B\cos 2\psi, \quad (\log A)_2 = B\sin 2\psi, \tag{48}$$

whose differentiations give

$$\begin{aligned}(\log A)_{1i} &= B_i \cos 2\psi - 2B\psi_i \sin 2\psi,\\ (\log A)_{2i} &= B_i \sin 2\psi + 2B\psi_i \cos 2\psi, \qquad i = 1,2.\end{aligned} \tag{49}$$

The commutation formula (44) applied to log A gives

$$B_1 \sin 2\psi - B_2 \cos 2\psi + B\{2\psi_1 \cos 2\psi + (2\psi_2 + 1)\sin 2\psi\} = 0. \tag{50}$$

But there is another equation between B_1, B_2, to be derived from the Gauss equation

$$d\omega_{12} = -ac\,\omega_1 \wedge \omega_2 = -acA^{-2}\alpha_1 \wedge \alpha_2, \tag{51}$$

as follows: From (34) we have

$$\omega_{12} = d\psi + \alpha_2 + (\log A)_2\,\alpha_1 - (\log A)_1\,\alpha_2. \tag{52}$$

Substituting into the above equation, we get

$$-(\log A)_{11} - (\log A)_{22} + \{-(\log A)_1 + 1\} + acA^{-2} = 0,$$

or, by (49),

$$\begin{aligned}&-B_1\cos 2\psi - B_2 \sin 2\psi\\ &\quad + B\{2\psi_1 \sin 2\psi - (2\psi_2 + 1)\cos 2\psi\} + 1 + acA^{-2} = 0.\end{aligned} \tag{53}$$

Solving for B_1, B_2 from (50), (53),

$$\begin{aligned}B_1 + B(2\psi_2 + 1) - (1 + acA^{-2})\cos 2\psi &= 0,\\ B_2 - 2B\psi_1 - (1 + acA^{-2})\sin 2\psi &= 0.\end{aligned} \tag{54}$$

Differentiating the first equation with respect to the second index, the second equation with respect to the first index, subtracting, and using the Eq. (45) that ψ

is a harmonic function, we get

$$-2(1+acA^{-2})\{2\psi_1 \cos 2\psi + (2\psi_2+1)\sin 2\psi\} + A^{-2}\{-(ac)_1 \sin 2\psi + (ac)_2 \cos 2\psi\} = 0. \tag{55}$$

The expression in the last braces is the coefficient of $\alpha_1 \wedge \alpha_2$ in

$$-*d(ac) \wedge \theta_2.$$

Now

$$4ac = (a+c)^2 - (a-c)^2,$$

and its differential can be calculated, using (6a) and (8a). We get

$$\frac{2d(ac)}{a-c} = (a+c)\theta_1 - (a-c)(\alpha_1 + 2*\omega_{12})$$

and

$$-\frac{2}{(a-c)^2}(*d(ac)) \wedge \theta_2 = (\alpha_2 - 2\omega_{12}) \wedge \theta_2$$
$$= -\{2\psi_1 \cos 2\psi + (2\psi_2+1)\sin 2\psi\}\alpha_1 \wedge \alpha_2.$$

Hence (55) becomes

$$(1 + H^2 A^{-2})\{2\psi_1 \cos 2\psi + (2\psi_2+1)\sin 2\psi\} = 0.$$

Since the first factor is non-zero, the second factor must vanish, which is the condition (47) for M to be a W-surface.

On M with the metric $d\hat{s}^2$ of Gaussian curvature -1 we search for a harmonic function ψ satisfying (47). We shall show that such a function depends on two constants. In fact, Eq. (47) allows us to put

$$2\psi_1 = C \sin 2\psi, \quad 2\psi_2 + 1 = -C \cos 2\psi. \tag{56}$$

Differentiation gives

$$\begin{aligned} 2\psi_{1i} &= C_i \sin 2\psi + 2C\psi_i \cos 2\psi, \\ 2\psi_{2i} &= -C_i \cos 2\psi + 2C\psi_i \sin 2\psi, \; i = 1, 2. \end{aligned} \tag{57}$$

The commutation formula for ψ and Eq. (45) give

$$\begin{aligned} -C_1 \cos 2\psi - C_2 \sin 2\psi + 2C\psi_1 \sin 2\psi - C(2\psi_2+1)\cos 2\psi - 1 &= 0, \\ C_1 \sin 2\psi - C_2 \cos 2\psi + 2C\psi_1 \cos 2\psi + C(2\psi_2+1)\sin 2\psi &= 0. \end{aligned} \tag{58}$$

Solving for C_1, C_2, we get

$$\begin{aligned} C_1 + C(2\psi_2+1) + \cos 2\psi &= 0, \\ C_2 - 2C\psi_1 + \sin 2\psi &= 0. \end{aligned} \tag{59}$$

It can be verified by differentiating (59) that the commutation relation for C is satisfied. Hence there exist harmonic functions ψ satisfying (47). The solution depends on two arbitrary constants, the values of ψ and C at an initial point.

From our discussion the differentials of the functions $\log A$, B, a, c are all determined. Hence our surfaces, e.g., the surfaces of non-constant mean curvature which can be isometrically deformed in a non-trivial way preserving the principal curvatures, depend on 6 arbitrary constants. This proves the main statement of our theorem in Sect. 1, the other statements being proved before.

Our derivation makes use of the 5th order jet of the surface M, which is therefore supposed to be of class 5.

References

[1] Bryant, R.; Chern, S.; Griffiths, P. A.: Exterior differential systems. Proceedings of 1980 Beijing DD-Symposium. Science Press, Beijing, China and Gordon and Breach, New York, 1982, vol. 1, pp. 219–338

[2] Cartan, E.: Sur les couples de surfaces applicables avec conservation des courbures principales. Bull. Sc. Math. 66 (1942), 1–30, or Oeuvres Complètes, Partie III, vol. 2, 1591–1620

[3] Darboux, G.: Théorie des surfaces, Partie 3. Paris 1894, p. 384

One-Dimensional Metric Foliations in Constant Curvature Spaces

By Detlef Gromoll[1] *and Karsten Grove*

Let Q_c^{n+1} be a connected space of constant curvature c. In this note we will discuss the structure of 1-dimensional bundlelike Riemannian foliations $\mathscr{F}$ of Q, which we call *metric* foliations for short. The leaves of $\mathscr{F}$ are locally fibers of Riemannian submersions, and thus everywhere equidistant. Such foliations $\mathscr{F}$ will turn out to be either flat or homogeneous. As a global application we obtain that the Hopf fibrations $S^{2m+1} \to \mathbb{C}P^m$ are the only metric fibrations of euclidean spheres with fiber dimension 1.

We like to mention that this problem arose first in [GG] in connection with the Diameter Sphere Theorem, a direct descendant of the pioneering work of Harry Rauch [R], whom we herewith remember.

1. The Structure of $\mathscr{F}$

We refer to [O'N] for some facts about Riemannian submersions that will be used freely. The foliation $\mathscr{F}$ defines an orthogonal splitting $TQ = \Delta^v \oplus \Delta^h$ of the tangent bundle of Q, where Δ^v is the line bundle tangent to the leaves. We use T to denote one of the two vertical fields of unit length, and X, Y to denote basic horizontal fields, locally if necessary. ∇ is the usual Riemannian connection of Q.

The curvature form $\mathscr{H}$ of $\mathscr{F}$ is a globally defined (horizontal) 1-form on Q with $\mathscr{H}_U = \langle \nabla_T T, U \rangle$. Since $[X, T]^h = 0$ in general, we have

$$[X, T] = \mathscr{H}_X \cdot T. \tag{1.1}$$

The integrability tensor A of the horizontal bundle Δ^h is given by $A_X Y = (\nabla_X Y)^v = \frac{1}{2}[X, Y]^v$. By O'Neill's formula, $A_X Y$ has constant length along each leaf, since the curvature of Q is constant, so

$$T \langle \nabla_X Y, T \rangle = 0. \tag{1.2}$$

$\mathscr{F}$ is called *flat* iff $A \equiv 0$, or equivalently, if $\mathscr{F}$ is orthogonal to a foliation of Q by totally geodesic hyperplanes.

Lemma 1.1. If A vanishes at some point, then $\mathscr{F}$ is flat.

[1] Partially supported by N.S.F. Grant MCS 8102758A02, and by the Alexander von Humboldt Foundation

Proof. As Q is connected, we have to show that if $A = 0$ at p, then $A \equiv 0$ in some neighborhood of p. But by (1.2), $A = 0$ on the leaf $\mathscr{F}_p$. Thus it suffices to prove that $A = 0$ at all points of a local totally geodesic hypersurface H_p through p with tangent space Δ_p^h. But this is equivalent to saying that T is a normal vector of H_p near p. Now consider the "holonomy" displacement along horizontal geodesics from $\mathscr{F}_p$ into nearby leaves, so exponentiate X along a local parametrization $c(s)$ of $\mathscr{F}_p$ near p, $c(0) = p$, $\dot{c}(s) = T$, by $V(t,s) = \exp tX \circ c(s)$. Then $T_X = V_* D_s \neq 0$ is vertical and Jacobi along $t \to V(t,s)$, with initial conditions $T_X(0) = T \circ c(s)$ and $T_X'(0) = \nabla_{D_t} V_* D_{s|0,s} = \nabla_{D_s} V_* D_{t|0,s} = \nabla_T X_{|c(s)} = \nabla_X T - \mathscr{H}_X T_{|c(s)} = -\mathscr{H}_X T_{|c(s)}$, which are both vertical. For the last relation, we have used (1.1) and $\nabla_X T = -A_X^* T = 0$ on $\mathscr{F}_p$. Therefore, $T_X(t)$, and hence T, stay normal to H_p in all directions X.

Let us observe that any 1-dimensional submanifold F in Q is locally the fiber of a unique flat submersion. Simply exponentiate the parallel sections in the normal bundle of F.

We call $\mathscr{F}$ an *isoparametric* family if the curvature form $\mathscr{H}$ is basic, i.e. the adjoint vector $\nabla_T T$ is basic. In [KT], the term "tense" is used for essentially this situation.

Lemma 1.2. $\mathscr{F}$ is isoparametric if and only if $\mathscr{H}$ is closed.

Proof. $(\nabla_T \mathscr{H})X - (\nabla_X \mathscr{H})T - \mathscr{H}[T,X] = 0$ iff $T\mathscr{H}_X = 0$. But we always have that $\langle \nabla_X \nabla_T T, Y\rangle = \langle R(X,T)T, Y\rangle + \langle \nabla_T \nabla_X T, Y\rangle + \langle \nabla_{[X,T]} T, Y\rangle$ is symmetric in X, Y. This is because $\langle \nabla_T \nabla_X T, Y\rangle = -\langle \nabla_X T, \nabla_T Y\rangle = -\langle \nabla_X T, \nabla_Y T\rangle$ and $\langle \nabla_{[X,T]} T, Y\rangle = \mathscr{H}_X \mathscr{H}_Y$, using (1.2) and (1.1).

Let us say that $\mathscr{F}$ is *homogeneous* if Δ^v is locally spanned by a Killing field in Q.

Proposition 1.1. Necessary and sufficient for $\mathscr{F}$ to be homogeneous is that $\mathscr{F}$ is isoparametric.

Proof. The condition is clearly necessary. Now suppose, $\mathscr{F}$ is isoparametric. By Lemma 1.2, $\mathscr{H}$ is closed, so $\mathscr{H} = d\Phi$ locally, for a function Φ which is constant along leaves. Set $L = e^{-\Phi}$. Then $XL = -\mathscr{H}_X L$. (This is the first variation formula; L measures arc length in leaves under horizontal holonomy displacement.) Now $Z = LT$ is Killing, since $\langle \nabla_T LT, T\rangle = TL = 0$, furthermore $\langle \nabla_X LT, X\rangle = L\langle \nabla_X T, X\rangle = L\langle \nabla_T X, X\rangle = 0$, and finally $\langle \nabla_X LT, T\rangle + \langle \nabla_T LT, X\rangle = XL + \mathscr{H}_X L = 0$.

We are now in a position to prove our main result.

Theorem 1.1. $\mathscr{F}$ is either homogeneous or flat.

Proof. Assume, $\mathscr{F}$ is not flat. We will conclude that $\mathscr{F}$ is isoparametric and use Proposition 1.1. By Lemma 1.1, $A \neq 0$ at all points $q \in Q$. So we find some X and Y near any q such that $A_X Y \neq 0$. Consider $0 = \langle R(X,T)X, Y\rangle = \langle \nabla_X \nabla_T X, Y\rangle - \langle \nabla_T \nabla_X X, Y\rangle - \langle \nabla_{[X,T]} X, Y\rangle$. When reducing modulo functions that are constant on leaves, we obtain with (1.1) and (1.2) and using that $\nabla_X X$ and $(\nabla_X Y)^h$ are always basic, $\langle \nabla_X \nabla_T X, Y \rangle = X \langle \nabla_T X, Y \rangle - \langle \nabla_T X, \nabla_X Y \rangle \sim -\langle \nabla_T X, \nabla_X Y \rangle \sim \mathscr{H}_X \langle T, A_X Y \rangle$, furthermore $\langle \nabla_T \nabla_X X, Y \rangle \sim 0$, and finally, $\langle \nabla_{[X,T]} X, Y \rangle = \mathscr{H}_X \langle \nabla_T X, Y \rangle = \mathscr{H}_X \langle \nabla_X T, Y \rangle = -\mathscr{H}_X \langle T, A_X Y \rangle$. Hence, $2\mathscr{H}_X \langle T, A_X Y \rangle \sim 0$, so $(T\mathscr{H}_X) \langle T, A_X Y \rangle = 0$, and $\mathscr{H}_X$ is locally constant for all X in a non-empty open subset of basic fields along $\mathscr{F}_q$. It follows that $\mathscr{H}$ is basic.

We remark that a 1-dimensional submanifold F of Q is the leaf of a flat homogeneous (isoparametric) foliation iff $\nabla_T T$ is a parallel normal.

2. Global Conclusions

Completeness restricts metric foliations in spaces of non-negative curvature substantially.

Theorem 2.1. Let Q_c^n be complete and $c \geqq 0$. Then $\mathscr{F}$ must be homogeneous. $\mathscr{F}$ can only be flat for $c = 0$, and is then necessarily parallel. The lift $\tilde{\mathscr{F}}$ in the universal cover $\tilde{Q}$ is generated by a global Killing field $Z \neq 0$.

Proof. $\mathscr{F}$ cannot be flat for $c > 0$, since any two totally geodesic hyperplanes intersect in the universal cover $\tilde{Q} = S_c^n$. For $c = 0$, $\tilde{Q}_0^n = \mathbb{R}^n$, and non-intersecting hyperplanes must be parallel. Finally observe that if Q is simply connected in Proposition 1.1, then T, L and thus $Z = LT \neq 0$ are globally defined.

In $\mathbb{R}^n$, for example, Z must generate glide rotations, and $\mathscr{F}$ is always a fibration; cf. also [C]. It follows easily that $\mathscr{F}$ is flat whenever Q_0^n is compact. In the euclidean sphere S^n, foliations generated by non-vanishing Killing fields Z are well-known to be non-singular fibrations exactly when Z is a complex structure of $\mathbb{R}^{n+1}$, up to a factor. This is also immediately clear here, since in $Z = LT$, L is the length function of the fibers, which assumes a maximum and a minimum on necessarily totally geodesic circles because of $XL = -\mathscr{H}_X L$. Thus L and hence $|Z|$ are constant. Therefore, Z^2 is a negative multiple of the identity. We have proved:

Corollary 2.1. Up to orthogonal congruence, the only 1-dimensional metric fibrations of euclidean spheres are the Hopf fibrations $S^{2m+1} \to \mathbb{C}P^m$.

The special case when all fibers are totally geodesic was treated in [E]; it is already locally rigid.

Let us finally point out that for $c < 0$, there is no comparable rigidity of metric foliations. In fact, the flat foliation of any curve without focal points, close to a geodesic line in hyperbolic space will be a global metric fibration that can be deformed quite arbitrarily.

References

[C] Chu, I. P.: Riemannian fibrations of euclidean spaces. Thesis (1981), S.U.N.Y. at Stony Brook

[E] Escobales, R. H.: Riemannian submersions with totally geodesic fibers. J. Diff. Geom. 10 (1975), 253–276

[GG] Gromoll, D.; Grove, K.: Rigidity of positively curved manifolds with large diameter. Ann. of Math. Studies 102 (1981), 203–207

[KT] Kamber, F.; Tondeur, P.: Duality for Riemannian foliations. Preprint, U. of Illinois

[O'N] O'Neill, B.: The fundamental equations of a submersion. Mich. Math. J. 13 (1966), 459–469

[R] Rauch, H. E.: A contribution to differential geometry in the large. Ann. of Math. 54 (1951), 38–55

The Existence of Three Short Closed Geodesics

By Wilhelm Klingenberg

1. A famous theorem of Lusternik and Schnirelmann [LS] states that, for a Riemannian manifold M given by an arbitrary Riemannian metric on the differentiable 2-sphere, there are at least three closed geodesics without self-intersections. See [Ly] for a more complete proof.

Actually, these three geodesics are short in the sense that their length is bounded from above by the supremum of the length of the image of all the circles on the standard sphere S^2 under all possible diffeomorphisms $f\colon S^2 \to M$.

We are going to generalize this result to the case of an arbitrary compact simply connected Riemannian manifold, except that we do not claim that our geodesics have no self-intersection but only that they are prime in the sense that they are not the multiple covering of some other closed geodesic.

Theorem. Let M be a compact, simply connected Riemannian manifold. Let k, $2 \leqq k \leqq n = \dim M$, be the first dimension such that $H_k(M;\mathbb{Z}_2) \neq 0$. If $k = 2^l + t$, with $0 \leqq t \leqq 2^l$, put $2k - 2t - 1 = h(k)$.

Then there exist $h(k) \geqq 3$ prime closed geodesics which are short in the following sense: Let k be the first dimension > 0 with $H_k(M;\mathbb{Z}_2) \neq 0$. Fix a differentiable mapping $f\colon S^k \to M$ which represents a non-zero element in $H_k(M;\mathbb{Z}_2)$. Then an upper bound for the length of these $h(k)$ closed geodesics is given by the supreme of the length $L(f \circ c)$, where c runs through the set of circles on S^k.

Note. In the case $M \simeq S^2$, Lusternik and Schnirelmann [LS] use for the proof of this theorem at an essential point the Jordan curve theorem. Their proof therefore cannot be generalized. Our proof employs entirely different methods which depend heavily on the equivariant Morse theory of the Hilbert manifold of closed curves which goes back to our paper [Kl1]. In particular, we obtain a new proof of the Lusternik-Schnirelmann theorem except that we do not exclude the possibility that the three prime closed geodesics have self-intersections.

Finally, we like to point out that, although there are infinitely many prime closed geodesics on every Riemannian manifold (see [Kl3, 4, 6]), the number of short ones may be quite small. More precisely, Morse [Mor] has shown the following: Take the n-dimensional ellipsoid $E^n(a_0, \ldots, a_n)$ with axis a_i satisfying

$$0 < a_0 < \ldots < a_n \leqq 1.$$

If only a_0 is chosen sufficiently close to 1, the $n(n+1)/2$ principal ellipses on $E^n(a_0, \ldots, a_n)$ represent prime closed geodesics of length approximately 2π; all other prime closed geodesics however, have a length greater than any prescribed number. See also [Kl3, 5] for this example.

One can show, in addition, that this situation is stable, i.e., it does not change under sufficiently small perturbations of the metric g of $(S^n, g) = E^n(a_0, \dots, a_n)$.

2. We begin with recalling some basic facts of the theory of closed geodesics, cf. [Kl3], [Kl5] for full details.

First of all, we introduce the set ΛM of H^1-maps $C: S \to M$ of the parametrized circle $S = [0,1]/\{0,1\}$ into M. ΛM or simply Λ, carries in a canonical way the structure of a Hilbert manifold endowed with a Riemannian metric. We call ΛM with this structure the *space of parametrized closed curves* on M.

Moreover, there is given with M a differentiable function

$$E: \Lambda M \to \mathbb{R}; \quad c \mapsto \tfrac{1}{2} \int_S g(\dot{c}, \dot{c})(t)\, dt$$

the so-called *energy integral*. The critical points of E are either the point curves (i.e., the constant maps $c: S \to M$) or else, the closed geodesics, i.e., the immersions $c: S \to M$ satisfying $\nabla \dot{c}(t) = 0$.

The negative gradient field of E, $-\operatorname{grad} E$, satisfies the condition (C) of Palais and Smale which allows to carry over the Morse-Lusternik-Schnirelmann theory of a differentiable function on a finite dimensional manifold to the case of the function E on the Riemannian-Hilbert manifold ΛM.

For all real s the integral curve $\phi_s c$ of the vector field $-\operatorname{grad} E$ on ΛM is defined. $E(\phi_s c) \leqq E(c)$, if $s \geqq 0$, and equality for $s > 0$ holds if and only if $DE(c) = 0$, i.e., if c is a critical point. We thus have an action by diffeomorphisms

$$\phi_s: \Lambda M \to \Lambda M; \quad s \in \mathbb{R}$$

of the real line.

For any real κ we denote by $\Lambda^\kappa M$ or simply Λ^κ the set $c \in \Lambda M$ satisfying $E(c) \leqq \kappa$. Clearly, $\Lambda^\kappa = \emptyset$ for $\kappa < 0$ and Λ^0 consists of the set of constant maps $c: S \to M$ which can be identified with M. We also introduce $\Lambda^{\kappa-}$ as the interior of Λ^κ, i.e., those $c \in \Lambda$ for which $E(c) < \kappa$.

Let now $\mathscr{A}$ be a non-empty family of non-empty subsets A of ΛM such that $E \mid A$ is bounded. Moreover, if $A \in \mathscr{A}$, also $\phi_s A$, for all $s \geqq 0$, shall belong to $\mathscr{A}$. Such a family is called *ϕ-family*.

The *critical value* $\kappa_{\mathscr{A}}$ of a ϕ-family is defined by

$$\kappa_{\mathscr{A}} = \inf_{A \in \mathscr{A}} \sup E \mid A.$$

The first main result of the theory now states that $\kappa_{\mathscr{A}}$ is a critical value of the function E. More precisely, if we briefly write κ instead of $\kappa_{\mathscr{A}}$: The set of critical points at the E-level κ is not empty; moreover, given any neighbourhood $\mathscr{U}$ of this set, there exists an $A' \in \mathscr{A}$ such that

$$\phi_s A' \subset \mathscr{U} \cup \Lambda^{\kappa-}$$

for all $s \geqq 0$. In this case we say that the ϕ-family *remains hanging* at the critical set in $E^{-1}(\kappa)$.

A refinement of the well-known fact, that on a compact Riemannian manifold M the length of closed geodesics is bounded away from zero, states that there exists an $\varepsilon > 0$ such that $\Lambda^{\varepsilon} M$ contains no critical points of positive E-value and possesses $\Lambda^0 M$ as strong deformation retract. Actually, the deformation is given by $c \in \Lambda^{\varepsilon} \mapsto \lim_{s \to \infty} \phi_s c \in \Lambda^0$.

As an important consequence it follows: If a ϕ-family $\mathscr{A}$ contains no element A belonging to $\Lambda^{\varepsilon -}$, with $\varepsilon > 0$ as above, then its critical value $\kappa_{\mathscr{A}}$ is $\geqq \varepsilon > 0$. That is to say, in this case there actually do exist closed geodesics on M, their length being $\sqrt{2\kappa_{\mathscr{A}}} \geqq \sqrt{2\varepsilon}$.

3. The Morse-Lusternik-Schnirelmann theory of the manifold ΛM with its function E has another feature:

(i) There exists a canonical continuous (but not differentiable) S^1-action

$$\chi^{\sim}: S^1 \times \Lambda M \to \Lambda M; \qquad (z, c) \mapsto z \cdot c$$

where $z \cdot c(t) = c(t + r)$, if $z = e^{2\pi i r} \in S^1$. For fixed z, the map $\chi_z^{\sim}: \Lambda M \to \Lambda M$; $c \to z \cdot c$ is an isometry leaving E invariant.

We define *the space of oriented unparametrized closed curves on M, $\tilde{\Pi} M$,* to be the quotient space with respect to the S-action $\chi^{\sim}$. Let

$$\tilde{\pi}: \Lambda M \to \tilde{\Pi} M = \Lambda M \mathop{/}_{\chi^{\sim}} S^1$$

be the quotient map.

Denote by $I^{\sim}(c)$ the isotropy group of an element c w.r.t. this S^1-action. For $c \notin \Lambda^0 M$, $I^{\sim}(c)$ is a finite cyclic group, say $\mathbb{Z}_m$. m is called the *multiplicity* of c. If $m = 1$, c also is called *prime*. For every $c \notin \Lambda^0 M$ there exists a well determined *underlying prime closed curve* c_0 which is given by $c_0(t) = c(t/m)$, where $m =$ multiplicity c.

(ii) There is an isometric $\mathbb{Z}_2$-action θ on ΛM, leaving E invariant. The generator is the orientation reversing map

$$\theta: \Lambda M \to \Lambda M; \qquad c(t) \mapsto c(1 - t).$$

Since, for $z \in S^1$, $z \circ \theta = \theta \circ \bar{z}$, S^1-orbits are carried into S^1-orbits by θ. We therefore get an induced $\mathbb{Z}_2$-operation on $\tilde{\Pi} M$ which again we denote by θ. Let ΠM be the quotient space $\tilde{\Pi} M/\mathbb{Z}_2$ and call its elements *unparametrized closed curves*. Putting $\theta \circ \tilde{\pi} = \pi$, we get the map

$$\pi: \Lambda M \to \Pi M.$$

This map may be viewed as the quotient map w.r.t. to a $\mathbb{O}(2)$-action χ on ΛM given by

$$\chi(\alpha, c) = \begin{cases} z \cdot c, & \text{if } \alpha = z \in S\mathbb{O}(2) = S^1 \\ z \cdot \theta c, & \text{if } \alpha = z\sigma \in \mathbb{O}(2) - SO(2) \end{cases}$$

where σ is the reflection on the x-axis of $\mathbb{R}^2$.

For everything that follows it is now most important that the Morse-Lusternik-Schnirelmann theory of the function E on the Riemannian-Hilbert manifold ΛM

is equivariant with respect to these actions of S^1 and $\mathbb{Z}_2$. In particular, the deformations ϕ_s: $\Lambda M \to \Lambda M$ commute with these actions and carry orbits into orbits.

As a first consequence we observe that the critical points of E are never isolated. This is certainly true for the set $\Lambda^0 M$ of constant maps. If c is a critical point and not in $\Lambda^0 M$ then $\chi(S^1, c) = S^1 \cdot c$ is an embedded circle $z \in S^1 \to z^{1/m} \cdot c$, $m =$ multiplicity of c, consisting entirely of critical points. Similarly, also $\theta S^1 \cdot c = S^1 \cdot \theta c$ consists of critical points only.

To develop Morse theory in the proper sense, we therefore cannot assume that the critical points are non-degenerate but only, that the critical orbits are non-degenerate critical sub-manifolds in the sense of Bott [Bot]. For the set $\Lambda^0 M$ this happens to be true always.

One sees easily that the S^1-orbit $S^1 \cdot c$ of a critical point $c \notin \Lambda^0 M$ is non-degenerate if and only if c is a non-degenerate closed geodesic in the sense that there exists no non-tangential periodic Jacobi field along c.

There arises the question whether it is true generically for a Riemannian metric g on a compact differentiable manifold M that all closed geodesics on (M, g) are non-degenerate. That this is indeed the case is the content of the so-called bumpy metric theorem of Abraham [Ab], see also [KT], [Kl3] for a proof. Actually, if one asks that only the closed geodesics below a certain E-level $\kappa^* > 0$ shall be non-degenerate, the set of Riemannian metrics having this property even becomes open and dense.

However, for simplicity we will consider only the residual set of those g for which all closed geodesics on M are non-degenerate. In this case, we may view ΛM as being obtained by successively attaching disc bundles over circles, where we start with $\Lambda^0 M \cong M$ or with $\Lambda^\varepsilon M$ with $\varepsilon > 0$ so small that it can equivariantly be retracted onto $\Lambda^0 M$ by ϕ_s, $s \to \infty$.

For a more precise description consider a non-degenerate closed geodesic c of index k, $E(c) = \kappa$. Then $S^1 \cdot c$ and $S^1 \cdot \theta c$ are embedded circles. The normal bundle μ: $N \to S^1 \cdot c$ over $S^1 \cdot c$ splits into two subbundles $\mu^\pm$: $N^\pm \to S^1 \cdot c$. Here, the fibre $N^\pm(c)$ over c is spanned by the eigenvectors of the Hessian $D^2 E(c)$ belonging to positive and negative eigenvalues, respectively. The fibres over an arbitrary point $z \cdot c$ of $S^1 \cdot c$ are given by $z \cdot N^\pm(c) = N^\pm(z \cdot c)$, $\dim N^-(c) = k =$ index c. $N^+(c)$ is a Hilbert space. The total space of the associated disc bundles shall be denoted by $D^\pm$ or $D^\pm(S^1 \cdot c)$.

There is defined the strong unstable manifold $W_{uu}(c)$ over c,

$$W_{uu}(c)\colon (\mathbb{R}^k, 0) \to (\Lambda^\kappa, c).$$

This is an embedding such that the tangent space at the origin O of $\mathbb{R}^k$ goes into the negative fibre $N^-(c)$ over c. For every $c^* \in W_{uu}(c)$, $c^* \neq c$, there exists $\lim \phi_s c^*$, for $s \to \infty$. The limit is a critical point $\tilde{c}$ with $E(\tilde{c}) < \kappa$. It also exists $\lim \phi_s c^*$, for $s \to -\infty$, the limit being c.

Similarly, there is defined an embedding

$$W_{ss}(c)\colon (\mathbb{R}^\infty, 0) \to (\Lambda - \Lambda^{\kappa^-}, c)$$

of the separable Hilbert space $\mathbb{R}^\infty$, called *strong stable manifold* of c. The tangent space of the origin of $\mathbb{R}^\infty$ goes into the fibre $N^+(c)$ at c of the positive bundle μ^+.

For every $c^* \in W_{ss}(c)$ we have $\lim \phi_s c^* = c$, for $s \to \infty$. $\phi_s c^*$ is also defined for all $s < 0$. If $E(\phi_s c^*)$ for $s \to -\infty$ remains bounded, the limit $\lim \phi_s c$, for $s \to -\infty$, exists and is a critical point $\tilde{c}$.

$W_{ss}(c)$ and $W_{uu}(c)$ are defined $\mathbb{O}(2)$-equivariantly. We therefore have the *unstable manifold* $W_u(S^1 \cdot c)$ of a non-degenerate critical orbit $S^1 \cdot c$ by $S^1 \cdot W_{uu}(c)$. Similarly, the *stable manifold* $W_s(S^1 \cdot c)$ is defined by $S^1 \cdot W_{ss}(c)$.

Let now $\kappa > 0$ be a critical value. There will be only finitely many critical $(\chi^{\sim}, \theta)$-orbits in $E^{-1}(\kappa)$, say $S_1 \cup \theta S_1, \ldots, S_r \cup \theta S_r$, where we write S_j for the orbit $S^1 \cdot c_j$ of the critical point c_j. Put index $c_j = k(j)$. The main result of Morse theory now states that there exists an $\varepsilon > 0$ such that κ is the only critical value in the interval $[\kappa - \varepsilon, \kappa + \varepsilon]$. Moreover, $\Lambda^{\kappa+\varepsilon}$ is equivariantly (i.e., equivariant w.r.t. the S^1- and $\mathbb{Z}_2$-action) diffeomorphic to $\Lambda^{\kappa-\varepsilon}$ to which there are attached the sums of closed disc bundles

$$D^-(S_j) \oplus D^+(S_j) \quad \text{and} \quad D^-(\theta S_j) \oplus D^+(\theta S_j),$$
$$1 \leqq j \leqq r, \quad \dim D^-(S_j) = k(j).$$

The most important consequence is that $\Lambda^{\kappa+\varepsilon}$ possesses as strong deformation retract the set $\Lambda^{\kappa-\varepsilon}$ to which there are attached the negative disc bundles $D^-(S_j)$ and $D^-(\theta S_j)$, $1 \leqq j \leqq r$. Note that these disc bundles have a canonical embedding in Λ^κ as the unstable manifolds $W_u(S_j) = S^1 \cdot W_{uu}(c_j)$ and $W_u(\theta S_j) = S^1 \cdot W_{uu}(c_j)$.

In particular,

$$H_*(\Lambda^{\kappa+\varepsilon}, \Lambda^{\kappa-\varepsilon}; \mathbb{Z}_2) = \sum_j H_{*-k(j)}(S^1 \cup S^1; \mathbb{Z}_2)$$

and, since everything is done equivariantly,

$$H_*(\Pi^{\kappa+\varepsilon}, \Pi^{\kappa-\varepsilon}; \mathbb{Z}_2) = \sum_j H_{*-k(j)} \, \{\text{point}\}.$$

From this one derives as usual the Morse inequalities for the $\mathbb{Z}_2$-Betti numbers b_i,

$$\sum_{l=0}^{m} (-1)^{m-l} \, b_l(\Pi^{\kappa^*}, \Pi^0) \leqq \sum_j \sum_{l=0}^{m} (-1)^{m-l} \, b_{l-k(j)} \, \{\text{point}\}.$$

Here, the sum has to be taken over all critical $\mathbb{O}(2)$-orbits in $\Lambda^{\kappa^*} - \Lambda^0$.

4. We also need some facts about the spaces of circles on the unit sphere S^k in $\mathbb{R}^{k+1}$. An *(unparameterized) circle* on S^k is the intersection of S^k with a 2-plane in $\mathbb{R}^{k+1}$ having distance $\leqq 1$ from the origin of $\mathbb{R}^{k+1}$. If the distance is $= 1$ we get a trivial circle.

A *parameterized circle* on S^k is a map $c\colon S \to S^k$ which either is trivial or else is an embedding with image set being a non-trivial circle with parameter proportional to arc length. The set $A S^k$ of parameterized circles on S^k can be viewed as subset of ΛS^k and thus becomes a space. We denote by $A^0 S^k$ the set $A S^k \cap \Lambda^0 S^k$ of trivial circles.

$A S^k$ contains as subspace the set $B S^k$ of *(parameterized) great circles*. $B S^k$ is isomorphic to the unit tangent bundle of S^k which is identical with the Stiefel manifold $V(2, k-1)$ of orthonormal 2-frames in $\mathbb{R}^{k+1}$, i.e., $V(2, k-1) = \mathbb{O}(k+1)/\mathbb{O}(k-1)$, $\dim V(2, k-1) = 2k - 1$.

Define

$$\alpha\colon \Lambda S^k - \Lambda^0 S^k \to B S^k$$

by associating to a non-trivial parameterized circle the parameterized great circle which is obtained by first carrying the plane of the circle with its origin by a parallel translation into a plane through the origin of $\mathbb{R}^{k+1}$ and then blowing it up into a great circle.

α is a fibration with fibre the open $(k-1)$-disc. Indeed, all circles having as image the same great circle are determined by the coordinate vector of their mid-point which is inside the unit ball of $\mathbb{R}^{k+1}$ and orthogonal to the 2-plane carrying the great circle.

The map α commutes with the operations of S^1 and $\mathbb{Z}^2$ on $\Lambda S^k - \Lambda^0 S^k$, considered as subset of ΛS^k. The image under $\pi\colon \Lambda S^k \to \Pi S^k$ of a parameterized circle is called *(unparameterized)* circle. We denote $\pi(\Lambda S^k)$ by ΓS^k and let $\Gamma^0 S^k = \pi(\Lambda^0 S^k)$ be the subset of trivial circles.

The *set* $\pi(B S^k) = \Delta S^k$ *of (unparameterized) great circles* on S^k can be identified with the Grassmann manifold $G(2, k-1) = \mathbb{O}(k+1)/\mathbb{O}(2) \times \mathbb{O}(k-1)$ of 2-planes in $\mathbb{R}^{k+1}$. Under $\pi \mid \Lambda S^k - \Lambda^0 S^k$ we get from the bundle α the bundle

$$\gamma\colon \Gamma S^k - \Gamma^0 S^k \to \Delta S^k$$

with fibre again being an open $(k-1)$-disc. Actually, γ is the disc bundle of the canonical $(k-1)$-vector bundle γ^{k-1} over $\Delta S^k = G(2, k-1)$. Thus, in $\mathbb{Z}_2$-coefficients,

$$H^*(\Gamma S^k, \Gamma^0 S^k) = y^{k-1} \cup H^*(G(2, k-1))$$

where y^{k-1} is the Thom class of γ^{k-1}.

The $\mathbb{Z}_2$-homology of $G(2, k-1)$ has a base represented by the $k(k+1)/2$ Schubert cycles $[a_1, a_2]$, $0 \leqq a_1 \leqq a_2 \leqq k-1$. Here, $[a_1, a_2]$ consists of all the great circles on the subsphere

$$S^{a_2+1} = \left\{\sum_0^{a_2+1} x_i^2 = 1\right\}$$

of $S^k = \left\{\sum_0^k x_i^2 = 1\right\}$ which meet the sphere $S^{a_1} = \left\{\sum_0^{a_1} x_i^2 = 1\right\}$.

Note. $\dim [a_1, a_2] = a_1 + a_2$.

Denote by (a_1, a_2) the dual basis of the basis $[a_1, a_2]$, $0 \leqq a_1 \leqq a_2 \leqq k-1$. Then the cup multiplication of these elements is determined by the formulas

$$(a_1, a_2) = (0, a_1) \cup (0, a_2) + (0, a_1 - 1) \cup (0, a_2 + 1)$$

$$(0, a) \cup (a_1, a_2) = \sum_i (a_1 + i, a_2 + a - i), \qquad 0 \leqq i \leqq \min(a, a_2 - a_1).$$

Here we put $(a, b) = 0$ whenever $0 \leqq a \leqq b \leqq k-1$ is not satisfied. This result is due to Chern [Ch].

The Stiefel-Whitney classes $\bar{w}^1, \ldots, \bar{w}^{k-1}$ of the canonical bundle γ^{k-1} over $G(2, k-1)$ are represented by $(0,1), \ldots, (0, k-1)$. The Stiefel-Whitney classes w^1, w^2 of the complementary canonical bundle γ^2 over $G(2, k-1)$ are represented by $(0,1)$, $(1,1)$. Each of these sets of classes are generators of $H^*(G(2, k-1))$.

Define t by $0 \leqq t = k - 2^l < 2^l$. Then

$$(0,1)^{2k-2t-2} = (0,1)^{2^{l+1}-2} = \sum_{i=1}^{t} (2^l - 1 - t + i, 2^l - 1 + t - i) \neq 0,$$

whereas

$$(0,1)^{2k-2t-1} = (0,1)^{2^{l+1}-1} = (0, 2^{l+1} - 1) = 0,$$

cf. Klingenberg [Kl3].

By taking the cap product of $[k-1-2t, k-1]$ with the various powers of $(0,1)$ we get a family of $h(k) = 2k - 2t - 1$ so-called *subordinated cycles*

$$[j] = [k-1-2t, k-1] \cap (0,1)^{2k-2t-2-j}, \qquad 0 \leqq j \leqq 2k - 2t - 2.$$

Denote by $\{a,b\}$ the closure of $\gamma^{-1}[a,b]$ in ΓS^k. Then $\{a,b\}$ is a $(a+b+k-1)$-dimensional cycle in $(\Gamma S^k, \Gamma^0 S^k)$. In the same way we define $\{j\}$ by the closure of $\gamma^{-1}[j]$. $\{j\}$ is a sum of certain $\{a,b\}$, $a + b = j$.

We now give a description of the cycles $\{j\}$ as $\pi\langle j\rangle$ where $\langle j\rangle$ is a chain in $A S^k$ which can be written as homotopy $\langle j-1\rangle'$ of the chain $\langle j-1\rangle$, for $j > 0$. Actually, we will give such a description of the cycles $\{a,b\}$ and observe that $\{j\}$ is a sum of such cycles.

We begin with

$$\langle 0\rangle \equiv \langle 0,0\rangle \colon (\bar{D}^{k-1}, \partial \bar{D}^{k-1}) \to (A S^k, A^0 S^k)$$

by identifying $x \in \bar{D}^{k-1}$ with $(0,0,x) \in \mathbb{R}^2 \times \mathbb{R}^{k-1} = \mathbb{R}^{k+1}$ and putting

$$\langle 0,0\rangle(x) = (\sqrt{1-|x|^2}\cos 2\pi t, \sqrt{1-|x|^2}\sin 2\pi t, x) \in S^k \subset \mathbb{R}^{k+1}.$$

In particular, $\langle 0,0\rangle(0)$ is the parameterized great circle in the (x_0, x_1)-plane starting from $(1,0,0)$ with initial direction $(0, 2\pi, 0)$. Having defined $\langle 0,0\rangle$ with $\pi\langle 0,0\rangle = \{0,0\}$, we define $\langle 0,1\rangle$ as the positive rotation $\langle 0,0\rangle'_\theta$ by $180°$ of $\langle 0,0\rangle$ in the (x_0, x_2)-plane. Thus, $\langle 0,1\rangle$ is a homotopy joining $\langle 0,0\rangle$ to the negatively oriented $-\theta\langle 0,0\rangle$ of $\theta\langle 0,0\rangle$, and $\pi\langle 0,1\rangle = \{0,1\}$. If $\langle 0,b\rangle$ has been defined for $b < k-1$, we define $\langle 0, b+1\rangle$ as positive rotation $\langle 0,b\rangle'_\theta$ by $180°$ of $\langle 0,b\rangle$ in the (x_0, x_{b+2})-plane. Thus, $\langle 0, b+1\rangle$ is a homotopy from $\langle 0,b\rangle$ to $-\theta\langle 0,b\rangle$ and $\pi\langle 0, b+1\rangle = \{0, b+1\}$. We continue by defining $\langle 1,1\rangle$ as the positive rotation $\langle 0,1\rangle'_{\theta'}$ by $180°$ of $\langle 0,1\rangle$ in the (x_0, x_1)-plane. Thus, $\langle 1,1\rangle$ is a homotopy from $\langle 0,1\rangle$ to $\pm\theta'\langle 0,1\rangle$ with $\theta' = e^{i\pi}\theta$. Clearly, $\pi\langle 1,1\rangle = \{1,1\}$. If $k-1 > 1$ and we have defined already $\langle 1,b\rangle$, $b < k-1$, let $\langle 1, b+1\rangle$ be the positive rotation $\langle 1,b\rangle'_\theta$ by $180°$ of $\langle 1,b\rangle$ in the (x_0, x_{b+2})-plane. Clearly, $\pi\langle 1, b+1\rangle = \{1, b+1\}$. Define $\langle 2,2\rangle$ as the positive rotation $\langle 1,2\rangle'_{\theta'}$ by $180°$ of $\langle 1,2\rangle$ in the (x_1, x_2)-plane. Thus, $\langle 2,2\rangle$ is a homotopy from $\langle 1,2\rangle$ into $\pm\theta'\langle 1,2\rangle$ and $\pi\langle 2,2\rangle = \{2,2\}$.

If $k-1 > 2$, continue to define $\langle 2, b+1\rangle$ by the homotopy $\langle 2,b\rangle'_\theta =$ positive rotation by $180°$ of $\langle 2,b\rangle$ in the (x_0, x_{b+2})-plane, and so on, until finally we reach $\langle k-1, k-1\rangle$ as rotation $\langle k-2, k-1\rangle'_{\theta'}$ of $\langle k-2, k-1\rangle$ by $180°$ in the (x_{k-2}, x_{k-1})-plane. Again, $\pi\langle k-1, k-1\rangle = \{k-1, k-1\}$. Since $\{j\}$ can be written as sum of $[a,b]$, $a + b = j$, we thus have a chain $\langle j\rangle$ with $\pi\langle j\rangle = \{j\}$ and such that $\langle j+1\rangle$ is a homotopy $\langle j\rangle'$ of $\langle j\rangle$ with $\partial\tilde{\pi}\langle j+1\rangle = \tilde{\pi}\langle j\rangle + \theta\tilde{\pi}\langle j\rangle = \pi\langle j\rangle \bmod 2$.

5. Consider now a compact, simply connected Riemannian manifold M. Then we denote by k the smallest integer > 0 such that $\pi_k(M) \otimes \mathbb{Z}_2 = H_k(M; \mathbb{Z}_2) \neq 0$. $2 \leqq k \leqq n = \dim M$. We can represent a non-trivial homology class in $H_k(M; \mathbb{Z}_2)$ by a differentiable mapping

$$f\colon S^k \to M.$$

We fix such a f and consider the induced mappings

$$\Lambda f\colon \Lambda S^k \to \Lambda M; \quad \tilde{\Pi} f\colon \tilde{\Pi} S^k \to \tilde{\Pi} M; \quad \Pi f\colon \Pi S^k \to \Pi M.$$

Denote by $\Lambda_\theta = \Lambda_\theta M$ the fixed point set of the involution $\theta\colon \Lambda M \to \Lambda M$. $\Lambda_\theta M$ is $\mathbb{O}(2)$-equivariantly retractable into $\Lambda^0 M$ by the deformation ϕ_s, $s \to \infty$. Put $\tilde{\pi} \Lambda_{\bar{\theta}} = \tilde{\Pi}_\theta$, $\pi \Lambda_\theta = \Pi_\theta$. On $\tilde{\Pi} - \tilde{\Pi}_\theta$, the induced action by θ (which we denote again by θ) is free and we therefore have on $\Pi - \Pi_\theta$ a 1-dimensional $\mathbb{Z}_2$-cocycle ω associated to the quotient mapping

$$\tilde{\Pi} - \tilde{\Pi}_\theta \overset{/\theta}{\to} \Pi - \Pi_\theta.$$

Clearly, the pull-back of ω into $\Gamma S^k - \Gamma^0 S^k$ under $\Pi f \,|\, \Gamma S^k - \Gamma^0 S^k$ yields the cocycle $(0, 1)$.

Lemma. The family $\{j\}$, $0 \leqq j \leqq h(k) - 1$, of pairwise subordinated cycles of $(\Gamma S^k, \Gamma^0 S^k)$ goes under $\Pi f\colon (\Gamma S^k, \Gamma^0 S^k) \to (\Pi M, \Pi_\theta M)$ into pairwise subordinated cycles, the subordination being given by powers of ω:

$$\Pi f \{j + 1\} = \Pi f \{j\} \cap \omega.$$

Moreover,

$$\partial \tilde{\Pi} f\, \tilde{\pi} \langle j + 1 \rangle = \tilde{\Pi} f\, \tilde{\pi} \langle j \rangle + \theta \tilde{\Pi} f\, \tilde{\pi} \langle j \rangle = \Pi f \{j\} \bmod 2.$$

Proof. It is well-known that $\Pi f \{0\} \equiv \Pi f \{0,0\}$ is a non-trivial $\mathbb{Z}_2$-cycle, cf. Klingenberg [Kl2], Anosov [An]. From the relation

$$\begin{aligned} \Pi f \{j\} \cap \omega^j &= \Pi f (\{j\} \cap (\Pi f^* \omega)^j) = \Pi f (\{j\} \cap (0, 1)^j) \\ &= \Pi f \{0, 0\} \neq 0 \bmod 2 \end{aligned}$$

then follows the first claim. The second is a consequence of the relation

$$\partial \tilde{\pi} \langle j + 1 \rangle = \tilde{\pi} \langle j \rangle + \theta \tilde{\pi} \langle j \rangle = \pi \langle j \rangle \bmod 2.$$

6. Assume now that on $\Lambda = \Lambda M$ all non-constant critical S^1-orbits are non-degenerate. Then we have shown, cf. Klingenberg [Kl6], that we can associate to $\Lambda = \Lambda M$ its equivariant Morse complex $\mathscr{M} = \mathscr{M} M$. To do so, it may be necessary to modify the vector field $-\operatorname{grad} E$ on Λ, such as to ensure that the strong unstable manifolds W_{uu} and the stable manifolds W_s with $\dim W_{uu} - \operatorname{codim} W_s \leqq 2$ have general equivariant intersection.

Consider the differential complex $\mathrm{Man} = \mathrm{Man}(\Lambda, \Lambda^0)$ of finite dimensional oriented submanifolds w of Λ. The manifold-property is required only outside Λ^0, and everywhere we permit singularities of codimension $\geqq 2$. Moreover, ∂w is supposed to have general equivariant intersection with the stable manifolds W_s of codimension $\geqq \dim \partial w - 1$. See Klingenberg [Kl6] for details. Then we have an equivariant morphism

$$K\colon \text{Man} = \text{Man}(\Lambda, \Lambda^0) \to \mathcal{M} = \mathcal{M}M$$

into the Morse complex $\mathcal{M}$ – equivariant with respect to the action of some finite subgroup of S^1 on an element $w \in \text{Man}$.

Consider now in particular a realization $w(j)$ of $\Lambda f\langle j\rangle$ in Man, for $0 \leqq j \leqq h(k) - 1$. Such $w(j)$ are essentially given by $\Lambda f\langle j\rangle$, modulo some small deformations to bring it into general equivariant intersection with the stable manifolds of appropriate codimension. We then have the

Divisibility Lemma. For each j, $0 \leqq j \leqq h(k) - 1$, we have in $Kw(j)$ an equivariant summit $\sigma(j)$, contained in a $c(j)$, such that the multiplicity $m(c(j))$ of $c(j)$ is divisible by the multiplicity $m(c(j+1))$, for $j < h(k) - 1$. Moreover, $E(c(j)) < E(c(j+1))$.

Proof. We fix a $j < h(k) - 1$ and we also write $w, w', \sigma, \sigma', c, c', m, m'$ instead of $w(j)$, $w(j+1) = w'(j)$, $\sigma(j)$, $\sigma'(j)$, $c(j)$, $c(j+1) = c'(j)$, $m(c(j))$, $m(c(j+1)) = m(c(j))$. Here we have used the $'$ to indicate that $w(j+1)$ may be viewed as homotopy $w'(j)$ of $w(j)$.

Recall that

$$\partial \tilde{\pi} w' = \tilde{\pi} w + \theta \tilde{\pi} w = \pi w \neq 0 \bmod 2.$$

Hence, there must exist an equivariant summit σ which has odd coefficient in $\tilde{\pi} K w$ while its coefficient in $\theta \tilde{\pi} Kw$ is even. We fix such a σ among those having maximal E-value. Let $\sigma \subset c$. There must be an equivariant summit σ' in Kw' such that $\partial \sigma' \cap S^1 \cdot \sigma \neq 0 \bmod 2$. Let $\sigma' \subset c'$ and put

$$I^{\sim}(c)/I^{\sim}(c') \cap I^{\sim}(c) = I^{\sim}(c', c).$$

The relation $m' \mid m$, with $m' = \text{order } I^{\sim}(c')$, $m = \text{order } I^{\sim}(c)$, now means that $I^{\sim}(c', c) = \text{id}$. We will derive a contradiction from the assumption that for all the such constructed c' we have $I^{\sim}(c', c) \neq \text{id}$.

This is done in exactly the same manner as in Klingenberg [Kl6]: First, it is shown that $\partial \sigma' \cap Kw$ cannot contain two different elements on the S^1-orbit $S^1 \cdot \sigma$ of σ. Here, the fact that w' is a homotopy is being used in an essential way. Second, from that fact that σ has odd coefficient in $\tilde{\pi} Kw$ and even coefficient in $\theta \tilde{\pi} Kw$, it is deduced that there must be a σ' in Kw', with $\sigma' \subset c'$, such that order $I^{\sim}(c', c) > 2$. By shifting tunnels (if necessary) and summits in Kw' from the left hand boundary Kw to the right hand boundary of Kw' one constructs a situation where there is a σ' in a modified Kw' such that $\partial \sigma'$ has more than one element in the right hand boundary of Kw' on the S^1-orbit $S^1 \cdot \theta \sigma$. But this, we just saw, is impossible. The relation $E(c) < E(c')$ follows from $S^1 \cdot \sigma \cap \partial \sigma' \neq 0$.

7. With the help of the Divisibility Lemma, the Theorem is now proved as follows.

First consider the case that the non-constant critical S^1-orbits in Λ are non-degenerate. For the $h(k)$ closed geodesics $c(j)$ constructed in (6) we write

$c(j) = c_0(j)^{m_j}$, with $c_0(j)$ prime. From $m_{j+1} | m_j$ and $E(c(j)) < E(c(j+1))$ then follows that $E(c_0(j)) < E(c_0(j+1))$, and we are done.

In the general case, we consider approximations $\tilde{g}$ of the Riemannian metric g on M such that on $\tilde{M}$ ($= M$ with the Riemannian metric $\tilde{g}$) all closed geodesics are non-degenerate. Actually, fixing some $\kappa > \sup E | \Lambda f(A S^k)$, we require this property only for the critical orbits of E-value $< \kappa$.

By choosing the modification $\tilde{g}$ sufficiently near g, we can assume that each critical orbit $S^1 \cdot \tilde{c}$ in $\Lambda^\kappa \tilde{M}$ belongs to a prescribed small neighborhood $\mathscr{U}(S^1 \cdot c)$ of a well determined isolated critical orbit $S^1 \cdot c$ of $\Lambda^\kappa M$. The case that the critical S^1-orbits in $\Lambda^\kappa M - \Lambda^0 M$ are not isolated and hence infinite in number clearly can be discarded, since in that case the theorem is true.

Assume now that the number of prime critical $\mathbb{O}(2)$-orbits in $\Lambda^\kappa M - \Lambda^0 M$ is $< h(k)$. From the Divisibility Lemma we have in $\Lambda^\kappa \tilde{M} - \Lambda^0 \tilde{M}$ the $h(k)$ $\mathbb{O}(2)$-orbits generated by $\tilde{c}(j)$, $0 \leqq j \leqq h(k) - 1$. Observing that $w(j) = w(j') \cap \omega^{j'-j}$, for $j < j'$, we then have, by choosing the neighborhoods $\mathscr{U}(S^1 \cdot c)$ in $\Lambda^\kappa M - \Lambda^0 M$ sufficiently small: There must be a pair j, j', $0 \leqq j < j' \leqq h(k) - 1$, such that $\tilde{c}(j) \in \mathscr{U}(S^1 \cdot c)$, $\tilde{c}(j') \in \mathscr{U}(S^1 \cdot c')$, where c and c' have the same underlying prime closed geodesic c_0. Actually, if $c = c_0^m$, $c' = c_0^{m'}$, then $m < m'$.

We now let $\tilde{g}$ converge to g. Then the relative equivariant cycle of dimension $\dim w(j')$ at $\tilde{c}(j')$ will go in even such a relative cycle at c'. Observe that the modification $\tilde{g}$ can be chosen in such a way that a given relative equivariant cycle at c' becomes a relative equivariant cycle at the non-degenerate element of $\Lambda \tilde{M}$, i.e., we may assume that under the modified metric $\tilde{g}$, we have $\tilde{c}(j') = c' = c_0^{m'}$, cf. Klingenberg [Kl3] for details. On the other hand $\tilde{c}(j)$ belonging to $\mathscr{U}(S^1 \cdot c)$, $m(\tilde{c}(j))$ must be a divisor of $m(c) = m$. The Divisibility Lemma states that $m(\tilde{c}(j')) = m'$ is a divisor of $m(\tilde{c}(j))$, but this clearly is now a contradiction to $m < m'$.

References

[Ab] Abraham, R.: Bumpy metrics. In: Global Analysis, Proc. Symp. Pure Math. Vol. XIV, Amer. Math. Soc., Providence, R.I. 1970

[An] Anosov, D.: Some homology classes in the space of closed curves in the n-dimensional sphere. Izv. Akad. Nauk SSSR Ser. Mat. 45 No. 2 (1981) (Russian) – Mat. USSR Izv. 18 (4) 3–422 (1982)

[Bot] Bott, R.: Non-degenerate critical manifolds. Ann. of Math. 60 (1954), 248–261

[Ch] Chern, S. S.: On the multiplication of the characteristic ring of a sphere bundle. Ann. of Math. 49 (1948), 362–372

[Kl1] Klingenberg, W.: The theorem of the three closed geodesics. Bull. Amer. Math. Soc. 71 (1965), 601–605

[Kl2] Klingenberg, W.: Closed geodesics. Ann. of Math. 89 (1969), 68–91

[Kl3] Klingenberg, W.: Lectures on Closed Geodesics. Springer, Berlin Heidelberg New York, 1978

[Kl4] Klingenberg, W.: Über die Existenz unendlich vieler geschlossener Geodätischer. Abh. Math. Nat. Klasse, Akademie Wiss. Lit. Mainz, Jg. 1981, Nr. 1

[Kl5] Klingenberg, W.: Riemannian Geometry. Studies in Mathematics Vol. 1. de Gruyter, Berlin New York, 1982

[Kl6] Klingenberg, W.: Closed Geodesics on Riemannian manifolds. CBMS Regional Conference Ser. no. 53. Amer. Math. Soc.: Providence, R.I. 1983

[KT] Klingenberg, W.; Takens, F.: Generic properties of geodesic flows. Math. Ann. 197 (1972), 323–334

[LS] Lyusternik, L.; Schnirelmann, L.: Sur le problème de trois geodésiques fermées sur les surfaces de genre O. C.R. Acad. Sci. Paris 189 (1929), 269–271

[Ly] Lyusternik, L.: The topology of function spaces and the calculus of variations in the large. Trudy Mat. Inst. Steklov 19 (1947), (Russian); Translations of Math. Monographs Vol. 16, Amer. Math. Soc., Providence, R.I., 1966

[Su] Sullivan, D.: Singularities in spaces. Lecture Notes in Mathematics, Vol. 209 (1971), 196–206. Springer, Berlin Heidelberg New York, 1971

On Lifting Kleinian Groups to $\mathrm{SL}(2,\mathbb{C})$[1]

By Irwin Kra

The exact sequence of groups and group homomorphisms

$$1 \to \{\pm I\} \to \mathrm{SL}(2,\mathbb{C}) \xrightarrow{\mathscr{P}} \mathrm{PSL}(2,\mathbb{C}) \to 1 \tag{0.1}$$

does not split. If in this sequence we identify $\mathrm{PSL}(2,\mathbb{C})$ with the Möbius group, then for $A = \begin{pmatrix} a & b \\ c & d \end{pmatrix} \in \mathrm{SL}(2,\mathbb{C})$, $\mathscr{P}(A)$ is the Möbius transformation $z \mapsto \dfrac{az+b}{cz+d}$. A lift of an element $\alpha \in \mathrm{PSL}(2,\mathbb{C})$ is an element $A \in \mathrm{SL}(2,\mathbb{C})$ with $\mathscr{P}(A) = \alpha$, while a *lift* of a subgroup Γ of $\mathrm{PSL}(2,\mathbb{C})$ is an isomorphism $i: \Gamma \to \mathrm{SL}(2,\mathbb{C})$ such that $\mathscr{P} \circ i$ is the identity.

Consider an elliptic element $\alpha \in \mathrm{PSL}(2,\mathbb{C})$ of finite order $n > 1$. Then α is conjugate in $\mathrm{PSL}(2,\mathbb{C})$ to $z \mapsto e^{2\pi ik/n}z$, where $k \in \mathbb{Z}^+$ is relatively prime to n and $1 \leqq k < n$. The two lifts of this Möbius transformation to $\mathrm{SL}(2,\mathbb{C})$ are

$$\pm \begin{pmatrix} e^{\pi ik/n} & 0 \\ 0 & e^{-\pi ik/n} \end{pmatrix}.$$

If n is odd, then precisely one of these two elements has order n (the one with the plus sign if k is even); while the other has order $2n$. If n is even, then each of these two lifts has order $2n$. This argument shows that a cyclic finite subgroup Γ of $\mathrm{PSL}(2,\mathbb{C})$ lifts if and only if it is of odd order; and, of course, proves that the exact sequence (0.1) does not split.

Cyclic loxodromic or parabolic subgroups of $\mathrm{PSL}(2,\mathbb{C})$ lift. The lift of a hyperbolic or parabolic cyclic subgroup Γ is completely determined by choosing the sign of the trace of a lift of a generator of Γ.

The purpose of this note is to prove the following.

Theorem. Let G be a finitely generated function group. Then G lifts if and only if G does not contain any elements of order 2.

The theorem is proven first for elementary, quasi-Fuchsian and degenerate groups. The general case is treated via the Maskit Combination Theorems [16] and [15].

The theorem for Fuchsian groups (especially covering groups of compact surfaces) is well known. However, it is often forgotten and periodically rediscovered.

[1] Research partially supported by NSF grant MCS 8102621

Using group extensions, Petersson [21] proved the theorem for Fuchsian groups in 1938. Siegel [23], apparently unaware of [21], posed the lifting question in 1957, and Bers [3], apparently also unaware of [21], announced a solution to Siegel's problem in a paper presented at the 1958 International Congress, for covering groups of compact surfaces, using Teichmüller theory. In 1958, Milnor [19] proved a topological version of the theorem, again only for covering groups of compact surfaces. It is not surprising that in the topological paper [19], there is no reference to the paper on number theory and complex analysis [21].

In a 1960 paper [4], Bers also refers to the work of Fricke [8] in connection with the lifting problem. In The Russian translation of [4], which appears in [2], Bers outlined a proof of the lifting theorem for covering groups of compact surfaces (via Teichmüller theory, of course).

In 1966, Hawley-Schiffer [10] constructed $\frac{1}{2}$-order differentials on compact surfaces (which is equivalent to solving the lifting problem by Theorem 1.1) in a paper that does not allude to the previous history. Similar ideas with references to [3] and [10] appear in the later work of Hejhal [11], [12].

In 1975, Patterson [20], aware of Petersson's [21] earlier work, gave a considerably simplified proof of the theorem (for arbitrary finitely generated Fuchsian groups of the first kind) again using group extensions. In 1981, Abikoff-Appel-Schupp [1] once again solved the problem for covering groups of compact surfaces using extended Teichmüller spaces. This preprint does not refer to the solution in [21], [20]. Also in 1981, another solution using sheaf theoretic arguments appeared in a preprint by Faltings [6] – with no reference to [3], [23], [21], [20]. The same problem was treated in a pre-1975 manuscript of Dyer-Lewittes [5], where special cases are studied. The lifting problem for covering groups of compact surfaces is also covered in Gunning's [9] 1966 lecture notes. It goes without saying that almost all the subsequent solutions to this problem ignored this source as well.

Now, the lifting problem has not only a curious history, but also some very interesting connections with complex function theory, especially the theory of automorphic forms for Fuchsian groups and the θ-function theory for compact Riemann surfaces. As a matter of fact, the simple proof of the lifting theorem given here for Fuchsian groups is almost a direct and immediate consequence of the existence, on every compact surface of positive genus, of abelian differentials of the first kind with zeros of even orders only. We therefore add one more proof to the literature. Our argument is similar to Faltings' [6], but uses a more classical approach.

Undoubtedly, this short historical essay is incomplete, and the same problem must have been solved by others as well. I am pleased to thank William Abikoff for helping me unravel part of this history and for numerous discussions and correspondence on this and other problems.

Our interest in this lifting problem arose during a study of factors of automorphy for Kleinian groups, in particular, in trying to find square roots of the canonical factor of automorphy (see Theorem 1.1). A detailed study of factors of automorphy will appear elsewhere. It should be remarked that some existence theorems for automorphic forms of half-integral weight depend on the existence of lifts for Fuchsian groups. The question of existence of such lifts has, nevertheless, been mostly ignored. See, for instance, Shimura [22, p. 37].

1. Square Roots of the Canonical Factor of Automorphy

Let G be a non-elementary finitely generated Kleinian group with region of discontinuity Ω. A *factor of automorphy* for G is a function

$$\varphi: G \times \Omega \to \mathbb{C}^* = \mathbb{C} \setminus \{0\}$$

such that for fixed $g \in G$,

$$\varphi(g, \cdot) \text{ is holomorphic on } \Omega,$$

and for all $g_1, g_2 \in G$ and all $z \in \Omega$,

$$\varphi(g_1 \circ g_2, z) = \varphi(g_1, g_2(z))\, \varphi(g_2, z). \tag{1.1}$$

The *canonical factor of automorphy* is defined by

$$\kappa(g, z) = g'(z), \qquad g \in G,\ z \in \Omega.$$

The set of factors of automorphy forms a group under multiplication (of functions). A *square root* of the canonical factor of automorphy is a factor of automorphy χ such that

$$\chi^2 = \kappa.$$

Theorem 1.1. Let G be a non-elementary Kleinian group. The following conditions are equivalent:

(a) $\mathscr{P}^{-1}(G) \cong G \times \mathbb{Z}_2$,
(b) the canonical factor of automorphy has a square root, and
(c) G lifts to SL(2, $\mathbb{C}$).

Proof. The equivalence of (a) and (c) is routine (since only $\pm I$ are in the center of $\mathscr{P}^{-1}(G)$).

Assume that G lifts. Note that

$$\kappa(g, z) = (cz + d)^{-2}, \qquad g \in G,\ z \in \Omega,$$

if g lifts to $\begin{pmatrix} a & b \\ c & d \end{pmatrix} \in \mathrm{SL}(2, \mathbb{C})$. If $\gamma \in G$ lifts to $\begin{pmatrix} \tilde{a} & \tilde{b} \\ \tilde{c} & \tilde{d} \end{pmatrix}$, then a lift of $g \circ \gamma$ is given by

$$\begin{pmatrix} a & b \\ c & d \end{pmatrix} \begin{pmatrix} \tilde{a} & \tilde{b} \\ \tilde{c} & \tilde{d} \end{pmatrix} = \begin{pmatrix} * & * \\ c\tilde{a} + d\tilde{c} & c\tilde{b} + d\tilde{d} \end{pmatrix}, \tag{1.2}$$

showing that

$$\left[c\left(\frac{\tilde{a}z + \tilde{b}}{\tilde{c}z + \tilde{d}} \right) + d \right]^{-1} (\tilde{c}z + \tilde{d})^{-1} = [(c\tilde{a} + d\tilde{c})z + (c\tilde{b} + d\tilde{d})]^{-1},$$

or that

$$\chi(g, z) = (cz + d)^{-1} \tag{1.3}$$

is a factor of automorphy and hence a square root of κ. Conversely, if κ has a square root χ, then from (1.3), we can determine for every $g \in G$, the second row of a matrix in SL(2, $\mathbb{C}$) that projects onto g. Hence the first row is also uniquely determined. We have thus constructed a mapping $i: G \to \mathrm{SL}(2, \mathbb{C})$ which is clearly one-to-one and $\mathscr{P} \circ i$ is the identity. It remains to show that i is a homomorphism. This is a consequence of the fact that $\mathscr{P}$ is a homomorphism.

A meromorphic (holomorphic) function f on Ω is a *section* of the factor of automorphy φ if

$$f(gz)\,\varphi(g,z) = \varphi(z), \qquad g \in G,\ z \in \Omega.$$

A section of κ^q is called a *q-form*. It is defined for all $q \in \mathbb{Z}$ and for q with $2q \in \mathbb{Z}$ whenever κ has a square root. (Thus for $\frac{1}{2}$-forms we must specify a particular square root of κ.)

Remark. Since a square root of the canonical factor of automorphy corresponds to the choice of $\gamma'(z)^{1/2}$ for $\gamma \in G$ so that for all $z \in \mathbb{C}$, all $\gamma_1, \gamma_2 \in G$,

$$(\gamma_1 \circ \gamma_2)'(z)^{1/2} = \gamma_1'(\gamma_2 z)^{1/2}\,\gamma_2'(z)^{1/2},$$

our main result gives a partial answer to a question we posed in [13].

2. The Elementary Kleinian Groups

In [15], we presented a list and classification of the elementary groups. It is easy to see that the following elementary groups have lifts:

(a) Finite groups: cyclic of odd order.
(b) Groups with one limit point:[2] parabolic cyclic, rank 2 parabolic, euclidean triangle group of signature (0, 3; 3, 3, 3).
(c) Groups with two limit points: loxodromic cyclic, $\mathbb{Z}_n$-extensions of loxodromic cyclic with n odd.

The fact that the above groups lift can be verified directly in each case. The methods of the next paragraph will also show that the euclidean (0, 3; 3, 3, 3) group lifts. The other elementary groups do not lift since they contain elliptic elements of order 2.

3. Fuchsian Groups

Let Γ be a finitely generated Fuchsian group of the first kind. Assume that Γ acts on the upper half plane U and has signature $(p, n; v_1, \ldots, v_n)$, where $(2p-2) + \sum_{j=1}^{n}\left(1 - \frac{1}{v_j}\right) > 0$. We can find canonical generators for Γ: $\alpha_1, \beta_1, \ldots, \alpha_p, \beta_p, \varepsilon_1, \ldots, \varepsilon_n$, where α_j and β_j are hyperbolic, and ε_k is elliptic of order v_k if $v_k < \infty$ and ε_k is parabolic if $v_k = \infty$. If we write $\alpha \circ \beta \circ \alpha^{-1} \circ \beta^{-1} = [\alpha, \beta]$,

[2] The table of elementary groups in Sect. 9 of [15] should be corrected to include the group of signature (0, 3; 2, 2, ∞) among the euclidean triangle groups. For this euclidean triangle group, the maximal parabolic subgroup has rank 1; while for all the others, it has rank 2

then the defining relations for Γ are:

$$\prod_{j=1}^{p} [\alpha_j, \beta_j] \circ \prod_{k=1}^{n} \varepsilon_k = 1, \tag{3.1}$$

$$\varepsilon_k^{\nu_k} = 1 \quad \text{if } \nu_k < \infty, \ k = 1, \ldots, n. \tag{3.2}$$

We need some results from classical function theory. Lemma 3.1 is well known. We give a proof for the reader's convenience.

Lemma 3.1. Let X be a compact Riemann surface of genus $p \geqq 0$. There exists on X an abelian differential ω, not identically zero, all of whose zeros and poles are of even order. If $p = 0$, ω can be chosen to have a single pole of order 2 at an arbitrary point $x_0 \in X$ and ω regular and non-zero on $X \backslash \{x_0\}$. If $p \geqq 1$, then ω can be chosen to be of the first kind (without poles, and hence for $p = 1$ also without zeros).

Proof. If $p = 0$, then X is conformally equivalent to the Riemann sphere $\mathbb{C} \cup \{\infty\}$. Without loss of generality $x_0 = \infty$, and hence we can take $\omega = dz$. If $p = 1$, we take any (not identically zero) abelian differential of the first kind on X. For $p > 1$, we let $a_1, \ldots, a_p, b_1, \ldots, b_p$ be a canonical homology basis on X. (For details, see [7].) Let $\omega_1, \ldots, \omega_p$ be the dual basis of abelian differentials of the first kind on X; that is,

$$\int_{a_j} \omega_k = \delta_{jk}, \quad j, k = 1, \ldots, p,$$

with δ_{jk} the Kronecker delta function ($= 1$ for $j = k$, 0 otherwise). The period matrix $\tau = (\tau_{jk})$ is defined by

$$\int_{b_j} \omega_k = \tau_{jk}, \quad j, k = 1, \ldots, p.$$

It is a symmetric $p \times p$ matrix with positive definite imaginary part. The Jacobi variety of X, $J(X)$, is $\mathbb{C}^p$ factored by the lattice generated (over $\mathbb{Z}^p$) by the columns of the $p \times 2p$ matrix (I, τ), where I is the $p \times p$ identity matrix. If we choose a base point $x_0 \in X$, then we obtain an embedding

$$\varphi_0 \colon X \to J(X)$$

by mapping $x \in X$ onto the column vector whose j-th component is

$$\int_{x_0}^{x} \omega_j.$$

The mapping φ_0 extends to integral divisors of degree $n \geqq 1$ by sending the divisor $x_1 + \ldots + x_n$, $x_j \in X$, to the point

$$\varphi_0(x_1) + \ldots + \varphi_0(x_n).$$

The mapping φ_0 depends on the choice of base point x_0. However, if we let $K = K(x_0)$ be the vector of Riemann constants based on x_0, then for $n = p - 1$

$$\varphi \colon X^{(p-1)} \to J(X)$$

defined by $\varphi(x_1 + \ldots + x_{p-1}) = \varphi_0(x_1 + \ldots + x_{p-1}) + K(x_0)$ is independent of the base point x_0 (here $X^{(p-1)}$ is the $(p-1)$-fold symmetric product of X), and, in fact,

$$\varphi(X^{(p-1)}) = \{z \in J(X) \mid \theta(z) = 0\},$$

where θ is the Riemann theta function. Further, $-2K(x_0)$ is canonical; that is, the image in $J(X)$ under φ_0 of an (integral) divisor of an abelian differential of the first kind. If $v_1, v_2 \in (\mathbb{Z}_2)^p$, then $\frac{1}{2}(v_1 + \tau v_2) \in J(X)$ is a point of order 2. This point is *even* if $v_1 \cdot v_2$ (the usual inner product) is zero and *odd* otherwise. There are $2^{p-1}(2^p - 1)$ odd points of order 2 in $J(X)$. The θ-function vanishes at each of these points. Let $e \in J(X)$ be an odd point of order 2. Since $\theta(e) = 0$, there exists a $D = x_1 + \ldots + x_{p-1} \in X^{(p-1)}$ so that

$$\varphi(D) = \varphi_0(D) + K = e.$$

Now $\varphi_0(2D) = 2\varphi_0(D) = 2e - 2K = -2K$, and hence $2D$ is canonical; that is, there exists an abelian differential ω of the first kind on X whose divisor is $2D$. This completes the proof of our lemma.

Theorem 3.1. Let Γ be a finitely generated Fuchsian group of the first kind. The following conditions are equivalent:

A) Γ does not contain an element of order 2,
B) Γ admits a meromorphic 1-form f on U (and the cusps) all of whose zeros and poles on U are of even order and all of whose zeros and poles at the cusps are of odd order.

If U/Γ is of positive genus, then f can be chosen to be a cusp form (vanish at the cusps and be holomorphic on U). If U/Γ has genus zero and at least one puncture, then f can be chosen to be holomorphic on U and satisfy the cusp condition on all but one cusp.

Proof. Let ω be any meromorphic abelian differential on the compactification X of U/Γ. Let π be the projection $\pi\colon U \to U/\Gamma$, and let $f(z)\,dz$ be the lift of ω to U. Then for $z_0 \in U$, we have (see, for example, [14, pp. 110–112])

$$\operatorname{ord}_{z_0} f = v(\operatorname{ord}_{\pi(z_0)} \omega + 1) - 1,$$

where v is the order of stabilizer of z_0 in Γ and $\operatorname{ord}_{z_0} f$ is the order of f at z_0 (etc.). Note that if $\operatorname{ord}_{\pi(z_0)} \omega$ is even and v is odd, then $\operatorname{ord}_{z_0} f$ is even. While $\operatorname{ord}_{z_0} f$ is odd whenever v is even. This shows at once that B) implies A). If $x_0 \in \mathbb{R} \cup \{\infty\}$ is a cusp, then $\pi(z_0) \in X \backslash (U/\Gamma)$ and

$$\operatorname{ord}_{x_0} f = \operatorname{ord}_{\pi(x_0)} \omega + 1.$$

(See [14, pp. 111–112] for the definition of the order of a 1-form at a cusp.) Thus to see that A) implies B), we use the differential ω whose existence is asserted by Lemma 3.1, and lift it to obtain the automorphic form f.

Theorem 3.2. Let Γ be a finitely generated Fuchsian group of the first kind. Assume that Γ is of type $(p, 0)$, $p \geqq 2$. Assume that $\alpha_1, \ldots, \alpha_p, \beta_1, \ldots, \beta_p$ are canonical generators for Γ. Choose any $A_j \in SL(2, \mathbb{R})$, $B_j \in SL(2, \mathbb{R})$ such that

$\mathscr{P}(A_j) = \alpha_j$ and $\mathscr{P}(B_j) = \beta_j$ for $j = 1, \dots, p$. Then

$$\prod_{j=1}^{p} [A_j, B_j] = I.$$

In particular, Γ lifts to $\mathrm{SL}(2, \mathbb{R})$.

Proof. Let us start with an arbitrary finitely generated Fuchsian group Γ of the first kind. Let us assume that Γ does not contain any elliptic elements of order 2. Let us choose canonical generators for Γ as in (3.1) and (3.2). Finally, choose elements $A_j, B_j, E_k \in \mathrm{SL}(2, \mathbb{R})$ with $\mathscr{P}(A_j) = \alpha_j, \mathscr{P}(B_j) = \beta_j, \mathscr{P}(E_k) = \varepsilon_k, |\varepsilon_k| = |E_k|$ if $v_k < \infty$.[3] Let $\tilde{\Gamma} \subset \mathrm{SL}(2, \mathbb{R})$ be the group generated by $A_1, B_1, \dots, A_p, B_p, E_1, \dots, E_n$. Then we must have the relation

$$\prod_{j=1}^{p} [A_j, B_j] \prod_{k=1}^{n} E_k = \pm I, \tag{3.3}$$

and hence $\tilde{\Gamma}$ is a lift of Γ if and only if the plus sign holds in (3.3).

Let f be the meromorphic 1-form on U whose existence is asserted by Theorem 3.1. Then

$$f(\gamma z)\, \gamma'(z) = f(z), \qquad z \in U,\ \gamma \in \Gamma.$$

We now choose a square root F of f. Such a meromorphic F exists because F has only double zeros and poles on U. Let $A \in \tilde{\Gamma}$, and write $A = \begin{pmatrix} a & b \\ c & d \end{pmatrix} \in \mathrm{SL}(2, \mathbb{R})$. Then for $\alpha = \mathscr{P}(A)$, we have

$$F(\alpha z)(cz + d)^{-1} = \eta_A F(z), \qquad \text{all } z \in U, \tag{3.4}$$

with $\eta_A = \pm 1$, because

$$F(\alpha z)^2 (cz + d)^{-2} = f(\alpha z)\, \alpha'(z) = f(z) = F(z)^2.$$

Of course, if B also belongs to $\tilde{\Gamma}$, then for $B = \begin{pmatrix} \tilde{a} & \tilde{b} \\ \tilde{c} & \tilde{d} \end{pmatrix}$ and $\beta = \mathscr{P}(B)$ we have $AB = \begin{pmatrix} a & b \\ c & d \end{pmatrix} \begin{pmatrix} \tilde{a} & \tilde{b} \\ \tilde{c} & \tilde{d} \end{pmatrix} = \begin{pmatrix} * & * \\ c\tilde{a} + d\tilde{c} & c\tilde{b} + d\tilde{d} \end{pmatrix}$, and hence (as in the proof of Theorem 1.1)

$$\begin{aligned} \eta_{AB} F(z) &= F(\alpha \circ \beta(z))\, [(c\tilde{a} + d\tilde{c})z + (c\tilde{b} + d\tilde{d})]^{-1} \\ &= F(\alpha(\beta z)) \left[c\left(\frac{\tilde{a}z + \tilde{b}}{\tilde{c}z + \tilde{d}} \right) + d \right]^{-1} (\tilde{c}z + \tilde{d})^{-1} \\ &= \eta_A F(\beta z)(\tilde{c}z + \tilde{d})^{-1} = \eta_A \eta_B F(z). \end{aligned}$$

We conclude that $\eta\colon \tilde{\Gamma} \to \{\pm 1\}$ is a group homomorphism. Since $\{\pm 1\}$, which we identify with $\mathbb{Z}_2$, is a commutative group, we have many consequences. First of all,

$$\eta_{[A,B]} = 1, \text{ for every commutator } [A, B] \in \tilde{\Gamma},$$
$$\eta_E = 1, \text{ for every elliptic element } E \in \tilde{\Gamma} \text{ of odd order}$$

(recall that every E_j must be of odd order if it is elliptic).

[3] By $|E|$ we mean the order of the element E in $\mathrm{SL}(2, \mathbb{C})$ or $\mathrm{PSL}(2, \mathbb{C})$

Now assume that Γ has no parabolic elements. We claim that the plus sign must hold in (3.3). Assume that the minus sign holds in (3.3). We have shown that, in this case $\eta_{-I} = 1$. We use (3.4) to conclude that for all $z \in U$,

$$F(z) = F(\mathscr{P}(-I)z) = \eta_{-I} F(z)(-1)^{+1} = -F(z);$$

an obvious contradiction. We have proven a stronger

Theorem 3.3. Let Γ be a finitely generated Fuchsian group of the first kind without elliptic elements of order 2 and without parabolic elements. If we lift the canonical generators of Γ to $\mathrm{SL}(2, \mathbb{R})$ so that the orders of the elliptic elements are preserved, then the plus sign holds in the defining relation (3.3).

If Γ has parabolic elements, then there is no problem in obtaining a lift. We are interested in determining the most general lift.

Theorem 3.4. Let Γ be a finitely generated Fuchsian group of the first kind without elliptic elements of order 2. Let $\tilde{\Gamma}$ be a lift of Γ. Let N be the number of parabolic generators (= parabolic conjugacy classes) whose lifts to $\tilde{\Gamma}$ have positive trace (thus trace 2). Then N is even.

Proof. Use the terminology in the proof of Theorem 3.2. It suffices to show that for E_k parabolic, trace $E_k = 2$ if and only if $\eta_{E_k} = -1$ (since the lifted generators satisfy (3.3) with the plus sign). Without loss of generality $\varepsilon = \varepsilon_k$ is $\varepsilon(z) = z + 1$. Thus $E = \pm \begin{pmatrix} 1 & 1 \\ 0 & 1 \end{pmatrix}$ and f satisfies the cusp condition at ∞. Hence there is a $c > 0$ so that

$$f(z) = \sum_{j=k}^{\infty} a_j e^{2\pi i j z}, \quad \text{with} \quad k > 0, \; a_k \neq 0,$$

for $z \in U$ with $\operatorname{Im} z > c$. Since f has odd order at ∞, $k = 2l + 1$ with $l \geqq 0$. Thus

$$F(z) = e^{\pi i z} \sum_{j=l}^{\infty} b_j e^{2\pi i j z} \quad \text{for } z \in U \quad \text{with} \quad \operatorname{Im} z > c_1 \geqq c,$$

and $b_l^2 = a_k$. Hence (with $d = +1$ if trace $E = 2$ and $d = -1$ otherwise)

$$d F(z+1) = -d F(z) = \eta_E F(z),$$

and we conclude that $\eta_E = -d$.

Corollary 3.1. Let Γ be a finitely generated Fuchsian group of the first kind without elements of order two. Then there exists a lift $\tilde{\Gamma}$ of Γ with the property that trace $\tilde{A} = -2$ for every parabolic $\tilde{A} \in \tilde{\Gamma}$.

4. *b*-Groups

A *b-group* G is a finitely generated non-elementary Kleinian group with a simply connected invariant component Δ. Let $\pi\colon U \to \Delta$ be a Riemann map. Then $\Gamma = \pi^{-1} G \pi$ is a finitely generated Fuchsian group of the first kind. A parabolic element $A \in G$ is called *accidental* parabolic if $\pi^{-1} \circ A \circ \pi$ is hyperbolic. Observe that:

A) A presentation for G can be obtained from a presentation of Γ, and
B) f is a 1-form for G with support on Δ and only zeros of even order if and only if $(f \circ \pi)(\pi')$ is a 1-form for Γ with support on U and only zeros of even order.

As a result of the above two observations, the theorems of Sect. 3 apply to b-groups. The lifts of b-groups are, of course, subgroups of SL(2, ℂ) rather than SL(2, ℝ), and Corollary 3.1 holds only for the non-accidental parabolic elements of the b-group.

5. Function Groups

A *function* group G is a non-elementary finitely generated Kleinian group with an invariant component Δ. The component Δ need not be simply connected. Let $\pi\colon U \to \Delta$ be a holomorphic universal covering map, let H be the covering group of π, and let Γ be the Fuchsian model of G; that is,

$$H = \{\gamma \in \mathrm{PSL}(2,\mathbb{R});\ \pi \circ \gamma = \pi\},$$

and

$$\Gamma = \{\gamma \in \mathrm{PSL}(2,\mathbb{R});\ \pi \circ \gamma = g \circ \pi \text{ for some } g \in G\}.$$

We then have an exact sequence of groups and group homomorphisms

$$1 \to H \hookrightarrow \Gamma \xrightarrow{\chi} G \to 1,$$

where χ is defined by

$$\pi \circ \gamma = \chi(\gamma) \circ \pi, \qquad \gamma \in \Gamma.$$

A parabolic element $g \in G$ is *accidental* parabolic if there exists a hyperbolic $\gamma \in \Gamma$ with $g = \chi(\gamma)$.[4]

We need a different construction of function groups. In a series of papers ([16], [17], [18]), Maskit has shown how to construct all function groups from more elementary groups. The decomposition given below differs in some technical aspects from the one given in [16] but its existence follows easily from the results in [16] or [18] (compare with the outline in [15]).

Let G be a function group. A *basic* subgroup H of G is a maximal subgroup satisfying

(i) the invariant component of H is simply connected, and
(ii) H has no accidental parabolic elements.

A basic group is either elementary (the limit set is finite); or quasi-Fuchsian (a quasi-conformal deformation of a Fuchsian group), or degenerate (the region of discontinuity is connected and simply connected). See [16].

---

[4] The definition of accidental parabolic given here is *not* standard

Two basic subgroups H_1 and H_2 are called *immediately connected* if $H_1 \cap H_2$ is non-trivial. Two basic subgroups are *connected* if there is a finite chain of immediately connected basic subgroups between them. The group G has *connected signature* if every basic subgroup of G is connected to every other one.

First Decomposition. Let G be a non-elementary function group, then

$$G = G_1 * G_2 * \ldots * G_n,$$

where each G_i is loxodromic cyclic or has connected signature. (Here, $*$ stands for direct product.)

We now assume that G has connected signature. There are finitely many basic subgroups in G; pick representatives $H_1, \ldots, H_s$. Each H_i is either degenerate, quasi-Fuchsian, or elementary with at most one limit point. Let $(p_i, n_i; v_{i1}, \ldots, v_{in_i})$ be the signature of H_i. If $\sum_{i=1}^{s} p_i = p$, the genus of Δ/G, then G has *simply connected signature.*

Second Decomposition. Let G be a non-elementary function group with connected signature. Then there are subgroups $G_1 \subset G_2 \subset \ldots \subset G_r = G$ so that the following holds:

(i) G_1 has simply connected signature,
(ii) for $i = 1, \ldots, r-1$, G_{i+1} is a HNN extension of G_i, where the new generator conjugates two distinct maximal elliptic or parabolic subgroups of G_i. If the conjugated subgroups are parabolic, they represent punctures in G_i but not in G_{i+1}.

Third Decomposition. Let G be a non-elementary function group and assume that G has connected and simply connected signature. Then there are non-conjugate basic subgroups $H_1, \ldots, H_s$ and there are subgroups $G_1 \subset G_2 \subset \ldots \subset G_s = G$ so that the following holds.

(i) $H_1 = G_1$, and
(ii) for $i = 1, \ldots, s-1$, G_{i+1} is obtained from G_i by amalgamated free product: $G_{i+1} = G_i * H_{i+1}$ amalgamated across a maximal cyclic elliptic or parabolic subgroup J_i of both G_i and H_{i+1}. If J_i is parabolic it represents a puncture in G_i and H_{i+1}, but not in G_{i+1}.

We can now establish our main result which contains the theorem in the introduction.

Theorem 5.1. Let G be a non-elementary function group with invariant component Δ. The following are equivalent:

(a) there exists a lift $\tilde{G}$ of G,
(b) G contains no elliptic elements of order 2,
(c) G admits a meromorphic 1-form on Δ (and the cusps) all of whose zeros or poles in Δ are of even order, while all the zeros or poles at the cusps are of odd order, and
(d) $\mathscr{P}^{-1}(G) \cong G \times \mathbb{Z}_2$.

Moreover, in case the above conditions hold, then the set of lifts of G is in one-to-one correspondence with $\mathrm{Hom}(G, \mathbb{Z}_2)$.

Proof. We have already shown that (a) implies (b) for any Kleinian group. We next show that (b) implies (a). We have shown that for basic groups (b) implies (a). We now specify the choice of lifts of parabolic elements. If a basic group G contains an element A that is parabolic and represents a puncture or is elliptic, then we choose $\tilde{A}$, a lift of A, so that trace $\tilde{A} < 0$. We can now use the Third Decomposition to lift groups with connected and simply connected signature, then the Second Decomposition to lift all group with connected signature, and finally, the First Decomposition to lift an arbitrary group.

The equivalence of (b) and (c) follows as in the Fuchsian case.

Clearly (a) implies (d), and (d) implies (a) because only $\pm I$ can commute with all elements of $\mathscr{P}^{-1}(G)$, as we saw in Theorem 1.1.

Remarks. (1) By using all b-groups rather than only those that are also basic groups, one can dispose with parabolic cyclic groups in the decompositions and hence simplify the above arguments.

(2) Consider a non-elementary function group G with invariant component Δ. Let $\pi\colon U \to \Delta$ be a holomorphic covering map, and let Γ be the Fuchsian model of G. If $q \in \mathbb{Z}$, then every holomorphic (meromorphic) q-form φ for Γ on U projects to a holomorphic (meromorphic) q-form Φ for G on Δ so that

$$\Phi(\pi z)\, \pi'(z)^q = \varphi(z), \qquad z \in U.$$

It is always possible to choose a holomorphic square root $(\pi')^{1/2}$ of π'. However, even when G and Γ lift to $\mathrm{SL}(2, \mathbb{C})$, it is not possible to project every $\frac{1}{2}$-order holomorphic form for Γ on U to a form for G on Δ. For example, if G is a Schottky group of genus $p \geqq 2$, then the canonical factor of automorphy for G has 2^p square roots. The canonical factor of automorphy for Γ has 2^{2p} square roots; at least $2^{p-1}(2^p - 1)$ have non-trivial holomorphic sections (see [7, pp. 285–286]). Since $2^{p-1}(2^p - 1) > 2^p$, not all of these sections project to Δ. The relations between factors of automorphy for G and those for Γ will be pursued elsewhere.

Problem. Let Γ be a finitely generated Fuchsian group of the first kind with presentation (3.1) and (3.2). Lift the generators α_j, β_j to $\mathrm{SL}(2, \mathbb{R})$ in any manner to obtain elements A_j, B_j. Lift parabolic and elliptic elements ε_k to elements E_k so that trace $E_k < 0$ (assume that the standard presentation does *not* contain elements of order 2). Then the sign of the lifted relation (3.3) is completely determined and is constant over the Teichmüller space of Γ (see [15]). We have shown that the sign is plus if Γ has no elements of even order. What is the sign in the other cases?

References

[1] Abikoff, W.; Appel, K.; Schupp, P.: Lifting surface groups to SL(2, ℂ). Lecture Notes in Mathematics, Springer, Berlin Heidelberg New York, 971 (1983), 1–5

[2] Ahlfors, L. V.; Bers, L.: Spaces of Riemann surfaces and quasi-conformal mappings. Foreign Literature Press, Moscow, 1966

[3] Bers, L.: Spaces of Riemann surfaces. Proc. Internat. Congr. Math. (Edinburgh, 1958), Cambridge, 1960, 349–361
[4] Bers, L.: Quasi-conformal mappings and Teichmüller's theorem. In: Analytic Functions (R. Nevanlinna et al.). Princeton Univ. Press, Princeton, New Jersey, 1960, 89–119
[5] Dyer, J.; Lewittes, J.: Möbius transformations and matrices. Preprint (not published)
[6] Faltings, G.: Real projective structures on Riemann surfaces. Compos. Math. 48 (1983), 223–269
[7] Farkas, H. M.; Kra, I.: Riemann surfaces. Springer, Berlin Heidelberg New York, 1980
[8] Fricke, R.; Klein, F.: Vorlesungen über die Theorie der automorphen Funktionen. B. G. Teubner, Leipzig, 1926
[9] Gunning, R. C.: Lectures on Riemann surfaces. Mathematical Notes, Princeton University Press, Princeton, New Jersey, 1966
[10] Hawley, N. S.; Schiffer, M.: Half-order differentials on Riemann surfaces. Acta Math. 115 (1966), 199–236
[11] Hejhal, D. A.: The variational theory of linearly polymorphic functions. J. d'Analyse Math. 30 (1976), 215–264
[12] Hejhal, D. A.: Monodromy groups and Poincaré series. Bull. Amer. Math. Soc. 84 (1978), 339–376
[13] Kra, I.: On cohomology of Kleinian groups: III, Singular Eichler integrals. Acta Math. 127 (1971), 23–40
[14] Kra, I.: Automorphic forms and Kleinian groups. Benjamin, Reading, Massachusetts, 1972
[15] Kra, I.; Maskit, B.: The deformation space of a Kleinian group. Amer. J. of Math. 103 (1981), 1065–1102
[16] Maskit, B.: Decomposition of certain Kleinian groups. Acta Math. 130 (1973), 243–263
[17] Maskit, B.: On the classification of Kleinian groups: I. Koebe groups. Acta Math. 135 (1975), 249–270
[18] Maskit, B.: On the classification of Kleinian groups: II–signatures. Acta Math. 138 (1977), 17–42
[19] Milnor, J.: On the existence of a connection with curvature zero. Comment. Math. Helvetici 32 (1958), 215–223
[20] Patterson, S. J.: On the cohomology of Fuchsian groups. Glasgow Math. J. 16 (1975), 123–140
[21] Petersson, H.: Zur analytischen Theorie der Grenzkreisgruppen, III. Math. Ann. 115 (1938), 518–572
[22] Shimura, G.: Introduction to the arithmetic theory of automorphic functions. Iwanami Shoten and Princeton University Press, 1971
[23] Siegel, C. L.: Über einige Ungleichungen bei Bewegungsgruppen in der nichteuklidischen Ebene. Math. Ann. 133 (1957), 127–138

Note added on November 1, 1982

The lifting problem and its origin in the work of Fricke-Klein is discussed on pp. 101–102 of

W. Magnus: Noneuclidean tesselations and their groups. Academic Press, New York and London, 1974.

Magnus points out that a generalized version of this problem was investigated by

I. Schur: Über die Darstellung der endlichen Gruppen durch gebrochen lineare Substitutionen. J. Reine Angew. Math. 127 (1904), 20–50.

A recent related investigation is the interesting paper by

P. L. Sipe: Roots of the canonical bundle of the universal Teichmüller curve and certain subgroups of the mapping class group. Math. Ann. 260 (1982), 67–92.

Using the parallelizability of three-dimensional manifolds it is shown in

M. Culler; P. B. Shalen: Varieties of group representations and splittings of 3-manifolds. Ann. of Math. 117 (1983), 109–146.

that any discrete, torsion free subgroup of PSL(2, $\mathbb{C}$) lifts to SL(2, $\mathbb{C}$). The authors of this latest reference attribute the result to W. Thurston.

Note added in proof (July 10, 1984)

That every discrete group of Möbius transformations with no 2-torsion lifts is established in

M. Culler: Lifting representations to covering groups. To appear.

On the Ends of Trajectories

By Albert Marden[1] *and Kurt Strebel*

1. Introduction

The purpose of this note is to establish a certain basic property concerning in particular the "ends" of the trajectories and more generally of the geodesics of a (holomorphic) quadratic differential $\varphi\, dz^2$ of finite norm

$$\|\varphi\| = \iint |\varphi|\, dx\, dy$$

on an arbitrary Riemann surface R. In the remainder of this section we will briefly recall certain aspects of the geometry associated with these differentials. The theorem is stated in Sect. 2.

Away from its critical points (i.e. its zeros), $\varphi\, dz^2$ is associated with the local conformal mapping

$$\Phi(z) = \int \sqrt{\varphi}\, dz.$$

The horizontal trajectories of φ are defined to be the maximal extensions of the pull-back under Φ of the horizontal lines in $\mathbb{C}$, that is the maximal extensions of

$$\{z \in R\colon \operatorname{Im} \Phi(z) = \text{const}\}.$$

More generally, θ-trajectories are the maximal extensions of

$$\{z \in R\colon \arg d\Phi(z) = \theta\}$$

for $0 \leqq \theta < \pi$. Along these, $\arg(\varphi(z)\, dz^2) = 2\theta$. We can also speak of the θ-ray emanating from a non-critical point of φ; then $0 \leqq \theta < 2\pi$. A θ-trajectory or θ-ray that runs into a critical point is called critical. Starting out at a critical point of order n are exactly $(n + 2)$ critical θ-rays for each $0 \leqq \theta < \pi$. A *φ-straight segment* is a closed arc whose interior lies along a θ-trajectory for some θ but we allow that one or both of its end points are critical.

Also associated with $\varphi\, dz^2$ is the φ-metric

$$ds = |\varphi(z)|^{1/2}\, |dz|$$

which is singular only at the critical points. If R is a compact surface then given any two points p, q on R and a homotopy class of arcs between them, there exists a unique *φ-geodesic segment* α which has the smallest φ-length in that class. The φ-geodesic α is a finite union of φ-straight segments. Two adjacent segments of α

---

[1] Supported in part by the National Science Foundation

meet at a critical point and make there an angle θ which satisfies the *angle condition*,

$$2\pi/(n+2) \leqq \theta \leqq \pi,$$

where n is the order of the critical point.

On an arbitrary surface R, an arc α between two points which is the finite union of φ-straight segments satisfying the angle condition at each vertex is the unique φ-geodesic in its homotopy class. A closed curve made up in such a manner is also a φ-geodesic although in its free homotopy class it is not necessarily unique. But given two points and a homotopy class, or given a free homotopy class, there does not in general exist a φ-geodesic in that class.

We will now reserve the terms *φ-geodesic* and *φ-geodesic ray* to mean (unless additional modifiers are attached) an open or half-open arc on R, or, rarely, a closed curve, with the property that each closed segment of it is the φ-geodesic between its end-points. Also, unless it is a closed curve, it should go on forever, stopping neither at a regular point nor a critical point, and in both directions if it is a geodesic. That is, it is the at most countably infinite union of closed φ-straight segments, θ-trajectory rays (as always, non-critical), and full θ-trajectories. Of course a geodesic ray contains at most one θ-trajectory ray while a geodesic that contains a θ-trajectory consists of exactly that. In any case, adjacent pieces must satisfy the angle condition at their common end point.

Finally we will be more definite about the Riemann surface R. It causes no harm to assume that its universal covering surface $\mathbb{H}$ can be taken to be the unit disk and therefore that R can be expressed with the projection π from $\mathbb{H}$ as

$$\pi\colon \mathbb{H} \to R = \mathbb{H}/G,$$

where G denotes the Fuchsian covering group. The group G is said to be of the first or second kind depending on whether or not its limit set $\Lambda(G)$ is the whole circle $\partial\mathbb{H}$. In the latter case a natural border ∂R can be attached to R so that

$$\partial R = (\partial\mathbb{H} \setminus \Lambda(G))/G.$$

We will use the notations $\partial R = \emptyset$ to signify that $\Lambda(G) = \partial\mathbb{H}$.

The surface with border

$$\bar{R} = R \cup \partial R$$

has the maximal property that if $\bar{S} \supset \bar{R}$ is another surface with border such that (i) the inclusion of fundamental groups $\pi_1(R) \to \pi_1(S)$ is injective, and (ii) $\partial S \supset \partial R$, then $S \equiv R$. Conversely, every maximal surface arises from the action of a Fuchsian group as described above.

The quadratic differential $\varphi\, dz^2$ on R lifts to one $\varphi^*(z)\, dz^2$ on $\mathbb{H}$ by the formula

$$\varphi^*(z) = \varphi(\pi(z))\, \pi'(z)^2, \qquad z \in \mathbb{H}.$$

On $\mathbb{H}$, $\varphi^*(z)$ is a holomorphic function with the property

$$\varphi^*(g(z))\, g'(z)^2 = \varphi^*(z), \qquad \text{all } g \in G.$$

The projection $\pi(\alpha_0^*)$ of a geodesic ray of φ^* in $\mathbb{H}$ is a geodesic ray of φ and conversely, if α_0 is a geodesic ray from O in R and $O^* \in \mathbb{H}$ lies over O, there is a unique lift α_0^* of α_0 from O^*, even if O and hence O^* are critical points of φ and φ^*. For $\pi(z)$ is locally a conformal mapping. Furthermore, all geodesic rays of φ^* are simple.

The *cluster set* of a geodesic ray $\alpha_0(s)$, $0 \leqq s < L \leqq \infty$, parameterized say by arc length, is the set

$$\{\zeta \in \bar{R}\colon \zeta = \lim \alpha_0(s_n) \text{ for some } \{s_n\} \text{ with } \lim s_n = L\}.$$

Similarly, the cluster set in $\mathbb{H} \cup \partial\mathbb{H}$ of a geodesic ray of φ^* in $\mathbb{H}$ is defined.

Finally, we recall that a geodesic ray α on R may be classified as follows:

(i) α closes up forming a closed curve;
(ii) α is recurrent: it returns infinitely often to an arbitrary small prescribed neighborhood of its origin;
(iii) α is a boundary ray: it approaches the ideal boundary;
(iv) α is not a boundary ray but still contains an infinite sequence of points which converge to an ideal boundary point.

Our main concern is with geodesic rays of type (ii).

2. Theorem

Suppose φ is a holomorphic quadratic differential of finite norm on the Riemann surface R and φ^* denotes its lift to the universal covering surface $\mathbb{H}$.

(a) If α is a φ-geodesic ray, each lift α^* of α to $\mathbb{H}$ has an end point on $\partial\mathbb{H}$.
(b) If α_1, α_2 are distinct φ-geodesic rays from a common origin O, their lifts α_1^*, α_2^* from a point O^* over O have distinct end points on $\partial\mathbb{H}$.
(c) If α is a φ-geodesic, each lift α^* to $\mathbb{H}$ has distinct end points on $\partial\mathbb{H}$. If α_1, α_2 are φ-geodesics with lifts α_1^*, α_2^* that share the same pair of end points on $\partial\mathbb{H}$, then α_1 and α_2 are parallel simple loops.
(d) If a geodesic ray α_0 of φ has a cluster point $\zeta \in \partial R$, then α_0 in fact has an end point on ∂R, necessarily ζ.

3. The Lemmas

We record here the three main lemmas required for the proof of the theorem. The proof of the first will be indicated in Sect. 4 but we refer directly to [1] for the others.

Lemma 1. Suppose $A \subset \mathbb{C}$ is a simply or doubly connected region, $\psi\, dz^2$ is a quadratic differential in A, and α is a ψ-geodesic ray from $O \in A$. Then α has no cluster points in A. Furthermore, if α is not a closed curve there is a short ψ-segment β, orthogonal to α at O, such that no ψ-ray leaving β in the same direction as α ever returns to β.

Lemma 2. (The divergence property [1]). Suppose $\psi\, dz^2$ is a quadratic differential in the unit disk $\mathbb{H}$ and β is a ψ-straight segment. Assume α_1 and α_2 are non-critical

θ-trajectories of ψ through the opposite ends of β and subtending with β the angle $\eta, 0 < \eta \leqq \frac{\pi}{2}$. Let Δ denote the region formed by the union of all θ-trajectories and critical θ-trajectories passing through a point of β. Then if γ is any smooth arc crossing both α_1 and α_2, for the ψ-lengths,

$$(\sin \eta)\, |\beta|_\psi \leqq |\gamma \cap \Delta|_\psi .$$

Lemma 3 [1]. Suppose $\psi\, dz^2$ is a differential of finite norm on the Riemann surface R and $I \subset \partial R$ is a closed interval with distinct end points ζ_1, ζ_2. There exists $\delta = \delta(I) > 0$ with the following property. Let $\{\sigma_n\}$ be a sequence of smooth arcs in R whose end points $\{(p_n, q_n)\}$ are such that $\lim p_n = \zeta_1$, $\lim q_n = \zeta_2$. Then for the ψ-lengths,

$$\liminf |\sigma_n|_\psi \geqq \delta .$$

4. Proof of Lemma 1

For the first part we refer to ([1], Sect. 15). To prove the second statement, let ψ be a holomorphic quadratic differential in an annulus A and let α be a geodesic ray from $O \in A$ which is not closed. We may assume that the first straight interval of α is horizontal and, by a small shift of O along α, if necessary, we can arrange that the vertical trajectory β through O is regular (i.e. not critical). Both of its subrays with initial point O tend to the boundary of A, either to the same boundary component or to the two different ones (in which case we say that β is radial). On the other hand, α also tends to a boundary component of A. If all three rays tend to the same boundary component Γ_1 of A, one of the components of $\beta \backslash \{O\}$ bounds, together with α and a subset of Γ_1, a simply connected domain. It clearly has the desired property. If α tends to the other boundary component Γ_2 of R, each component of $\beta \backslash \{O\}$ has the desired property. Let now β be radial. If α tends to the boundary of A without cutting β again, one of the components of $\beta \backslash \{O\}$ has the desired property. In the other case let P be the first intersection point of α with β. The interval $[PO] \subset \beta$ together with the subinterval $[OP] \subset \alpha$ form a Jordan curve. The subinterval $\beta_0 = (OP)$ of β has the desired property. This proves the lemma in all possible cases.

5. Proof of (a) for Groups of the Second Kind

Suppose first the cluster set of the geodesic ray $\alpha(s)$, $0 \leqq s < L \leqq \infty$, of φ^* in $\mathbb{H}$ contains a closed interval I of $\partial \mathbb{H} \backslash \Lambda(G)$ with end points ζ_1 and $\zeta_2 \neq \zeta_1$. In any case by Lemma 1, the cluster set of $\alpha(s)$ does not contain points of $\mathbb{H}$. By decreasing the size of I if necessary we can assume that $\pi\colon I \to \pi(I) \subset \partial R$ is a homeomorphism. Draw the non-euclidean line in $\mathbb{H}$ with end points ζ_1, ζ_2 and let Δ be the region adjacent to I that it determines. Then $\pi\colon \Delta \to \pi(\Delta) \subset R$ is also a homeomorphism.

Consequently φ^* has finite norm in Δ.

Fix a point $O^* \in \Delta$. It is a consequence of the finite norm that the φ^*-length of almost all non-euclidean rays from O^* to interior points of I is finite. Fix one such ray ρ.

By assumption, $\alpha(s)$ crosses ρ infinitely often as it travels toward I. Therefore there is an increasing sequence of points $\{p_n\}$ on ρ converging to its end on I, and a sequence of points $\{\alpha(s)\}$ on α with

$$\alpha(s_n) = p_n, \ldots < s_n < s_{n+1} < \ldots, \lim s_n = L.$$

Let α_n denote the segment of $\alpha(s)$ from $p_n = \alpha(s_n)$ to $p_{n+1} = \alpha(s_{n+1})$. By the minimum length property of geodesic segments

$$|\alpha_n|_{\varphi^*} \leqq |[p_n, p_{n+1}]|_{\varphi^*},$$

where $[p_n, p_{n+1}]$ denotes the segment of ρ from p_n to p_{n+1}. We deduce on summing the lengths that the φ^*-length of $\alpha(s)$ for $s_1 \leqq s < L$ does not exceed that of ρ. That is, the φ^*-length of the geodesic ray α is finite.

On the other hand we have assumed that its cluster set contains I. Therefore there is a sequence of components $\{\alpha_n\}$ of $\alpha(s) \cap \Delta$ which converges to I. Because these are disjoint segments of $\alpha(s)$, $\lim |\alpha_n|_{\varphi^*} = 0$. But this state of affairs is in violation of Lemma 3. It cannot occur.

Now the covering group G is of the second kind and therefore $\partial \mathbb{H} \backslash \Lambda(G)$, which is a countable union of open intervals, is dense on $\partial \mathbb{H}$. If the cluster set of a geodesic ray of φ^* in $\mathbb{H}$ contains more than one point of $\partial \mathbb{H}$, then it contains a closed interval I of $\partial \mathbb{H} \backslash \Lambda(G)$. We have just shown that this is impossible.

The argument just completed also proves (d).

6. Proof of (a) for Groups of the First Kind

Let φ be a holomorphic quadratic differential on a Riemann surface R of the first kind. It is not assumed that the norm of φ is finite. Suppose that the cluster set of the geodesic ray $\alpha(s)$, $0 \leqq s < L \leqq \infty$, of φ^* in $\mathbb{H}$ contains a closed interval I on $\partial \mathbb{H}$. It is an elementary fact that the fixed points of hyperbolic elements of G are dense on $\partial \mathbb{H}$. Let $g \in G$ be an element whose attractive fixed point ζ lies in the interior of I. Denote by σ the non-euclidean line in $\mathbb{H}$ between the fixed points of g. The two lines σ and α cut each other infinitely often.

Now we move down to the annulus $A = \mathbb{H}/\langle g \rangle$, where $\langle g \rangle$ is the cyclic group generated by g. The image σ_A of σ under the projection $\pi_A\colon \mathbb{H} \to A$ is a circle separating the boundary contours of A. The differential φ^* projects to a differential φ_A in A and α projects to a φ_A-geodesic ray in A, which we will denote by α_A. If the infinitely many intersections of α with σ project into finitely many points on σ_A, the ray α_A contains a closed subray, freely homotopic to σ_A. Therefore α converges to ζ, which is against our assumption.

We conclude that α_A has infinitely many intersections with σ_A and hence an accumulation point in A. This contradicts Lemma 1. This situation therefore never arises in the first place, i.e. α clusters to a single point on $\partial \mathbb{H}$.

We have actually proved a slightly sharper result: If the set of limit points of α on $\partial \mathbb{H}$ contains a fixed point ζ of a hyperbolic cover transformation, then α

cannot cut σ or any arc of constant hyperbolic distance from σ (which corresponds to a concentric circle in Δ) infinitely often, unless it is closed.

7. Proof of (b)

Let now α_1 and α_2 denote two geodesic rays of φ^* from a common origin O^* and assume they have the same end point ζ on $\partial\mathbb{H}$. The first step is to show that we may assume each is a (non-critical) θ-ray.

Let Δ denote the region in $\mathbb{H}$ bounded by $\alpha_1 \cup \alpha_2$. Say it lies to the left of α_1 and to the right of α_2 in their natural directions.

Start with α_1 and construct in Δ a new (but not necessarily distinct) geodesic ray from O^* as follows. The ray α_1 starts in a certain direction θ_1. When (and if) it hits the first critical point, instead of following α_1, turn as sharply left as possible so as to continue along the θ-ray making exactly the angle $2\pi/(n+2)$ with the first segment and lying in Δ. Continue in this manner generating a new geodesic ray α_1' composed entirely of θ_1-segments. It never crosses α_2 because of the uniqueness of geodesic segments between given end points. Therefore α_1' ends up at ζ. Similarly, using right hand turns, replace α_2 by α_2' which too ends at ζ. For some θ_2, it is composed of θ_2-segments. Let $\Delta' \subset \Delta$ denote the region these two bound.

Now move the origin O^* slightly into Δ' to a non-critical point $O^{*\prime}$ which is at the end of a short φ^*-straight segment σ in Δ' from O^*, and which has the following property: Neither the θ_1-ray α_1'' nor the θ_2-ray α_2'' from $O^{*\prime}$ is critical. The α_1'' ray cannot cross α_1' because the angles are the same. At the same time α_2'' cannot cross α_2'. Neither one crosses σ and they do not cross each other. Consequently both α_1'' and α_2'' end at ζ too.

Replace α_1 and α_2 by α_1'' and α_2'', and revert to the original notation. Now for all $g \in G$, $g \notin \mathrm{id}$, $g(\alpha_1) \cap \alpha_1 = g(\alpha_2) \cap \alpha_2 = \emptyset$.

Case 1. $g(\Delta) \cap \Delta = \emptyset$ for all $g \in G$, $g \neq \mathrm{id}$. Then $\pi\colon \Delta \to \pi(\Delta) \subset R$ is a homeomorphism and φ^* has finite norm in Δ. Let $l(r)$ denote the φ^*-length of the intersection

$$\gamma(r) = \{|z - \zeta| = r\} \cap \Delta$$

so that

$$l(r) = \int_{\gamma(r)} |\varphi^*|^{1/2}\, r\, d\theta.$$

By the Schwarz inequality

$$l(r)^2 \leqq \pi r^2 \int_{\gamma(r)} |\varphi^*|\, d\theta,$$

and integrating in r,

$$\int_0 \frac{l(r)^2}{r}\, dr \leqq \iint_{\Delta} |\varphi^*|\, r\, dr\, d\theta < \infty.$$

That is, $\liminf l(r) = 0$ as $r \to 0$.

If $\alpha_1 \cup \alpha_2$ is itself a φ^*-geodesic, then for small r, $l(r)$ is less than $|\alpha_1 \cup \alpha_2|_{\varphi^*}$ in violation of the minimum length property of geodesics.

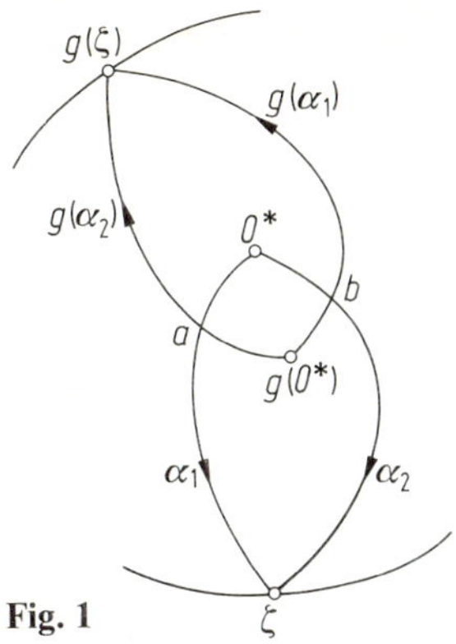

Fig. 1

More generally we must argue as follows. We may assume $\theta_2 \neq \theta_1$. Let β be a segment of α_2 from O^* with its other end chosen so that the θ_1-ray α_1' from that into Δ is non-critical. It then ends at ζ. The rays α_1, α_1' together with β bound a subregion $\Delta' \subset \Delta$. Let $\Delta_0 \subset \Delta'$ be the subregion of that which is formed by taking the union of all θ_1-rays from β into Δ'; each one either ends at a critical point or at ζ. If $l_0(r)$ denotes the φ^*-length of $\{|z-\zeta|=r\} \cap \Delta_0$ then $\liminf l_0(r)=0$ as $r \to 0$. Now we can apply Lemma 2 to get a contradiction.

Case 2. For some $g \in G$, $g \neq \mathrm{id}$, $g(\Delta) \cap \Delta \neq \emptyset$. Recall that $g(\alpha_1) \cap \alpha_1 = g(\alpha_2) \cap \alpha_2 = \emptyset$. Also $g(\alpha_1)$ can cross α_2 and $g(\alpha_2)$ can cross α_1 at most once. We must first rule out the possibility that both crossings occur (see diagram). Let $a = g(\alpha_2) \cap \alpha_1$ and $b = g(\alpha_1) \cap \alpha_2$. Since α_1 and $g(\alpha_1)$ are θ_1-rays, and α_2 and $g(\alpha_2)$ are θ_2-rays, the quadrilateral $(O^*, a, g(O^*), b)$ is a φ^*-parallelogram. Opposite sides have the same φ^*-length: In fact φ^* has no zeroes in it by Teichmüller's lemma and $\Phi^*(z) = \int^z \sqrt{\varphi^*}\, dz$ maps it conformally to a euclidean parallelogram. Since g preserves φ^*-lengths, g maps the parallelogram onto itself and $g^2 = g \circ g$ fixes it. But cover transformations ($\neq$ id) have no fixed points in $\mathbb{H}$ so this situation does not occur.

We conclude that when $g(\Delta) \cap \Delta \neq \emptyset$, then $g(\zeta) = \zeta$.

Consider the quotient

$$A = \mathbb{H}/\mathrm{Stab}(\zeta), \qquad \pi_A \colon \mathbb{H} \to A,$$

where $\mathrm{Stab}(\zeta)$ is the cyclic hyperbolic or parabolic subgroup $\{h \in G \colon h(\zeta) = \zeta\}$. The differential φ^* projects to a differential $\varphi_A\, dw^2$ on A, and $\gamma_1 = \pi_A(\alpha_1)$ is a θ_1-ray and $\gamma_2 = \pi_A(\alpha_2)$ is a θ_2-ray of φ_A with common origin $\pi_A(O^*)$. Certainly not both γ_1 and γ_2 are closed curves. For a homotopy class (as opposed to a free homotopy class) can contain at most one geodesic. Suppose γ_1 is not a closed curve.

By Lemma 1, there exists a short segment τ_A along γ_2 from $\pi_A(O^*)$ such that no θ_1-ray from τ_A meets τ_A again. If $\theta_2 = \theta_1$ take τ_A instead to be a short orthogonal segment at $\pi_A(O^*)$.

Back up in $\mathbb{H}$ find τ over τ_A from O^*. The corresponding θ_1-rays in Δ leaving τ cannot cross either α_1, to which they are parallel, or α_2. They are either critical rays, or they end up at ζ. These rays sweep out a region $\Delta_0 \subset \Delta$.

Now look at the situation in R. Consider the θ_1-rays of φ that leave the segment $\pi(\tau)$. None of these can meet $\pi(\tau)$ again. For otherwise up in $\mathbb{H}$ there would be a cover transformation $g \neq \mathrm{id}$ for which $g(\tau) \cap \Delta_0 \neq \emptyset$. As we have seen, g would necessarily be in $\mathrm{Stab}(\zeta)$. That in turn would imply for A that a θ_1-ray of φ_A leaving τ_A returns to τ_A, which is not the case.

Consequently in R, the θ_1-rays of φ leaving $\pi(\tau)$ sweep out a strip which is just $\pi(\Delta_0)$. That is $\pi\colon \Delta_0 \to \pi(\Delta_0)$ is a homeomorphism.

Let $l_0(r)$ denote the φ^*-length of $\{|z-\zeta|=r\} \cap \Delta_0$. Because φ^* has finite area in Δ_0, $\liminf l_0(r) = 0$ as $r \to 0$. On the other hand by Lemma 2, $l_0(r)$ is bounded below above zero. This is a contradiction.

8. Proof of (c)

Assume that the full φ^*-geodesics α_1 and α_2 share the same end points ζ_1, ζ_2 on $\partial\mathbb{H}$. We know from (b) that $\zeta_1 \neq \zeta_2$ and also that α_1 and α_2 do not intersect. Let Δ denote the region bounded by α_1 and α_2 and direct them so that Δ lies to the left of α_1 and to the right of α_2.

In fact for some θ_1 and θ_2, α_1 is composed entirely of θ_1-segments and α_2 entirely of θ_2-segments. For start with, say, a θ_1-segment of α_1. From its positive end, instead of following α_1, take the sharpest left turn as possible and continue with the θ_1-ray in Δ making angle $2\pi/(n+2)$. Continue in this fashion and then also at the negative end point of the initial segment. We end up with a geodesic α_1' composed entirely of θ_1-segments (or rays). It can cross α_2 at most once. But if it does cross we can find, by backwards continuation from the point of intersection, two geodesic rays with the same endpoints on $\partial\mathbb{H}$, a violation of (b). Therefore α_1' does not cross α_2 and so its end points too are ζ_1, ζ_2. But the same reasoning again shows that α_1' must actually coincide with α_1. The argument applies to α_2 as well.

Next fix a non-critical ray from the left side of α_1 and orthogonal to α_1. Also by (b) this must cut α_2. Let β denote the segment of this lying in Δ from α_1 to α_2.

Let α_1' denote a θ_1-trajectory through a point of β. If α_1' is not critical it too ends at ζ_1 and ζ_2. Otherwise, suppose, for example, that ζ_1 is one end point but the other is at a critical point. It can be continued beyond that critical point in two ways: by making an angle $\theta_1 + 2\pi/(n+2)$ to the right or to the left. By (b) again each continuation ends at ζ_2, unless hitting another critical point first. But ultimately it reaches ζ_2. Except now there is a "bubble" left in Δ: a simply connected subregion Δ_0 bounded by a union of θ_1-segments which form a geodesic both ends of which are at ζ_2. This too is impossible. The other cases are very similar.

Each θ_1-trajectory through β thus runs from ζ_1 to ζ_2. These sweep out Δ from α_1 to α_2 and we see in fact that $\theta_2 = \theta_1$.

Case 1. $g(\Delta) \cap \Delta = \emptyset$, for all $g \in G$, $g \neq \mathrm{id}$. Then $\pi\colon \Delta \to \pi(\Delta)$ is a homeomorphism and φ^* has finite area in Δ. There is a subregion $\Delta' \subset \Delta$ bounded by β, a ray contained in α_1 and one contained in α_2. Working with Δ', we are led to a contradiction of Lemma 2.

Case 2. $g(\Delta) \cap \Delta \neq \emptyset$ for some $g \in G$, $g \neq \mathrm{id}$. Necessarily g either fixes or interchanges ζ_1 and ζ_2 but in fact g must fix each because G does not contain elements of order two. We pass again to the annulus

$$A = \mathbb{H}/\mathrm{Stab}(\zeta_1, \zeta_2), \qquad \pi_A\colon \mathbb{H} \to A$$

and the projection φ_A of φ^* to A. If $\gamma_1 = \pi_A(\alpha_1)$ is not closed there is a short segment β_0 of β from α_1 such that no θ_1-trajectory of φ_A through $\pi_A(\beta_0)$ crosses $\pi_A(\beta_0)$ again (Lemma 1). Looking at the subregion $\Delta_0 \subset \Delta$ swept out by the θ_1-trajectories of φ^* throught points of β_0 we are again led to a contradiction of Lemma 2.

Consequently γ_1 in A is closed. The same reasoning shows that the π_A-projection of each θ_1-trajectory of φ^* through a point of β is closed in A. Therefore $\pi_A(\Delta)$ is an annular domain on A swept out by (simple) closed trajectories of φ_A. Going one step further, it follows that $\pi(\Delta) \subset R$ is an annular domain swept out by closed θ_1-trajectories of φ.

9. Corollary

The same proof confirms also the following result: Suppose β is a φ-straight segment and α_1, α_2 are two θ-rays of $\varphi\, dz^2$ in R leaving from the end points of β. Let β^* be a lift of β to $\mathbb{H}$ and α_1^*, α_2^* the two θ-rays of φ^* over α_1, α_2 leaving from the end points of β^*. Then α_1^*, α_2^* have different end points on $\partial\mathbb{H}$.

10. An Application

Let R be an n-punctured compact Riemann surface of genus $g \geqq 0$, $n \geqq 0$ but which is covered by $\mathbb{H}$. The complex vector space of quadratic differentials with simple poles at the n-punctures has dimension $3g + n - 3$. In this space the generic differential has the property that it has no horizontal trajectories of finite length. Such a differential has in particular one spiral domain which is dense in R. Let then $\varphi\, dz^2$ be a differential with this property and assume in addition (for simplicity) that it has simple zeros, necessarily $4g + n - 4$ of them. Let φ^* denote its lift to $\mathbb{H}$.

In $\mathbb{H}$ let $\{\zeta_1\}$ denote the critical points of φ^*. From each ζ_i, exactly three horizontal rays emanate and because of our hypothesis, each one goes directly to $\partial\mathbb{H}$. Draw the three non-euclidean lines between the three end points. These from an "ideal triangle" Δ_i with zero vertex angles.

The collection $\{\Delta_i\}$ of these triangles enjoys the following properties:

(i) If $g(\zeta_i) = \zeta_j$ then $g(\Delta_i) = \Delta_j$, $g \in G$:
(ii) Otherwise $g(\Delta_i) \cap \Delta_j = \emptyset$, $g \in G$.
(iii) Δ_i and Δ_j do not have a common side, $i \neq j$.

These facts follow from the theorem applied to the corresponding geodesic rays.

The $\{\Delta_i\}$ fall into $4g + n - 4$ equivalence classes under G. Their projections to R from $4g + n - 4$ mutually disjoint ideal triangles. The edges are Poincaré geodesics of infinite length. The collection of those on R is an example of a geodesic lamination of Thurston.

Each triangle has Poincaré area π. The area of the whole surface R is exactly $\pi(4g - 4 + 2n)$. Therefore the triangles cover R up to an area πn!

Reference

[1] Strebel, K.: Quadratic differentials. Ergebnisse der Mathematik und ihrer Grenzgebiete 3. Folge, Bd. 5, Springer, 1984

An Integrability Condition for Simple Lie Groups [1]

By Min-Oo and Ernst A. Ruh

1. Introduction

In [6] H. E. Rauch pointed out that "the symmetric manifolds, far from being isolated phenomena of a special nature, derive their structure from certain parallelism and curvature properties which, when satisfied to a certain degree of approximation, delimit a general class of Riemannian manifolds with the same structure". In addition, Rauch observed that these curvature properties can be viewed as the integrability condition of a certain set of partial differential equations. Rauch beautifully motivated the following comparison theorem and proved it in the case where the model symmetric space is of rank one, the general manifold simply connected, and equivalence is proved up to homeomorphism. The result envisioned by Rauch was finally proved in Min-Oo, Ruh [4], where the approximate integrability condition is formulated in terms of the curvature of an appropriate Cartan connection. The following theorem states the final result for small deviations from the standard geometry.

Theorem. Let $\bar{M} = G/K$ denote an irreducible simply connected Riemannian symmetric space of compact type, M a compact manifold, and Ω the curvature of a Cartan connection on M with respect to the model $\bar{M}$.

There exists a constant $A > 0$ depending only on $\bar{M}$ such that $\|\Omega\| < A$ implies that M is diffeomorphic to a quotient $\Gamma/\bar{M}$, where Γ is a finite subgroup of G.

For manifolds modelled on symmetric spaces of non-compact type the definitive result probably has not been established yet. Compare Gromov [3] and Min-Oo, Ruh [5] for partial results.

To prove this theorem Rauch studied the behaviour of geodesics via the Rauch comparison theorem. In case of models of rank greater than one, the study of the ordinary differential equation defining the geodesics did not yield conclusive results. It turned out to be more appropriate in this case to deal with the system of partial differential equations in question directly to prove that the integrability condition can be achieved by a small perturbation of the given data.

To improve the known comparison theorems for non-compact symmetric spaces as models we propose the following strategy. As a first step we establish an

[1] This work was done under the program "Sonderforschungsbereich Theoretische Mathematik" (SFB 40) at the University of Bonn. Part of the research by the second author was done at the Institut Elie Cartan, Université Nancy 1

integrability condition for the structure of symmetric spaces, or equivalently, for real simple Lie groups. The integrability condition, $d^D T = 0$, of Theorem 1 yields a characterization of simple Lie groups and is an answer to a problem posed by Nomizu [2] for such groups. The characterization is based on the well known classification of holonomy groups by Berger [1]. We need Berger's result in the strong form proved by Simons [8] for holonomy systems modelled on Riemannian symmetric spaces. Here we need the result of Theorem 2 for holonomy systems modelled on simple Lie groups viewed as pseudo-Riemannian symmetric spaces. Our result overlaps with Simons' in case the simple Lie group is compact as well.

The second step, the deformation from almost integrability to integrability was done in [4], [5] for a globally defined 1-form which satisfies the Maurer-Cartan equation up to a small error. Our present integrability condition has the advantage that it does not require a global parallelization.

2. The Results

In [2] Nomizu posed the problem of characterizing a Lie group with Lie algebra $\mathfrak{g}$ by means of a suitable integrability condition for an $A(\mathfrak{g})$-structure, (with $A(\mathfrak{g})$ the automorphism group of $\mathfrak{g}$) on the tangent bundle of a manifold. For an arbitrary Lie algebra $\mathfrak{g}$ it is probably rather difficult to find a reasonable condition. In case $\mathfrak{g}$ is a simple Lie algebra the problem has a satisfactory solution. This solution is the main result of the present paper. We begin with a few definitions.

Let M be an n-dimensional differentiable manifold and $\mathfrak{g}$ a Lie algebra of dimension n over $\mathbb{R}$ with automorphism group $A(\mathfrak{g})$. An $A(\mathfrak{g})$-structure on M is a reduction of the bundle of frames over M to the subgroup $A(\mathfrak{g}) \subset \mathrm{GL}(n, \mathbb{R})$. Such a structure is determined by a tensor T of type (2, 1),

$$T: TM \otimes TM \to TM,$$

which satisfies the identities of a Lie bracket at each point, i.e.,

$$\text{(i)} \quad T(X, Y) = -T(Y, X)$$
$$\text{(ii)} \quad T(T(X, Y), Z) + T(T(Y, Z), X) + T(T(Z, X), Y) = 0$$

for all $X, Y, Z \in T_x(M)$, $x \in M$.

The reduction consists of all frames $u\colon \mathfrak{g} \cong T_x M$ with $u([A, B]) = T(u(A), u(B))$ for all $A, B \in \mathfrak{g}$, where $[\,,]$ is the Lie bracket of $\mathfrak{g}$. The action of $g \in A(\mathfrak{g})$ is given by $u \to u \circ g$.

Suppose now that $\mathfrak{g}$ is semi-simple with simply connected Lie group G. The Cartan-Killing form $\langle A, B\rangle = -\operatorname{tr} \cdot \operatorname{ad}_A \operatorname{ad}_B$ defines a non-degenerate scalar product on g. This scalar product is invariant under $A(\mathfrak{g})$. Therefore, an $A(\mathfrak{g})$-structure with semi-simple $\mathfrak{g}$ determines a unique pseudo-Riemannian metric $\langle\,,\rangle$ on M. Let D be the Levi-Civita connection associated to this metric.

The exterior covariant derivative of T, regarded as a TM-valued 2-form on M, is defined by

$$d^D T(X, Y, Z) = D_X T(Y, Z) + D_Y T(Z, X) + D_Z T(X, Y).$$

With these definitions the main result can be stated as follows.

Theorem 1. Let $\mathfrak{g}$ be a simple real Lie algebra different from $\mathrm{sl}(2,\mathbb{C})$ or one of its real forms. Then, $d^D T = 0$ holds if and only if $(M, \langle , \rangle)$ is either locally isometric to the Lie group G with its unique (up to a factor) biinvariant metric, or else is flat.

It is clear that dimension 3 must be ruled out because an $A(\mathfrak{g})$-structure for $\mathfrak{g} = \mathrm{so}(3)$ ($\mathrm{sl}(2)$) is no more and no less than a pseudo-Riemannian metric and T defined by the vector product satisifes even $DT = 0$. It is equally clear that $(M, \langle , \rangle)$ locally isometric to $\mathbb{R}^n$ is a possibility. We simply endow $T_0\mathbb{R}^n \cong \mathbb{R}^n$ with the structure of a simple Lie algebra, if n is the dimension of such an algebra, and translate this structure by parallel translation to any $T_x\mathbb{R}^n$. Again, DT vanishes identically.

Theorem 1 is a fairly straightforward consequence of the following basic Lemma and Theorem 2.

Lemma. Let $S: V \otimes V \otimes V \otimes V \to \mathbb{K}$ be a quadrilinear form on a vector space V over a field $\mathbb{K}$ of characteristic zero. If S satisfies the conditions

$$\text{(i)} \quad S(W, X, Y, Z) = -S(X, W, Y, Z) = -S(W, Y, X, Z)$$
$$\text{(ii)} \quad S(W, X, Y, Z) + S(W, Y, Z, X) + S(W, Z, X, Y) = 0,$$

then $S = 0$.

A similar lemma for trilinear forms is responsible for the fact that the Levi-Civita connection of a Riemannian metric is unique.

The following Theorem 2 is a version of the classification theorem of holonomy groups of torsion-free connections proved by Berger [1]. On one hand we need only a special case, namely the case where the holonomy system is modelled on a simple Lie algebra. On the other hand, we need the theorem in the strong form proved by Simons [8] for holonomy systems modelled on Riemannian symmetric spaces. Our result overlaps with Simons' in case the simple Lie algebra in question is compact.

Theorem 2. Let $\mathfrak{g}$ be a simple real Lie algebra different from $\mathrm{sl}(2,\mathbb{C})$ or one of its real forms with Lie bracket $[,]$, and let $\beta: \mathfrak{g} \wedge \mathfrak{g} \to \mathfrak{g}$ be a $\mathfrak{g}$-valued 2-form on $\mathfrak{g}$ satisfying the Jacobi (Bianchi)-identity

$$[X, \beta(Y, Z)] + [Y, \beta(Z, X)] + [Z, \beta(X, Y)] = 0.$$

Then, $\beta(X, Y) = \lambda[X, Y]$ for some $\lambda \in \mathbb{R}$.

3. The Proof

First, we apply the Lemma and Theorem 2 of the previous chapter to prove Theorem 1. Let $S(W, X, Y, Z) = \langle DT(X, Y, Z), W \rangle$, where T is the tensor of type (2, 1) defined by the $A(\mathfrak{g})$-structure, $\langle , \rangle$ and D are the pseudo-Riemannian metric and Levi-Civita connection respectively defined by this structure, and W, X, Y, Z are vector fields on M. Since $\langle , \rangle$ is $A(\mathfrak{g})$-invariant, we have $\langle T(X, Y), Z \rangle = - \langle T(X, Z), Y \rangle$ and therefore $\langle T(X, Y), Z \rangle$ is totally skew-symmetric. Moreover, because $D\langle , \rangle = 0$, $D_X T = DT(\cdot, \cdot, X)$ has the symmetries of T, and hence S

satisfies condition (i) of the Lemma, and (ii) is satisfied if and only if $d^D T = 0$. Therefore, since $\langle , \rangle$ is non-degenerate, we conclude that the Lemma has the following

Corollary. $d^D T = 0$ if and only if $DT = 0$.

$DT = 0$ means that the Levi-Civita connection D preserves the $A(\mathfrak{g})$-structure. In particular, the curvature tensor R^D respects the $A(\mathfrak{g})$-structure defined by T. Since $\mathfrak{g}$ is simple, the Lie algebra of $A(\mathfrak{g})$ coincides with $\mathfrak{g}$ and operates in $T_X M \cong \mathfrak{g}$ via the adjoint representation. The holonomy algebra of D is contained in $\mathfrak{g}$. Now, $\beta = R^D$ satisfies the assumption of Theorem 2, and therefore $R^D = \lambda[,]$. The second Bianchi equation for the connection D, via Schur's lemma, implies that λ is constant. If $\lambda \neq 0$ $(M, \langle , \rangle)$ is locally isometric to the Lie group G after a suitable normalization of its biinvariant metric. This is the first alternative in Theorem 1. The second alternative applies in case $\lambda = 0$.

Next, we prove the Lemma. Each of the following equalities is obtained by alternatively utilizing conditions (i) and (ii) of the Lemma, starting with (ii).

$$\begin{aligned} -S(W, X, Y, Z) &= S(W, Y, Z, X) + S(W, Z, X, Y) \\ &= -S(Y, W, Z, X) - S(X, Z, W, Y) \\ &= S(Y, Z, X, W) + S(Y, X, W, Z) \\ &\quad + S(X, W, Y, Z) + S(X, Y, Z, W) \\ &= -2S(W, X, Y, Z) + 2S(Z, X, Y, W). \end{aligned}$$

Hence,

$$S(W, X, Y, Z) = 2S(Z, X, Y, W) = 4S(W, X, Y, Z),$$

and

$$S = 0.$$

The rest of the chapter is devoted to the proof of Theorem 2. We first apply the unitary trick and reduce the theorem to the special case where $\mathfrak{g}$ is a compact simple Lie algebra. We complexify $\mathfrak{g}$ and β of Theorem 2 to obtain $\beta^{\mathbb{C}}: \mathfrak{g}^{\mathbb{C}} \wedge \mathfrak{g}^{\mathbb{C}} \to \mathfrak{g}^{\mathbb{C}}$ satisfying the Jacobi identity in $\mathfrak{g}^{\mathbb{C}}$. Writing $\mathfrak{g}^{\mathbb{C}} = \mathfrak{k} \oplus i\mathfrak{k}$, where $\mathfrak{k}$ is the compact real form of $\mathfrak{g}^{\mathbb{C}}$, we consider $\beta^{\mathbb{C}}$ restricted to $\mathfrak{k} \wedge \mathfrak{k}$. We define $\beta_{\mathfrak{k}} = \beta^{\mathbb{C}}|_{\mathfrak{k} \wedge \mathfrak{k}}$. $\beta_{\mathfrak{k}}$ is a $\mathfrak{k} \oplus i\mathfrak{k}$-valued 2-form on $\mathfrak{k}$. This 2-form splits into a sum $\beta_{\mathfrak{k}} = \beta' + i\beta''$, where both β' and β'' are $\mathfrak{k}$-valued 2-forms on $\mathfrak{k}$. Since $\beta^{\mathbb{C}}$ satisfies the Jacobi identity, it follows that both β' and β'' satisfy this identity. Assuming now that Theorem 2 holds for the compact case we obtain $\beta' = \lambda'[,]$ and $\beta'' = \lambda''[,]$, where $[,]$ is the bracket in $\mathfrak{k}$. This implies $\beta^{\mathbb{C}} = \lambda[,]$ on $\mathfrak{g}^{\mathbb{C}}$ with $\lambda = \lambda' + i\lambda''$ because, by definition, $\beta^{\mathbb{C}}$ is bilinear over $\mathbb{C}$. On the other hand, since $\beta^{\mathbb{C}}$ restricts to the original 2-form $\beta: \mathfrak{g} \wedge \mathfrak{g} \to \mathfrak{g}$, λ is real and $\beta = \lambda[,]$ on $\mathfrak{g}$.

So, from now on we may assume that $\mathfrak{g}$ is compact and simple. Actually, this case is covered in Simons [8]. We give an independent proof here, in the special case where the symmetric space is a compact simple Lie group.

Let $\langle , \rangle$ be minus the Killing form on $\mathfrak{g}$ and $e_1, \ldots, e_N$ an orthonormal basis with respect to $\langle , \rangle$. Let α denote a $\mathfrak{g}$-valued p-form on and $X_0, \ldots, X_p \in \mathfrak{g}$.

We define

$$d\alpha(X_0, \ldots, X_p) = \sum_{i=0}^{p} (-1)^i [X_i, \alpha(X_0, \ldots, \hat{X}_i, \ldots, X_p)], \tag{1}$$

and

$$\delta\alpha(X_2,\ldots,X_p) = -\sum_{k=1}^{N} [e_k, \alpha(e_k, X_2,\ldots,X_p)]. \tag{2}$$

The Jacobi identity in the assumption of Theorem 2 is equivalent to $d\beta = 0$ for the 2-form β. d and δ is a pair of adjoint operators with respect to $\langle\,,\rangle$. We remark that $d^2 \neq 0$. Let $c_{ij}^k = \langle[e_i, e_j], e_k\rangle$ be the structure constants of $\mathfrak{g}$, and set $R_{ijk}^l = c_{ij}^m c_{km}^l$, where from now on the convention of summing over repeated indices is in effect. With these definitions $c = (c_{ij}^k)$ is totally anti-symmetric and $R = (R_{ijk}^l)$ satisfies the usual identities of a Riemannian curvature tensor. The tensor $r = (r_{ijk}^l) = (c_{im}^l \beta_{jk}^m)$, where $\beta = (\beta_{ij}^k) = (\langle\beta(e_i, e_j), e_k\rangle)$, satisfies these identities as well if and only if $d\beta = 0$.

We define $\Delta = d\delta + \delta d$ and compute $\Delta\beta$ for a 2-form β as follows:

$$\begin{aligned} d\delta\beta(e_i, e_j) &= \sum_{k=1}^{N} [e_j, [e_k, \beta(e_k, e_i)]] - [e_i, [e_k, \beta(e_k, e_j)]] \\ &= (c_{jm}^n c_{kl}^m \beta_{ki}^l - c_{im}^n c_{kl}^m \beta_{kj}^l)\, e_n, \end{aligned}$$

and

$$(d\delta\beta)_{ij}^n = R_{klj}^n \beta_{ki}^l - R_{kli}^n \beta_{kj}^l \tag{3}$$

$$\begin{aligned} \delta d\beta(e_i, e_j) &= -\sum_{k=1}^{N} [e_k, [e_k, \beta(e_i, e_j)]] + [e_k, [e_i, \beta(e_j, e_k)]] \\ &\qquad + [e_k, [e_j, \beta(e_k, e_i)]] \\ &= -c_{km}^n c_{kl}^m \beta_{ij}^l - c_{km}^n c_{il}^m \beta_{jk}^l - c_{km}^n c_{jl}^m \beta_{ki}^l, \end{aligned}$$

and

$$(\delta d\beta)_{ij}^n = \beta_{ij}^n + R_{ilk}^n \beta_{kj}^l - R_{jlk}^n \beta_{ki}^l. \tag{4}$$

We obtain

$$(\Delta\beta)_{ij}^n = \beta_{ij}^n + R_{ikl}^n \beta_{kj}^l - R_{jkl}^n \beta_{ki}^l. \tag{5}$$

Except for a change of sign in the last two terms and a different factor in front of the first, the above formula is the same as [5, 4.14]. Following the computation in that paper we write $\beta_{ij}^k = a_{ij}^k + b_{ij}^k$, where $a_{ij}^k = \frac{1}{3}(\beta_{ij}^k + \beta_{jk}^i + \beta_{ki}^j)$ is anti-symmetric in all three indices, and b_{ij}^k satisfies the Bianchi equation $b_{ij}^k + b_{jk}^i + b_{ki}^j = 0$.

This defines an ad G-invariant orthogonal splitting of $\mathfrak{g}$-valued 2-forms. Because the Laplacian Δ respects this decomposition we have $\langle\Delta a, b\rangle = 0$. Now, [5, 4.16] and the computations above yield

$$\delta d a = a - \tfrac{1}{2} d\delta a, \qquad \Delta a = 2a - \delta d a. \tag{6}$$

Since $\langle a, b\rangle = \langle\Delta a, b\rangle = 0$ we conclude $\langle da, db\rangle = \langle\delta a, \delta b\rangle = 0$, and we obtain the following

Lemma 1. If $\beta = a + b$ as above, then $d\beta = 0$ if and only if $da = db = 0$.

We now consider the invariant components a and b separately. We first prove the following

Lemma 2. If $a\colon \mathfrak{g} \wedge \mathfrak{g} \to \mathfrak{g}$ is totally anti-symmetric and $da = 0$, then

$$\delta a = \lambda\, \mathrm{id}\colon \mathfrak{g} \to \mathfrak{g} \qquad \text{for some scalar } \lambda.$$

Proof. Let $r^l_{ijk} = c^l_{km} a^m_{ij}$, and $(s)^j_i = (\delta a)^i_j = c^j_{km} a^m_{ik} = c^j_{km} a^i_{km}$. Since $d a = 0$, as observed above, r satisfies the curvature identities and therefore $s = \delta a$ is symmetric. Since $\mathfrak{g}$ is simple it suffices to prove that s is also ad G-invariant. To prove this we show that $\langle s([e_l, e_i]), e_j\rangle$ is skew-symmetric in i and j.

$$\begin{aligned}\langle s([e_l, e_i]), e_j\rangle &= c^n_{li} s_{nj} = c^l_{in} c^j_{km} a^n_{km}\\ &= c^j_{km} c^i_{ln} a^n_{km} = c^j_{km} r^i_{mkl}\\ &= - c^j_{km} r^i_{klm} - c^j_{km} r^i_{lmk}\\ &= - c^j_{km} c^i_{mn} a^n_{kl} - c^j_{km} c^i_{kn} a^n_{lm}\\ &= - c^j_{mk} c^i_{kn} a^n_{ml} - c^j_{km} c^i_{kn} a^n_{lm}\\ &= - 2 c^k_{jm} c^i_{nk} a^n_{ml} = - 2 R^i_{jmn} a^l_{mn} = R^i_{mnj} a^l_{mn},\end{aligned}$$

which is skew-symmetric in i and j and Lemma 2 is proved.

Since the Lie bracket $c\colon \mathfrak{g} \wedge \mathfrak{g} \to \mathfrak{g}$ satisfies $dc = 0$, $\delta c = \mathrm{id}$, Lemma 2 implies that, for a suitable scalar λ, $\delta(a - \lambda c) = 0$. In addition, Lemma 1 implies that, under the assumption of Theorem 2, $d(a - \lambda c) = 0$ holds. Therefore, to prove $a = \lambda c$, it suffices to show that Δ is positive definite on totally anti-symmetric 2-forms. We prove

Lemma 3. $\langle \Delta a, a\rangle \geqq |a|^2$.

Proof. By (5) and [5, 4.16] we have

$$\begin{aligned}\langle \Delta a, a\rangle &= |a|^2 + R^n_{ikl} a^l_{kj} a^n_{ij}\\ &= |a|^2 - \tfrac{1}{2} R^n_{kli} a^j_{kl} a^j_{in} \geqq |a|^2,\end{aligned}$$

since the curvature R, viewed as an endomorphism on 2-forms is non-negative.

To finish the proof of Theorem 2 we show that $d b = 0$ implies $b = 0$. By (4) we have

$$|d b|^2 = \langle \delta d b, b\rangle = |b|^2 + R^n_{ilk} b^l_{kj} b^n_{ij}. \tag{7}$$

Writing $b^k_{ij} = s^j_{ik} + \frac{1}{2} b^j_{ik}$ with $s^j_{ik} = \frac{1}{2} b^k_{ij} + \frac{1}{2} b^i_{kj}$ and following the computations in [5, p. 428] we get

$$R^n_{ilk} b^l_{kj} b^n_{ij} = R^n_{ilk} s^j_{kl} s^j_{in} - \tfrac{1}{8} R^n_{lki} b^j_{lk} b^j_{ni}. \tag{8}$$

We now use the results in [4, p. 345] to estimate the last term as follows: (The curvature tensor R in [4] is $\frac{1}{4}$ the curvature used here)

$$\tfrac{1}{8} R^n_{lki} b^j_{lk} b^j_{ni} \leqq \tfrac{1}{4} |b|^2. \tag{9}$$

The other term in (8) is just $2\langle \hat{Q}(s), s\rangle$, where $\hat{Q}$ is the operator defined in [5, 4.21]. According to the computations in [5, p. 429], the lowest eigenvalue of $\hat{Q}$ is estimated from below by $\langle \mu, \mu\rangle = - B(\mu, \mu)$ where μ is the highest weight of the adjoint representation of $\mathfrak{g}$. Since $|s|^2 = \frac{3}{4} |b|^2$ by [5, 4.17] we have

$$|d b|^2 \geqq |s|^2 - 2 B(\mu, \mu)\, |s|^2. \tag{10}$$

A simple check of the root systems of simple Lie algebras shows that $B(\mu, \mu) < \frac{1}{2}$, except in the case of A_1.

Therefore, excepting $=$ so(3), $d b = 0$ implies $b = 0$ and Theorem 2 is proved.

References

[1] Berger, M.: Sur les groupes d'holonomie des variétés à connexion affine et des variétés riemanniennes. Bull. Soc. Math. France 83, 279–330 (1955)

[2] Eells, J.; Kobayashi, S.: Problems in differential geometry. Proc. U.S.-Japan Seminar in Differential Geometry, Kyoto, Japan, 1965

[3] Gromov, M.: Manifolds of negative curvature. J. Diff. Geometry 13, 223–230 (1978)

[4] Min-Oo; Ruh, E. A.: Comparison theorems for compact symmetric spaces. Ann. Sci. Ecole Norm. Sup. 12, 335–353 (1979)

[5] Min-Oo; Ruh, E. A.: Vanishing theorems and almost symmetric spaces of non-compact type. Math. Ann. 257, 419–433 (1981)

[6] Rauch, H. E.: Geodesics, symmetric spaces, and differential geometry in the large. Comment. Math. Helv. 27, 294–320 (1953)

[7] Rauch, H. E.: The global study of geodesics in symmetric and nearly symmetric riemannian manifolds. Comment. Math. Helv. 35, 111–125 (1961)

[8] Simons, J.: On the transitivity of holonomy systems. Ann. Math. 76, 213–234 (1962)

Uniqueness in the Cauchy Problem for a Degenerate Elliptic Second Order Equation

By Louis Nirenberg[1]

1. The Result

There is by now a large literature devoted to the question of local uniqueness in the Cauchy problem for linear partial differential equations (or having linear leading part) – assuming the boundary is non-characteristic. The lecture notes by C. Zuily [4] give an excellent survey and presentation of many of the recent results, as well as very complete references. Various classes of sufficient conditions have been proved and under certain circumstances these are close to necessary. In addition to the references in [4] there is soon to appear [1] by S. Alinhac with further counterexamples and results.

Let Ω be the domain in which the solution u satisfies the equation and suppose u has zero Cauchy data on $\partial\Omega$ near a non-characteristic point, say the origin. Suppose Ω is defined locally as $\{\phi < 0\}$ where ϕ is a smooth function and grad $\phi(0) \neq 0$. If $p(x, \xi)$ is the principal symbol of the operator then one imposes conditions on the roots λ of the polynomial $p(x, \xi + \lambda \nabla\phi(x)$ for $\xi \in R^n \backslash 0$ not collinear with $\nabla\phi(0)$. Only few papers permit roots to go from non-real to real as x varies.

In this paper we consider a simple situation in which this is allowed to happen, namely a second order degenerate elliptic equation of the form

$$Pu = -a^{ij} u_{x^i x^j} + b^i u_{x^i} + cu = 0 \tag{1}$$

in Ω where the $a^{ij} \in C^1$, b^i, c are L^∞, and the principal symbol

$$p(x, \xi) := a^{ij}(x)\, \xi_i \xi_j \geqq 0. \tag{2}$$

We assume that $a^{ij}(x)$ is a real symmetric matrix; b^i and c could be complex valued but for simplicity we will assume that also they are real, as well as u.

The result presented here was proved by the author in 1976. Recently, S. Alinhac remarked that it was still not in the literature and encouraged its publication. The proof follows very familiar lines, the presentation was slightly simplified after a conversation with A. Menikoff.

We now describe the result; everything is local, near the origin. For simplicity we assume that $u \in C^2(\bar{\Omega})$ and has zero Cauchy data on $\partial\Omega$, and that $\partial\Omega$ is non-characteristic at the origin. If the operator is elliptic at 0, i.e., $p(0, \xi) > 0$ for $\xi \neq 0$ the uniqueness (i.e., $u \equiv 0$) is well known. We are concerned with a degener-

[1] This work was supported by NSF Grant MCS-8201599

ate elliptic operator. For convenience we write P in the form

$$P = -\partial_{x^i} a^{ij} \partial_{x^j} + a^i \partial_{x^i} + c.$$

Our first condition (a "Levi condition") is on the first order terms:

$$|\sum a^i \xi_i|^2 \leqq Cp(x,\xi) \quad \text{in } \Omega \, \forall \xi \in \mathbb{R}^n. \tag{3}$$

The second condition is essentially the pseudo-convexity condition due to Hörmander ([2] Chap. 8) of Ω at the origin, but slightly weaker. Hörmander's condition is that $\forall \xi \in \mathbb{R}^n \backslash 0$ with (i) $p(0,\xi) = 0$, and (ii) $\sum p_{\xi_j}(0,\xi)\, \phi_{x^j}(0) = 0$, then

$$H_p^2\, \phi(0,\xi) > 0. \tag{4}$$

Here H_p is the operator in the cotangent space:

$$H_p = p_{x^i} \partial_{\xi_i} - p_{\xi_i} \partial_{x^i}.$$

Since $\phi = 0$ is non-characteristic at the origin for p it is easily seen that (i) $\Rightarrow$ (2) so that this condition implies: for $x \in \bar{\Omega}$ near the origin,

$$H_p^2\, \phi(x,\xi) + Cp(x,\xi) > 0, \quad \forall \xi \neq 0 \tag{4$'$}$$

for some constant C. This condition clearly then holds for any function ϕ defining Ω near 0 with grad $\phi(0) \neq 0$. It also holds for any slight perturbation (in the C^2 topology) of such a function.

We will require a slightly weaker form of (4)$'$. We assume there is a C^2 function ψ with $\psi(0) = 0$, grad $\psi(0) \neq 0$ and such that

$$\psi < 0 \text{ on } \{\bar{\Omega} \backslash 0\} \text{ near the origin} \tag{5a}$$

$$H_p^2\, \psi(x,\xi) + Cp(x,\xi) \geqq 0 \tag{5b}$$

$\forall \xi$ and $x \in \bar{\Omega}$ near the origin for some positive constant C.

Our uniqueness result is the following

Theorem. Suppose u satisfies $Pu = 0$ in Ω and has zero Cauchy data on $\partial\Omega$ near the origin. Assume that conditions (3) and (5) hold. Then $u \equiv 0$ in Ω near the origin.

It will be clear from the proof that the condition (3) may be omitted in case

$$H_p^2\, \phi(0,\xi) + Cp(0,\xi) > 0, \quad \forall \xi \neq 0 \tag{5b$'$}$$

for some C. In fact if (5b)$'$ holds then the result is a special case of Theorem 1.3 in Lascar, Zuily [3] (in case u is independent of the variable y in that result).

Remarks on Conditions (3) and (5). As pointed out, (5) automatically holds in case one assumes the pseudo-convexity condition (4). The condition (5) is clearly independent of the particular coordinates chosen; however, it depends on the function ψ; (5b) may hold for some ψ but not for a multiple of ψ by a positive function. In that respect (5b) is not very satisfactory – but an example will be presented below for which (5b) holds but (4) does not.

Condition (3) is invariant of the coordinate system and under multiplication of P by a C^1 positive function $f(x)$ in $\bar{\Omega}$. To verify the first statement we see that under a change of variable $x \mapsto y$ the operator P takes the form

$$P = -(\tilde{a}^{kl} u_{y^l})_{y^k} + \tilde{a}^l u_{y^l} + cu$$

with

$$\tilde{a}^{kl} = a^{ij} y^l_{x^i} y^k_{x^j},$$
$$\tilde{a}^l = (a^i + a^{ij} x^s_{y^k} y^k_{x^j x^s}) y^l_{x^i}.$$

The dual variable η to y is related to ξ by

$$\xi_j = y^k_{x^j} \eta_k,$$

so that

$$\sum \tilde{a}^l \eta_l = a \xi_i + y^k_{x^j x^s} x^s_{y^k} a^{ij} \xi_i.$$

Since $a^{ij}_{(x)}$ is a positive semi-definite bounded matrix, we have by Schwarz inequality

$$\sum_j |\sum_i a^{ij} \xi_i|^2 \leqq C a^{ij} \xi_i \xi_j. \tag{6}$$

It follows from (3) in the x variables that it continues to hold in the y variables – with a different constant C.

Next suppose P is multiplied by a positive function f; the new operator $\tilde{P}$ then has coefficients

$$\tilde{a}^{ij} = f a^{ij}, \quad \tilde{a}^i = f a^i + a^{ij} f_{x^j}, \quad \tilde{c} = fc$$

so that

$$\sum \tilde{a}^i \xi_i = f a^i \xi_i + f_{x^j} a^{ij} \xi_i.$$

Using (6) as before we conclude that (3) still holds.

2. Preliminary Transformations

In order to prove the theorem we first make some preliminary and standard changes of independent variables in order to simplify the form of P – making use of the preceding invariance properties. We may assume that the x^n-axis is perpendicular to $\partial\Omega$ at 0. In place of x^n we introduce a new variable which we'll call t given by

$$t = -\psi(x).$$

Because of the condition (5a) the set $\bar{\Omega}\backslash 0$ lies in $t > 0$. Since $\partial\Omega$ is non-characteristic at the origin, the coefficient of ∂_t^2 (i.e., a^{nn}) is not zero. After multiplying by its inverse we may suppose this coefficient is one. Thus P takes the form

$$P = -\partial_t^2 - \sum_{j<n} \partial_t a^{nj} \partial_j - \sum_{j<n} \partial_j a^{nj} \partial_t - \sum_{i,j<n} \partial_i a^{ij} \partial_j + a^i \partial_i + c$$
$$= -\partial_t^2 - 2 \sum_{j<n} a^{nj} \partial_t \partial_j - \sum_{i,j<n} \partial_i a^{ij} \partial_j + \text{lower order terms.}$$

(The coefficients have been changed but we continue to use the same notation.)

Next we make a change of variable to get rid of the coefficients a^{jn}. Introduce new variables $y = (y^1, \dots, y^{n-1})$ and $s = t$ where the map $(y, s) \mapsto (x, t)$ is defined by the ordinary differential equations:

$$\frac{\partial x^j}{\partial s} = a^{nj}(x,t), \quad j < n$$

$$x^j(y,0) = y^j.$$

(Here $x = x^1, \dots, x^{n-1}$.) This is a valid change of variable and a simple computation shows that in the new variables the operator P takes the form (with new coefficients)

$$P = -\partial_t^2 - \partial_{y^i} a^{ij} \partial_{y^j} + a^i \partial_{y^i} + a^n \partial_t + c.$$

Note that the transformed set $\{\bar{\Omega}\backslash 0\}$ still lies in $t > 0$.

From now on we assume that P has this form and rename the variables $x = (x^1, \dots, x^{n-1})$ and t. So our equation has the form

$$Pu = u_{tt} - \sum_{i,j=1}^{n-1} \partial_{x^i}(a^{ij} u_{x^j}) + \sum_{i<n} a^i u_{x^i} + a^n u_t + cu = 0.$$

Also

$$p = \tau^2 + \sum_{i,j=1}^{n-1} a^{ij} \xi_i \xi_j.$$

Furthermore our function u, when extended as zero across $\partial \Omega$ has small support in the x-direction for t small.

Let us now see what the conditions (3) and (5b) mean. Clearly (3) means simply

$$|\sum a^i \xi_i|^2 \leqq C \sum a^{ij} \xi_i \xi_j \tag{3'}$$

for a suitable constant C.

With $\psi = -t$, we compute $H_p^2 \psi$,

$$H_p \psi = -2\tau$$

$$H_p^2 \psi = 2 a_t^{ij} \xi_i \xi_j.$$

Thus condition (5b) means: for some constant C,

$$a_t^{ij} \xi_i \xi_j + C a^{ij} \xi_i \xi_j \geqq 0. \tag{8}$$

We see that an Eq. (7) satisfying (3)′ and (8) need not satisfy (4) which now takes the form:

$$a_t^{ij}(0) \xi_i \xi_j > 0 \quad \text{if} \quad a^{ij}(0) \xi_i \xi_j = 0, \qquad \xi \neq 0.$$

3. Proof of the Theorem

Our proof follows familiar lines. We will prove the following Carleman-type estimate for functions u with compact support in $\bar{\Omega} \cap \{t \leqq T/2\}$, T small: For all $T > 0$ sufficiently small and $k \geqq k(T)$ sufficiently large,

$$J := \int \left[\frac{k^3}{2} (T-t)^2 |u|^2 + k |u_t|^2 + k a^{ij} u_i u_j \right] e^{k(T-t)^2}$$

$$\leqq A \int |Pu|^2 e^{k(T-t)^2} \tag{9}$$

with A a constant independent of u, T and k.

That this yields the uniqueness is standard – see the various references.

To prove (9) we will establish the inequality

$$J \leqq \int |u_{tt} + \partial_i(a^{ij} u_j)|^2 \, e^{k(T-t)^2}. \tag{10}$$

From this we find

$$\begin{aligned} J &\leqq 2\int [|Pu|^2 + |a^i u_i + a^n u_t + cu|^2] \, e^{k(T-t)^2} \\ &\leqq A_1 \int [|Pu|^2 + a^{ij} u_i u_j + u_t^2 + u^2] \, e^{k(T-t)^2} \end{aligned}$$

by (3), or (3)'. Since $T - t \geqq T/2$ on $\operatorname{supp} u$ we see that (9) follows for $k \geqq k(T)$ sufficiently large.

We turn to the proof of (10). Set

$$v = e^{\frac{k}{2}(t-T)^2} u.$$

Then

$$\begin{aligned} u_t &= e^{-\frac{k}{2}(t-T)^2} (v_t + k(T-t)v) \\ u_{tt} &= e^{-\frac{k}{2}(t-T)^2} (v_{tt} + 2k(T-t)v_t + (k^2(T-t)^2 - k)v). \end{aligned}$$

Thus

$$\begin{aligned} &e^{\frac{k}{2}(t-T)^2} (u_{tt} + \partial_i(a^{ij} u_j)) \\ &\quad = Qv = v_{tt} + 2k(T-t)v_t + (k^2(T-t)^2 - k)v + \partial_i(a^{ij} v_j). \end{aligned}$$

We wish to estimate $(Qv, Qv) = \|Qv\|^2$ from below; here (,) denotes L^2 scalar product.

We decompose $Q = A + B$, with A and B the symmetric and anti-symmetric parts of Q;

$$\begin{aligned} A &= \partial_t^2 + k^2(T-t)^2 + \partial_i a^{ij} \partial_j \\ B &= 2k(T-t)\partial_t - k. \end{aligned}$$

But then we write $Q = (A + k) + (B - k)$ so that

$$\begin{aligned} \|Qv\|^2 &\geqq 2((B-k)v, (A+k)v) \\ &= 2(2k(T-t)v_t - 2kv, \, v_{tt} + (k^2(T-t)^2 + k)v + \partial_i(a^{ij} v_j)) \\ &= \int 6kv_t^2 + (2k^3(T-t)^2 - 2k^2)v^2 - 4k(T-t)a^{ij} v_j v_{it} + 4ka^{ij} v_i v_j \end{aligned}$$

after partial integration, and

$$= \int 6kv_t^2 + 2k^2 v^2(k(T-t)^2 - 1) + 2k(T-t)a_t^{ij} v_i v_j + 2ka^{ij} v_i v_j \tag{11}$$

after another integration by parts.

Using (5b), namely (8), we see that for T small,

$$\begin{aligned} \|Qv\|^2 &\geqq \int 6kv_t^2 + 2k^2 v^2(k(T-t)^2 - 1) + ka^{ij} v_i v_j \\ &\geqq \int k(v_t + k(T-t)v)^2 + (k^3(T-t)^2 - 3k^2)v^2 + ka^{ij} v_i v_j \end{aligned}$$

after another integration by parts,

$$\geqq \int k(v_t + k(T-t)v)^2 + \frac{k^3}{2}(T-t)^2 v^2 + ka^{ij} v_i v_j$$

for $k \geqq k(T)$ large,

$$= \int \left[ku_t^2 + \frac{k^3}{2}(T-t)^2 u^2 + ka^{ij} u_i u_j \right] e^{k(T-t)^2}.$$

Inequality (10) is proved.

In case (5b)′ holds, the quadratic form in (11),

$$(2k(T-t)a_t^{ij} + a^{ij})\, v_i v_j,$$

is positive definite – enabling one to absorb the first order terms as in going from (10) to (9), without requiring (3).

References

[1] Alinhac, S.: Non unicité du problème de Cauchy. Annals of Math., 117 (1983), 77–108

[2] Hörmander, L.: Linear partial differential operators. Springer, Berlin Göttingen Heidelberg, 1963

[3] Lascar, R.; Zuily, C.: Unicité et non-unicité du problème de Cauchy pour une classe d'opérateurs différentiels à caractéristiques doubles. Prepubl. No. 81T09, University Paris Sud-Orsay

[4] Zuily, C.: Lectures on uniqueness and non-uniqueness of the non-characteristic Cauchy problem. Notes de Curso. Inst. de Mat. Univ. Federal de Pernambuco, Recife 1981

On the Structure of Complete Manifolds with Positive Scalar Curvature

By Shing Tung Yau

One of the greatest contributions of Rauch in differential geometry is his famous work on manifolds with positive curvature. His comparison theorems, which are needed for his proof of the pinching theorem, are fundamental for later developments in Riemannian geometry. His work initiated a systematic research developed by Klingenberg, Berger, Gromoll, Meyer, Cheeger, Gromov, Ruh, Shiohama, Karcher, etc. This work depends heavily on how a length-minimizing geodesic behaves under the influence of the curvature. Since geodesic is one-dimensional, the information we need from the curvature tensor is the curvature of the two planes which are tangential to the geodesic. This means that we need to know the behavior of the sectional curvature or the Ricci curvature of the manifold. Therefore, it seems very unlikely that arguments based only on length-minimizing geodesics can be used to deal with problems related to scalar curvature. The problem of scalar curvature, however, has drawn a lot of attention of the differential geometers in the late sixties and the seventies, partly because of its interest in general relativity.

The major topic that we shall discuss here is how the theory of stable minimal hypersurface can be used to deal with questions relating the scalar curvature and the topology of a manifold. The problem is to find a necessary and sufficient condition for a manifold to admit a complete metric with non-negative scalar curvature. Since Bourguignon [7], Kazdan-Warner [7], and Kazdan [6] have demonstrated that unless the metric has zero Ricci curvature, the metric can always be deformed to have positive scalar curvature; we shall assume that our metrics have positive scalar curvature.

In 1965, Lichnerowicz [8] and Hitchin [5] were able to use the method of harmonic spinor and the Atiyah-Singer index theorem to demonstrate that for a compact spin manifold with positive scalar curvature, the $\hat{A}$-genus of the manifold must be zero. This was generalized by Hitchin [5] in 1972 to prove that all the other KO-characteristic numbers are zero. In 1977, R. Schoen and the author [10] were able to use the method of stable minimal surfaces to prove that the fundamental group of a compact three-dimensional manifold with positive scalar curvature does not contain a subgroup isomorphic to the fundamental group of a compact surface of genus $\geqq 1$. The method of Lichnerowicz-Hitchin should be compared with the familiar Bochner method where Bochner proved the vanishing of the first Betti number of a compact manifold with positive Ricci curvature. The method of Schoen and myself should be compared with the geodesic argument that was used by Bonnet, Synge, and extensively by Rauch. By assuming some standard conjectures in topology, one can derive easily from the above theorem that every compact orientable three-dimensional manifold with positive scalar curvature is diffeomorphic to the connected sum of several copies of $S^2 \times S^1$ and several copies of spherical space forms. This is optimal because it was proved in Schoen-Yau [11] and Gromov-Lawson [3] that one can perform surgery along spheres with codimension $\geqq 3$ in the category of manifolds with positive scalar curvature. (Our method in [11] is actually more general and does not restrict to spheres.) In particular, we show that manifolds of the above form always admit metrics with positive scalar curvature.

It should be mentioned that our motivation to study three-dimensional manifolds with positive scalar curvature comes from the study of the positive mass conjecture in general relativity. The author gave a talk on this topic in the 1978 Congress in Helsinki. A few weeks after that, S. Hawking asked us whether the same theorem can be generalized to higher dimension. The higher-dimensional version of such a conjecture is termed the positive action conjecture by Hawking. Two months later, we [12] were able to settle the positive-action conjecture also. As in the case of three-dimensional manifolds, the basic ingredient was to demonstrate that stable minimal hypersurfaces of a compact manifold can be deformed conformally to manifolds with positive scalar curvature.

Since codimension one homology classes of a compact manifold can be represented by stable minimal hypersurfaces, the last assertion can be used to set up an induction procedure to find topological obstructions for existence of metrics with positive scalar curvature. This is best illustrated by the n-dimensional torus T^n. The intersection property of the homology classes in the torus tells us that the closed hypersurfaces homologous to the $n-1$-dimensional subtorus still admits a non-zero degree map onto the $n-1$-dimensional torus. Since we can assume that the closed hypersurface admits a metric with positive scalar curvature, we can keep on making induction until we obtain a contradiction in two dimensions. This argument shows that if a compact manifold admits a non-zero degree map onto a torus, it admits no metric with positive scalar curvature. This method [11] shows that a large class of manifolds does not admit metrics with positive scalar curvature. It also indicates the relevance of the intersection property of the codimensional one homology classes in a manifold. Based on the argument of Lichnerowicz-Hitchin and the φ definition of the Novikov signature, we were immediately led to the belief that Lusztig's [9] proof of the Novikov conjecture can be used to generalize the method of Lichnerowicz-Hitchin. Soon afterwards, this idea was carried out by Gromov-Lawson [2] where they proved a special case of our theorem for compact spin manifolds with residually finite fundamental groups. It should be pointed out that at that time our method was limited to manifolds with dimension $\leqq 7$. This was due to the technical question of the smoothness of the stable minimal hypersurfaces in dimension greater than seven. This technical difficulty was removed shortly afterwards.

During the Special Year in Differential Geometry held at the Institute for Advanced Study in Princeton in 1979, we realized [3] that it is more fruitful to study non-compact stable minimal surfaces. One basic tool here was established by D. Fischer-Colbrie and Schoen [1]. We gave the first known topological obstruction for the existence of complete metrics with positive scalar curvature on a higher-dimensional non-compact manifold. For three-dimensional manifolds, it says that the fundamental group of a complete (non-compact) manifold with positive scalar curvature does not contain a subgroup isomorphic to the fundamental group of a closed surface with genus $\geqq 1$. The same technique can be generalized to deal with higher-dimensional manifolds which we discuss later.

Then we realized the same technique can be used to give a rather complete classification of three-dimensional complete manifolds with positive scalar curvature. For a complete three-dimensional manifold with scalar curvature greater than a positive constant, we proved that it can be exhausted by compact submanifolds which are diffeomorphic to $S^2 \times S^1 \# \ldots \# S^2 \times S^1 \# S^3/\Gamma_1 \# \ldots \# S^3/\Gamma_k$ minus some disjoint union of disks. Here "$\#$" means connected sum and S^3/Γ_i is the orbit space of a finite group Γ_i acting on a homotopic sphere S^3. It is conjectured that S^3/Γ_i is diffeomorphic to a spherical space form which admits a metric with positive curvature. If this is the case, then any manifold described above must admit a complete metric with scalar curvature greater than a positive constant.

If we merely assume the complete metric has positive scalar curvature (but not greater than a positive constant), we have the same structure theorem as above except that one has to add handlebodies in the above connected sum decomposition. These structure theorems improve the theorem that we proved in 1977. When the manifold is compact, the same improvement is also achieved by Gromov and Lawson in a recent preprint by using the spinor method.

In applying the techniques of [13], we find "local theorems" of the following sort.

1) In a three-dimensional compact manifold M (possible with boundary) with scalar curvature greater than $c > 0$, any closed Jordan curve σ which is homotopically trivial in M must be homotopically trivial in the tubular neighborhood of radius $\pi/\alpha\sqrt{c}$ around σ as long as this neighborhood is disjoint from ∂M.

2) Let M be a compact manifold with scalar curvature greater than $c > 0$. Suppose ∂M is connected and σ is a curve in M so that $\partial\sigma \subset \partial M$. Then there exist two points p and q on σ so that the ratio of the arc length of σ between p and q to the distance between p and q (measured in M) is greater than αR where α is a universal constant and R is the largest distance from any point on σ to ∂M.

3) Any complete stable minimal surface in a three-dimensional manifold with positive scalar curvature has infinite area.

Most of these theorems have their counterparts in higher dimension. We prove that if a complete n-dimensional manifold is contractible and if there is a map from R^{n-2} into this manifold which is distance increasing, then the scalar curvature of the metric cannot be greater than a positive constant. In fact, one just has to assume that there is a proper map with non-zero degree onto the manifold described in the above hypothesis. As a corollary, one sees that compact manifolds with non-positive curvature and soluble manifolds do not admit any metric with positive scalar curvature. The last statement was also proved by Gromov-Lawson in their recent preprint. (Previously [2] they assumed that the manifold was spin and had residually finite fundamental group.) They also proved a similar statement for what they called "enlargeable manifolds". These manifolds satisfy the hypothesis mentioned above.

In the other direction, we demonstrated that if a compact manifold M admits a metric with positive scalar curvature, and if Ω is a (real) homology class in M so that for some map f from M into a compact manifold with non-positive curvature, $f_*(\Omega) \neq 0$, then there exists an immersed submanifold N with trivial normal bundle which admits a metric with positive scalar curvature and which has non-zero intersection number with Ω. We conjecture that in this statement, "compact manifold with non-positive curvature" can be replaced by a general $K(\pi, 1)$. (We prove that a compact four dimensional $K(\pi, 1)$ does not admit metrics with positive scalar curvature.) If that is the case, it is quite possible that one can give a complete classification of compact manifold with positive scalar curvature. In a slightly weaker form, the above statement was also proved recently by Gromov-Lawson for spin manifolds.

In conclusion, we have seen two different approaches to studying manifolds with positive scalar curvature. One is the method of Lichnerowicz-Hitchin-Gromov-Lawson using harmonic spinors. The other one is the method of stable minimal hypersurfaces studied by Schoen and myself. It is hoped that one day one can use these methods to give a complete classification of manifolds with positive scalar curvature.

References

[1] Fischer-Colbrie, D. and Schoen, R.: The structure of complete stable minimal surfaces in 3-manifolds of non-negative scalar curvature. Comm. Pure Appl. Math. 33, 199–211 (1980)

[2] Gromov, M. and Lawson, H. B.: Spin and scalar curvature in the presence of a fundamental group, I. Ann. of Math. 111, 209–230 (1980)

[3] Gromov, M amd Lawson, H. B.: The classification of simply-connected manifolds of positive scalar curvature. Ann. of Math. 111, 423–434 (1980)

[4] Gromov, M. and Lawson, H. B., to appear

[5] Hitchin, N.: Harmonic spinors. Adv. in Math. 14, 1–55 (1974)

[6] Kazden, J.: Deformation to positive scalar curvature on complete manifolds. To appear

[7] Kazden, J., Warner, F.: Prescribing curvatures. Proc. Sym. Pure Math. 27 AMS, 309–319 (1975)

[8] Lichnerowicz, A.: Spineurs harmoniques. C.R. Acad. Sci. Paris 257, 7–9 (1963)

[9] Lusztig, G.: Novikov's higher synature and families of elliptic operators. J. Diff. Geom. 7, 229–256 (1971)

[10] Schoen, R. and Yau, S. T.: Existence of incompressible minimal surfaces and the topology of three dimensional manifolds with non-negative scalar curvature. Ann. of Math. 110, 127–142 (1979)

[11] Schoen, R. and Yau, S. T.: The structure of manifolds with positive scalar curvature. Manuscripts Math. 28, 159–183 (1979)

[12] Schoen, R and Yau, S. T.: On the proof of the positive action conjecture in general relativity. Phys. Rev. Letter, 1980

[13] Schoen, R. and Yau, S. T.: Complete three dimensional manifold and scalar curvature. In: Seminar on Differential Geometry. 1982, Ann. of Math. Studies

[14] Yau, S. T.: Minimal surfaces and their role in differential geometry. In: Global Riemannian Geometry, edited by Willmore and Hitchin, 1984 published by Ellis Horwood Limited

D. H. Luecking, L. A. Rubel

Complex Analysis A Functional Analysis Approach

Universitext

1984. 7 figures. VII, 176 pages.
ISBN 3-540-90993-1

Contents: Introduction. - Preliminaries: Set Theory and Topology. - Preliminaries: Vector Spaces and Complex Variables. - Properties of C(G) and H(G). - More About C(G) and H(G). - Duality. - Duality of H(G) - The Case of the Unit Disc. - The Hahn-Banach Theorem, and Applications. - More Applications. - The Dual of H(G). - Runge's Theorem. - The Cauchy Theorem. - Constructive Function Theory. - Ideals in H(G). - The Riemann Mapping Theorem. - Carathéodory Kernels and Farrell's Theorem. - Ring (not Algebra) Isomorphisms of H(G). - Dual Space Topologies. - Interpolation. - Gap-Interpolation Theorems. - First-Order Conformal Invariants. - References.

The authors of this book address themselves to mathematicians and graduate students of mathematics with at least one semester of "conventional" complex variables. They present the theory of complex variables in a unified new approach based on the identification of the dual of the space of analytic functions on a region as a space of germs of holomorphic functions on the complement. Once this has been shown, many of the standard results follow easily, and the reader obtains an efficient and stimulating introduction to complex analysis in a spirit that is very close to Cauchy's original ideals.

Springer-Verlag
Berlin
Heidelberg
New York
Tokyo